KB207038

저자소개

심현성(Albert Shim) 선생님은

수능수학과 경시수학을 가르치다가 미국수학 전문가가 되었다. 레카스 아카데미를 거쳐 블루키프렙과 TOPSEM학원 대표이사였던 그는 Reach Prep학원 대표이사 겸 Math 대표강사이기도 하다. 2008년 한국에서는 처음으로 "Math Level 2"를 출간 하였고 연이어 2009년에는 처음으로 "AP Calculus"출간하였다. 현재는 10개국 이상의 나라에 Math관련 교재를 출간하고 있다. 특히, "Math Level 2 10 Practice Tests" , "AP Calculus AB&BC 핵심편", "AP Calculus AB&BC 심화편", "AMC10 & 12 특강"등은 미국 대학을 준비하는 거의 모든 학생들의 필수서적이 될 만큼 중요한 교재이며 베스트셀러 교재이기도 하다.

2008년부터 지금까지 10개국 이상에 출간한 책이 20권 이상이며 압구정에서 가장 많은 수강생을 가르치는 유명강사이다. 오프라인에서는 압구정에 위치한 Reach Prep학원에서 강의하고 있으며 온라인에서는 SAT,AP,IB 즉 미국대학 입시 전문 인터넷 동영상 강의 전문업체인 마스터프렙(www.masterprep.net)에서 Math의 거의 모든 분야를 강의하고 있으며 해당 사이트에서도 No.1 수학강사로 차별성 있는 톡톡 튀는 강의로 정평이 나 있다.

수업문의

Reach Prep학원 (02-2039-6363, www.reachprep.co.kr)
인터넷 동영상업체 마스터프렙 (www.masterprep.net)

1. Vol.1과 Vol.2로 구분이 되어 있다. Vol.1에는 Limit, ,Differentiation Vol.2에는 Integration, Differential Equation, Differentiation&Integration응용, Series로 구성되어 있다.

2. 누구나 이해하기 쉽게 자세한 설명을 하였다.

3. 문제는 Example, Problem, Exercise로 구성되어 있다.

4. Problem을 통해 익힌 내용을 Exercise에서 다시 확인해 볼 수 있게 문제들을 구성하였다.

5. 계산기를 필요로 하는 문제에는 계산기 그림을 넣었다.

6. BC파트의 문제와 단원에 BC표기를 하였다.

7. 부록으로 Precalculus과정인 Conics를 실었다.

8. EXERCISE 문제 바로 뒤에 자세한 해설을 실었다.

심선생의 잔소리
AP Calculus에 대해서...

AP Calculus는 AB과정과 BC과정으로 나뉜다. 5월 AP시험만을 준비하는 국내생들의 경우 AB와 BC를 정확히 구분하여 공부해야 하지만 미국의 보딩스쿨이나 국내 또는 외국의 International School에 다니는 학생들은 AB와 BC를 구별하지 말고 공부하여야 한다. 대부분의 학교에서 쓰는 교재는 AB와 BC가 구분되어 있지 않다. 또한 미국의 교사들은 학교 수업시에 AB와 BC를 크게 구분하여 수업하지 않는다. AB와 BC가 내용상으로 70~80% 겹치고 BC는 AB의 내용을 알아야 공부를 할 수 있기 때문에 보통 미국 교사들은 AB Class에서는 진도를 차근차근 나가고 BC Class의 경우에는 메뚜기 뛰듯이 여기저기를 수업하는 경우가 많다. 그러므로, 학교 성적을 신경쓰는 학생이라면 AB와 BC를 구별하지 말고 모든 내용을 공부해가는 것이 유리하다.

AP Calculus는 대학에서 필요로 하는 모든 수학의 기초를 다루는 과목이다. 한국의 경우 문과 이과로 구별이 되고 공부하는 수학의 양에도 차이가 있지만 미국의 경우에는 문과 이과 개념이 없다. 즉, 문과 성향이 짙은 과로 진학을 하더라도 AP Calculus과목은 필수이다.
대학에서 다루게 될 기본이다 보니 어려운 문제를 많이 푸는 것이 중요한 것이 아니라 숙달되는 것이 중요하다. 수능을 준비하다가 AP Calculus를 공부하는 학생들의 경우 어려운 문제집을 구해서 풀려고 하지만 이는 좋은 방법이 아니다. 같은 내용을 여러 번 반복하여 완벽하게 숙지하는 것이 더 중요하다. 수능에서는 한 개만 틀려도 대학의 합격 여부가 결정되지만 AP Calculus의 경우에는 어느 정도 틀려도 만점을 주는 시험이다. 즉, 대학 공부를 따라가는데 지장 없을 정도로 숙달 되어 있는 학생에게 만점을 주는 시험이다.

한국의 교과 과정과 비교하기에는 다소 문제가 있지만 굳이 비교를 한다면 이과 고교과정보다는 범위가 넓다는 특징이 있다. 대학교 1학년 1학기 범위 정도로 보면 얼추 맞을 듯 하다.대신 응용문제 보다는 숙달도에 초점이 맞추어져 있다. 필자가 느끼기에는 한국 고교과정의 미적분학이 너무 범위가 좁지 않나라는 생각이 든다.

외고생들이 시험을 직전에 앞두고 찾아올때가 있다. 한국수학으로 미적분학을 마스터 했으니 파이널 테스트로 몇 시간 만에 끝내 달라는 학생들을 종종 볼 수가 있다. 수학전문학원 선생님께 그렇게 들었다고들 하는 부모님들과 학생들이 꽤 있다. 이럴 때마다 상당히 난감하다. 미적분 계산에는 어느 정도 도움이 되었겠지만 계산법부터 범위가 상당히 다른 부분들이 있기 때문이다. 실제로 수능 모의고사 1등급 학생에게 바로 AP Calculus BC시험을 보게 하면 평균3점 정도가 나온다. 수학을 못한 다기 보다 내용 자체를 아예 모르고 있기 때문이다. 그러므로, 한국수학을 공부한 학생이고 아무리 수학을 잘한다 하여도 최소 시험 몇 달 전부터 차근히 준비를 하여야 한다. 필자의 경우 무조건 최단시간 완성을 목표로 수업을 진행하는 특징이 있다. 이유는 대부분의 학생들이 이 시험에만 집중할 처지가 안되기 때문이다. 하지만 준비가 안 된 상태에서 바로 파이널 수업을 부탁하는 경우는 AP Calculus를 가르치는 어떠한 선생도 감당하기 힘든 수업이 된다.

Preface

집필을 시작하게 된 이유..

필자는 수능수학과 경시수학을 강의했던 강사였다. 2005년 어느 날, 우연히 외국어 고등학생 한명에게 MATH LEVEL 2와 AP CALCULUS를 가르치게 되었고 그 학생 어머님의 소개로 유학생들을 만날 수 있었다. 그 이후 많은 유학생들을 만나게 되면서 필자도 유학생들에 대해서 알아가기 시작하였다.
유학생들을 가르치면서 가장 어려웠던 점은 체계적으로 정리가 잘 되어 있는 교재를 선택하는 것이었다.
필자도 처음 수업을 준비할 때 교재를 정하지 못하고 수입교재 3~4권을 연구하고 나름대로 수정,편집,재해석하여 수업하였다. 학생들에게 꼭 필요한 책을 만들어야겠다고 마음을 먹고 이때부터 노트에 책을 쓰기 시작하였는데 꾸준히 써 내려간 노트가 여러 권이 되었고 그 중 일부 내용으로 2009년 4월 처음으로 AP CALCULUS "한방에 정복하자"를 발간하였다.
AP CALCULUS를 누구나 쉽게 공부할 수 있도록 간단명료하게 쓰려고 무척이나 애를 썼던 교재였다.
이번 책은 AP CALCULUS를 심도 있게 공부하고 싶어 하는 학생들을 위해 집필하였다. AP CALCULUS 시험 범위가 아니더라도 학교 선생님들이 조금이라도 수업했던 부분들과 AP CALCULUS에서 출제되었던 문제 중에 난이도가 높았던 문제들을 모두 실어보려고 노력하였다.
어려운 책을 쉽고 자세하게 설명이 되어 있는 책을 만들고 싶었고 체계적으로 정리가 잘 되어 있는 책을 만들고 싶었다. 유학생들뿐만 아니라 AP CALCULUS를 준비하는 모든 학생들 그리고 미국의 대학생들에게 없어서는 안 될 책이 탄생하기를 바라면서 이 책을 쓰게 되었다.
많은 학생들과 학부모님들의 요구도 있었다. 2009년 AP CALCULUS "한방에 정복하자"를 발간한 이후 여러 독자들로부터 격려의 메일과 더욱 깊이 있는 책에 대한 요구가 있었다.

Preface

AP CALCULUS에 대해 느끼는 것은..

필자는 많은 학생들과 학부모님들로부터 “PRECALCULUS 기초가 많이 부족한데 AP CALCULUS를 공부할 수 있나요?” 라는 질문을 받는다. 선생님들마다 생각이 있어서 이에 대한 대답은 여러 가지 일 것이라고 생각된다. 필자의 대답은 “YES”이다. 물론 PRECALCULUS 기초가 부족하면 따라가기 어려운 것은 사실이다.

하지만 수업을 하다 보면 아무리 PRECALCULUS를 A+를 받았다고 해도 대부분의 학생들은 비행기를 타고 오면서 절반 이상을 까맣게 잊어버리고 온다. A+를 받은 학생이나 B를 받은 학생이나 별 차이가 없어보였다. 그렇다고 하여 PRECALCULUS를 다시 복습하고 AP CALCULUS를 공부한다는 것은 너무 시간 낭비이다. AP CALCULUS를 공부하면서 부족한 부분을 그때 그때 같이 봐 나가야 한다.

필자도 AP CALCULUS 수업을 하다보면 수업 중에 PRECALCULUS 내용을 가끔씩 수업하게 된다. 또한 필자의 경험으로 봤을 때, ALGEBRA 2를 끝내고 온 학생이 AP CALCULUS를 공부하는데도 큰 문제는 없었다. PRECALCULUS나 ALGEBRA 2는 많은 부분 내용이 중복되기 때문이다.

대부분의 미국 학교 선생님들은 AP CALCULUS를 수업함에 있어서 AB/BC를 구별하여 수업하지 않는다. AB과정에서도 BC부분을 많이 수업하며 심지어는 AP CALCULUS 범위가 아닌 부분까지도 수업을 한다. 학기가 시작하기 전 선행을 하려는 학생들은 AB/BC를 구별하지 말고 모두 공부해야 한다.

뿐만 아니라, AP CALCULUS 범위가 아닌 부분들도 일부 공부를 해야 수업을 따라가기가 편해진다. AP라고 하여 대단히 어렵거나 수학적인 능력이 뛰어난 학생들이 공부하는 과목이 아니다. 어느 정도 수학이 부족한 학생들도 꾸준히 연습하면 충분히 잘할 수 있는 과목이다. 즉, 수학적인 능력도 중요하지만 어떻게 보면 성실한 학생들에게 더욱 유리한 과목이기도 하다.

Preface

네 번째 개정판 집필을 마치면서...

2009년 첫 출간 이후 네 번째 개정판을 내 놓게 되었다. 교과 범위도 약간 바뀐 부분도 있었고 이전 책의 장점과 단점들을 수업과 독자들의 문의를 통해 알 수 있었다. 이전 책에 비해 문제수도 늘어났고 자세한 설명도 늘리다보니 책이 약간 두꺼워진 감이 없지 않다. 그 동안의 학생들의 질문 사항과 어려워하는 부분들을 최대한 자세하게 설명하기 위해 노력하였다. 필자는 수업중간에 떠 오른 아이디어와 학생들의 생생한 현장 반응을 매일같이 메모하였고 4년간 쌓여진 노트들을 토대로 본 개정판을 집필하였다. 한 가지 자신할 수 있는 것은 본 책을 집필하면서 인간으로써 할 수 있는 모든 노력은 다했다고 말씀드리고 싶다.

학생들이 암기해야 할 부분은 최대한 암기가 수월하게 하기 위해 밤새 고민하였고 수업 전에 학생들의 이해를 쉽게 하기 위해 아직도 고민하고 연구하는 중이다. 수능을 준비하는 학생들과 달리 외국대학 진학을 원하는 학생들은 수학에 많은 시간을 들이지 못하므로 과제를 많이 낼 수 없다는 어려움이 있다 보니 어떻게 하든 수업 시간내에 모든 내용들을 이해시킬 수 밖에 없었고 그러다 보니 조금 유치한 감이 있더라도 도움이 된다고 확신되는 부분은 이 책에 싣게 되었다.

본 책의 온라인 강의를 허락해 주신 인터넷 동영상업체 마스터프렙 권주근 대표님께도 감사드리며 제 수업에 소중한 자녀들을 맡겨주신 학부모님들께도 감사드린다.

항상 아들을 위해 애쓰시는 부모님께 감사드리며 잘 놀아주지도 못하는 아빠를 좋아하는 규리 기환이... 집안일을 못 도와주는 남편을 항상 응원하고 도와주는 사랑하는 아내에게도 감사한 마음을 전한다.

이 책이 학생들에게 꼭 필요한 길잡이가 되기를 바라는 바이다.

2020.05

심 현 성 (Albert Shim)

Contents...

Limit

Limit

1. $\lim_{x\to\infty} f(x)$
2. $\lim_{x\to a} f(x)$
3. Limit of Transcendental Function
4. Asymptotes and Theorems on Continuous Function

시작에 앞서서...

$\lim_{x\to\infty} f(x)$는 x값이 한없이 커질 때, $f(x)$의 값을 추정하는 것이고 $\lim_{x\to a} f(x)$는 x값이 어느 특정한 값으로 다가갈 때, $f(x)$의 값을 추정하는 것이다. 즉, "Limit" 단원에서는 이와 같이 정확한 값을 구한다기 보다는 추정값을 구하는 것이다.

01. $\lim_{x\to\infty} f(x)$

01. $\lim_{x\to\infty} f(x)$는 무엇인가?

$\lim_{x\to\infty} f(x)$는 x값이 한 없이 커짐에 따라 $f(x)$의 값이 어떻게 변하는지를 추정하는 것이다.

다음을 보자.

① 1, 3, 5, 7, 9 $\cdots, (2n-1)\cdots, \infty$
⇒ 이와 같이 한없이 나열하면 결국에는 너무 커서 모르는 수($=\infty$)가 나온다.

② 1, -1, -3, -5, -7 $\cdots, (-2n+3)\cdots, -\infty$
⇒ 이와 같이 한없이 나열하면 결국에는 너무 작아서 모르는 수($=-\infty$)가 나온다.

③ $1, \frac{1}{3}, \frac{1}{3^2}, \frac{1}{3^3}, \frac{1}{3^4}\cdots, \frac{1}{3^n}\cdots, 0$
⇒ 이와 같이 한없이 나열하면 결국에는 분모(=Denominator)만 너무 커져서 0에 가까운 수
즉, $0.000\cdots01$정도가 나온다.

02. 그렇다면 너무 커서 알 수 없는 수 ∞는?

① $\infty+\infty=\infty, \infty\times\infty=\infty, \infty-(10억)^{10}=\infty$

② $\frac{1억}{\infty}=0.000000\cdots\approx 0$: 거의 0이 되므로 그냥 0이라 한다.

③ $\frac{\infty}{\infty}=1?$ ⇒ *No!* ⇒ $\frac{\infty}{\infty}=\frac{\text{너무 커서 알수 없는 수}}{\text{너무 커서 알수 없는 수}}$ ⇒ 즉, 계산 해봐야 한다.

④ $\infty-\infty=0?$ ⇒ *No!* ⇒ (너무 커서 알수 없는 수)-(너무 커서 알수 없는 수)
⇒ 즉, 계산 해봐야 한다.

그러므로 $\lim_{x\to\infty} f(x)$의 경우 $\infty+\infty, \infty-(1억)^{10}, \frac{\infty}{(10억)^{1000}}$ 모두 ∞이고 $\frac{1억}{\infty}=0$으로 결과가 정해져 있으므로 $\frac{\infty}{\infty}, \infty-\infty$의 경우에 대해서만 계산한다.

02 $\lim_{x\to\infty} f(x)$

그럼 계산에 앞서서 limit의 성질에 대해 알아두자.

Properties of Limits

Given $\lim_{x\to\infty} f(x)=\alpha$ and $\lim_{x\to\infty} g(x)=\beta$ and α, β and c are real numbers in other words, they are not ∞ or $-\infty$, then

① $\lim_{x\to\infty} c = c$

② $\lim_{x\to\infty} cf(x) = c\lim_{x\to\infty} f(x) = c\alpha$

③ $\lim_{x\to\infty}[f(x) \pm g(x)] = \lim_{x\to\infty} f(x) \pm \lim_{x\to\infty} g(x) = \alpha \pm \beta$

④ $\lim_{x\to\infty}[f(x) \cdot g(x)] = \lim_{x\to\infty} f(x) \cdot \lim_{x\to\infty} g(x) = \alpha\beta$

⑤ $\lim_{x\to\infty} \dfrac{g(x)}{f(x)} = \dfrac{\lim_{x\to\infty} g(x)}{\lim_{x\to\infty} f(x)} = \dfrac{\alpha}{\beta}, \beta \neq 0$

⑥ $\lim_{x\to\infty}[f(x)]^n = (\lim_{x\to\infty} f(x))^n = \alpha^n$

①~⑥에서 보는 바와 같이 limit는 빈대처럼 여기 저기 달라붙는 듯한 성질을 갖는다.

03 $\dfrac{\infty}{\infty}$의 계산

"분모 (=Denominator)의 가장 큰 놈으로 위, 아래 나누기"
다음의 예를 보자.

① $$\lim_{x\to\infty} \frac{2x^4+3}{x^3+2x} = \lim_{x\to\infty} \frac{2x^4+3}{x^3+2x} = \lim_{x\to\infty} \frac{2x+\frac{3}{x^3}}{1+\frac{2}{x^2}} = \frac{\infty+0}{1+0} = \infty$$

가장 큰 놈 (x^3)

② $$\lim_{x\to\infty} \frac{3x^2+1}{x^2+2x} = \lim_{x\to\infty} \frac{3x^2+1}{x^2+2x} = \lim_{x\to\infty} \frac{3+\frac{1}{x^2}}{1+\frac{2}{x}} = \frac{3+0}{1+0} = 3$$

가장 큰 놈 (x^2)

③ $$\lim_{x\to\infty} \frac{5x^2+1}{2x^3+3x} = \lim_{x\to\infty} \frac{5x^2+1}{2x^3+3x} = \lim_{x\to\infty} \frac{\frac{5}{x}+\frac{1}{x^3}}{2+\frac{3}{x^2}} = \frac{0+0}{2+0} = 0$$

가장 큰 놈 (x^3)

위의 ①~③의 결과를 다음과 같이 정리하였다.

반드시 알아두자!

①의 경우: [분자(Numerator)의 Highest Degree]>[분모(Denominator)의 Highest Degree]이므로 ⇒ ∞

②의 경우: [분자(Numerator)의 Highest Degree]=[분모(Denominator)의 Highest Degree]이므로
⇒ The ratio of Leading Coefficients

③의 경우: [분자(Numerator)의 Highest Degree]<[분모(Denominator)의 Highest Degree]이므로 ⇒ 0

이제는, $\frac{\infty}{\infty}$에 지수(Exponent)꼴이 포함되어 있는 경우를 살펴보자. 다음을 꼭 보고 가자!

$\lim_{x\to\infty}(\frac{1}{2})^x = \frac{1}{2}, \frac{1}{2^2}, \frac{1}{2^3}, \frac{1}{2^4}, \cdots, \frac{1}{2^{1억}}\cdots$  0

$\lim_{x\to\infty}(-\frac{1}{2})^x = -\frac{1}{2}, \frac{1}{2^2}, -\frac{1}{2^3}, \frac{1}{2^4}, \cdots,$ ⇒ 0

$\lim_{x\to\infty}(-1)^x = -1, 1, -1, 1, \cdots,$ ⇒ Oscillate between -1 and 1

$\lim_{x\to\infty}(2)^x = 2^1, 2^2, 2^3, \cdots$ ⇒ ∞

$\lim_{x\to\infty}(-2)^x = -2, 2^2, -2^3, 2^4 \cdots$ 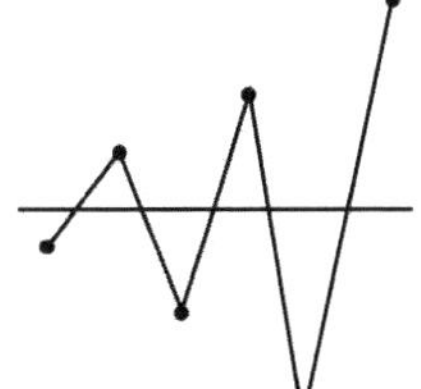 ⇒ Oscillate between $-\infty$ and ∞

이상에서 보는 바와 같이..

즉, $\lim_{x\to\infty} r^x$ 에서

① $r>1$이면 ⇒ ∞

② $r=1$ 이면 ⇒ 1

③ $-1<r<1$이면 ⇒ 0

④ $r=-1$이면 ⇒ Oscillate between -1 and 1

⑤ $r<-1$이면 ⇒ Oscillate between $-\infty$ and ∞

01 $\lim_{x\to\infty} f(x)$

다음의 예를 보자.

$$① \lim_{x\to\infty}\frac{3^{x+1}+2^x}{2^x+1}=\lim_{x\to\infty}\frac{3\cdot 3^x+2^x}{2^x+1}=\lim_{x\to\infty}\frac{3\cdot(\frac{3}{2})^x+1}{1+\frac{1}{2^x}}=\frac{\infty+1}{1+0}=\infty$$

가장 큰 놈 (2^x)

$$② \lim_{x\to\infty}\frac{3^{x+2}-1}{3^{x+1}+2^x}=\lim_{x\to\infty}\frac{3^2\cdot 3^x-1}{3\cdot 3^x+2^x}=\lim_{x\to\infty}\frac{3^2-\frac{1}{3^x}}{3+(\frac{2}{3})^x}=\frac{9-0}{3+0}=3$$

가장 큰 놈 (3^x)

$$③ \lim_{x\to\infty}\frac{2^{x+1}+2}{3^x-1}=\lim_{x\to\infty}\frac{2\cdot 2^x+2}{3^x-1}=\lim_{x\to\infty}\frac{2\cdot(\frac{2}{3})^x+\frac{2}{3^x}}{1-\frac{1}{3^x}}=\frac{0+0}{1-0}=0$$

가장 큰 놈 (3^x)

위의 ①~③의 결과를 다음과 같이 정리하였다.

반드시 알아두자!

$\lim_{x\to\infty}\frac{a\times c^x+\cdots}{b\times d^x+\cdots}$ ($c,d>0$, c^x, d^x는 각각 분자와 분모에서 가장 큰 항)와 같은 형태에서

① $c>d \Rightarrow \infty$

② $c=d \Rightarrow \frac{a}{b}$

③ $c<d \Rightarrow 0$

04 $\sqrt{\infty}-\infty$의 계산

유리화(Rationalization)를 하여 $\frac{\infty}{\infty}$ 형태로 만든다.

다음의 예를 풀어보자.

EX 1 Evaluate $\lim_{x\to\infty}(\sqrt{x^2+2x}-x)$.

Solution

$$\lim_{x\to\infty}\frac{(\sqrt{x^2+2x}-x)}{1}=\lim_{x\to\infty}\frac{(\sqrt{x^2+2x}-x)\cdot(\sqrt{x^2+2x}+x)}{1\cdot(\sqrt{x^2+2x}+x)}=\lim_{x\to\infty}\frac{2x}{(\sqrt{x^2+2x}+x)} \Rightarrow$$

(분모(Denominator)의 가장 큰 놈은 $\sqrt{x^2}$ 이므로 분모, 분자를 x로 나누면)

$$\lim_{x\to\infty}\frac{2}{\sqrt{1+\frac{2}{x}}+1}=\frac{2}{\sqrt{1+0}+1}=1$$

정답 1

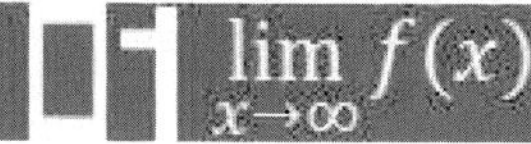

$\lim_{x\to\infty} f(x)$

Problem 1

Find the limits.

(1) $\lim_{n\to\infty}\frac{(2n-1)(n+1)}{n^2}$

(2) $\lim_{n\to\infty}\frac{\sqrt{n}}{n+1}$

(3) $\lim_{n\to\infty} n^2(1+n^2)$

(4) $\lim_{n\to\infty}\log_2\sqrt{\frac{8n+3}{n}}$

(5) $\lim_{n\to\infty}(\sqrt{n^2-1}-n)$

(6) $\lim_{n\to\infty}\sin\frac{n\pi}{2n+1}$

(7) $\lim_{x\to\infty}\frac{\cos 2\pi x}{x}$

(8) $\lim_{x\to\infty}\frac{2^{-x}}{2^x}$

(9) $\lim_{x\to-\infty}\frac{2^{-x}}{2^x}$

(10) $\lim_{t\to\infty}\frac{3^{t+2}+1}{3^{t+1}+2^t}$

(11) $\lim_{x\to\infty}\frac{2x-1}{\sqrt{x^2+3}}$

(12) $\lim_{x\to\infty}\frac{3^{-x}}{2^x}$

Solution

(1) 2

(2) 0

(3) ∞

(4) $\lim_{n\to\infty}\sqrt{\frac{8n+3}{n}}=\sqrt{8}$ 이므로 $\log_2\sqrt{8}=\log_2 2^{\frac{3}{2}}=\frac{3}{2}$

(5) $\lim_{n\to\infty}\frac{(\sqrt{n^2-1}-n)(\sqrt{n^2-1}+n)}{\sqrt{n^2-1}+n}$ $\Rightarrow$ $\lim_{n\to\infty}\frac{-1}{\sqrt{n^2-1}+n}=0$

(6) $\lim_{n\to\infty}\frac{n\pi}{2n+1}=\frac{\pi}{2}$ 이므로 $\sin\frac{\pi}{2}=1$

(7) $\lim_{x\to\infty}\frac{\cos 2x}{x}=\frac{-1\sim 1}{\infty}=0$

(8) $\lim_{x\to\infty}\frac{\frac{1}{2^x}}{2^x}=\frac{0}{\infty}=0$

(9) $\lim_{x\to-\infty}\frac{\frac{1}{2^x}}{2^x}=\frac{\frac{1}{2^{-\infty}}}{2^{-\infty}}=\frac{2^{\infty}}{\frac{1}{2^{\infty}}}=\frac{\infty}{0}$ (※ $\frac{1}{2^{\infty}}$은 엄밀히 말하자면 0 근처 값. 즉, $0.000\cdots1$ 이므로) $=\frac{\infty}{0.000\cdots1}=\infty$

(10) $\lim_{t\to\infty}\frac{3^2\cdot 3^t+1}{3\cdot 3^t+2^t}=\frac{3^2}{3}=3$

(11) $\lim_{x\to\infty}\frac{2x-1}{\sqrt{x^2+3}}=\frac{2}{1}=2$

(12) $\lim_{x\to\infty}\frac{\frac{1}{3^x}}{2^x}=\frac{0}{\infty}=0$

정답	(1) 2	(2) 0	(3) ∞	(4) $\frac{3}{2}$	(5) 0	(6) 1
	(7) 0	(8) 0	(9) ∞	(10) 3	(11) 2	(12) 0

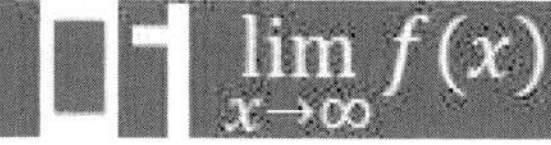

Problem 2

(1) If $\lim_{n\to\infty} a_n = -3$ and $\lim_{n\to\infty} b_n = -2$, then evaluate $\lim_{n\to\infty} \frac{3a_nb_n + 7}{a_n + b_n}$.

(2) If $\lim_{n\to\infty} \frac{\cos n\theta}{n} = a$ and $\lim_{n\to\infty} \frac{2n^2+1}{n^2+n+3} = b$, then find $a+b$.

(3) If $2n^2 - 1 < n^2a_n < 2n^2 + 2$, then $\lim_{n\to\infty} a_n$ is

ⓐ 1　　ⓑ 2　　ⓒ 3　　ⓓ 4

Solution

(1) $\frac{3(-3)(-2)+7}{(-3)(-2)} = \frac{25}{-5} = -5$

(2) $a = \frac{-1 \sim 1}{\infty} = 0$ 이고 $b = 2$이므로 $a+b=2$

(3) n^2으로 양변을 나누면 $2 - \frac{1}{n^2} < a_n < 2 + \frac{2}{n^2}$ 에서 $\lim_{n\to\infty}$를 붙이면

$\lim_{n\to\infty}(2-\frac{1}{n^2}) \le \lim_{n\to\infty} a_n \le \lim_{n\to\infty}(2+\frac{2}{n^2})$ 에서 $\lim_{n\to\infty} a_n = 2$. 그러므로, 정답은 ⓑ

정답　　(1) -5　　(2) 2　　(3) ⓑ

01 EXERCISE

Explanation & Answer : ☞p.24

(1~15) Evaluate the following integrals.

1. $\lim_{x \to \infty} 5$

2. $\lim_{x \to \infty} \frac{3x^3 + 8x}{2x^2 + 3x - 1}$

3. $\lim_{x \to \infty} \frac{9x^2 - 10}{3x^2 + 8x}$

4. $\lim_{x \to \infty} \frac{5x^2 + 7x}{2x^3 + 2x - 1}$

Exercise

5. $\lim_{x \to -\infty} \dfrac{2x^3+7}{10x^3+5x-1}$

6. $\lim_{x \to -\infty} \dfrac{7x^3+8x+1}{5x^3-2x^2}$

7. $\lim_{x \to \infty} \dfrac{9^{-x}}{9^x}$

8. $\lim_{x \to \infty} \dfrac{1.5^{-x}}{1.5^x}$

9. $\lim_{x \to \infty} \frac{\sin x}{2x}$

10. $\lim_{x \to -\infty} \cos x$

11. $\lim_{x \to \infty} \frac{3x+1}{\sqrt{2x^2+1}}$

12. $\lim_{x \to \infty} (\sqrt{x^2+5x} - x)$

Exercise

13. $\lim_{x\to\infty}\frac{3^{x-1}+1}{2^x+1}$

14. $\lim_{x\to\infty}\frac{3^{x+3}+2^x}{3^{x+1}-1}$

15. $\lim_{x\to\infty}\frac{2^{x+1}+2}{3^x-1}$

16. Which of the following is not true?

ⓐ $\lim_{x\to\infty}(\frac{1}{x}-\frac{3}{x^3})=0$

ⓑ $\lim_{t\to\infty}(\frac{1}{t^2+1}-\frac{2}{2-t})=0$

ⓒ $\lim_{y\to\infty}\frac{\frac{1}{y}+1}{1+\frac{1}{y}}=1$

ⓓ $\lim_{z\to\infty}\frac{\frac{3}{z}}{1+\frac{1}{z^3}}=3$

17. If $\lim_{n\to\infty} a_n = 2$ and $\lim_{m\to\infty} b_n = -3$, then evaluate $\lim_{n\to\infty} \frac{2a_n b_n + 5}{a_n + b_n}$.

18. If $\lim_{n\to\infty} \frac{8n^3 + 2n^2 - 1}{n(2n^2+1)} = A$, $\lim_{n\to\infty} \frac{1+2+3+\cdots+n}{n^2} = B$, what is the value of AB?

ⓐ 1 ⓑ 2 ⓒ 3 ⓓ 4

19. If $\lim_{n\to\infty} \frac{1}{n^2} \cdot \cos n\theta = a$ and $\lim_{n\to\infty} \frac{3\sin n\theta}{2+n^2} = b$, then $a+b$ is

ⓐ $-\infty$ ⓑ -1 ⓒ 0 ⓓ 1

20. If $3n^2+1 < (n^2+1)a_n < 3n^2+5$, then $\lim_{n\to\infty} a_n$ is

ⓐ 1 ⓑ 2 ⓒ 3 ⓓ 4

Explanations and Answers for Exercises

Exercise 1

1. 5

$\lim_{x \to \infty} 5 = 5$

2. ∞

$\frac{\infty}{\infty}$의 모양에서 분자(Numerator)의 Exponent가 더 크므로 ∞

3. 3

$\frac{\infty}{\infty}$의 모양에서 분자(Numerator)와 분모(Denominator)의 Exponent가 같으므로 최고차 계수(Coefficient)만 읽는다.

4. 0

$\frac{\infty}{\infty}$의 모양에서 분모(Denominator)의 최고차(Highest Degree)가 더 크므로 0

5. $\frac{1}{5}$

$\lim_{x \to -\infty} \frac{2x^3+7}{10x^3+5x-1}$ 에서 $\frac{\infty}{\infty}$모양 이므로 x^3으로 분모 분자를 나누면

$\lim_{x \to -\infty} \frac{2+\frac{7}{x^3}}{10+\frac{5}{x^2}-\frac{1}{x^3}}$ 에서 $\frac{2}{10}=\frac{1}{5}$

6. $\frac{7}{5}$

만약 $x \to -\infty$가 눈에 거슬린다면 $-x=t$ 로 풀어보자.

$\lim_{t \to \infty} \frac{7(-t)^3+8(-t)+1}{5(-t)^3-2(-t)^2} = \lim_{t \to \infty} \frac{-7t^3-8t+1}{-5t^3-2t^2}$ 이므로 $\frac{-7}{-5}=\frac{7}{5}$

7. 0

$9^{-x}=\frac{1}{9^x}$이므로 $\lim_{x \to \infty} \frac{1}{9^x}\frac{1}{9^x} = \lim_{x \to \infty} \frac{1}{9^{2x}} \Rightarrow \frac{1}{\infty}$ 꼴이므로 0

8. 0

$1.5^{-x}=\frac{1}{1.5^x}$ 이므로 $\lim_{x\to\infty}\frac{1}{1.5^x}\frac{1}{1.5^x}=\lim_{x\to\infty}\frac{1}{1.5^{2x}}\Rightarrow 0$

9. 0

$\sin x$는 -1과 1 사이에서만 움직인다. 즉, $-1\leqq \sin x\leqq 1$. $\lim_{x\to\infty}\frac{\sin x}{2x}=\frac{-1\sim 1}{\infty}=0$

10. Oscillate between -1 and 1

$\cos x$는 -1과 1사이에서만 움직인다. 즉, $-1\leqq \cos x\leqq 1$

$\lim_{x\to-\infty}\cos x=$ Oscillate between -1 and 1

11. $\frac{3\sqrt{2}}{2}$

$\lim_{x\to\infty}\frac{3x+1}{\sqrt{2x^2+1}}=\frac{\infty}{\infty}$ 모양에서

분자 분모의 최고차(Highest degree)가 $x=\sqrt{x^2}$ 으로 같으므로 Coefficient만 읽으면 된다. 즉,

$\frac{3}{\sqrt{2}}=\frac{3\sqrt{2}}{2}$

12. $\frac{5}{2}$

$\lim_{x\to\infty}(\sqrt{x^2+5x}-x)=\infty-\infty$ 모양은 유리화(Rationalization)를 하여 $\frac{\infty}{\infty}$ 모양으로 만든다.

$\lim_{x\to\infty}\frac{(\sqrt{x^2+5x}-x)(\sqrt{x^2+5x}+x)}{(\sqrt{x^2+5x}+x)}=\lim_{x\to\infty}\frac{5x}{\sqrt{x^2+5x}+x}$.

즉, $\frac{\infty}{\infty}$ 모양에서 분모 분자의 최고차(Highest Degree)가 같으므로 Coefficient만 읽으면 된다.

즉, $\frac{5}{\sqrt{1}+1}=\frac{5}{2}$

13. ∞

$\lim_{x\to\infty}r^x$ 모양이고 $r>1$ 이므로 $\lim_{x\to\infty}2^x=\infty$, $\lim_{x\to\infty}3^{x-1}=\infty$ 이므로 $\frac{\infty}{\infty}$ 이고, $3^x>2^x$

(3^x가 2^x보다 x가 커짐에 따라 더 많이 더 빨리 증가한다)

분자(Numerator)의 r > 분모(Denominator)의 r 이므로 ∞

Explanations and Answers for Exercises

14. 9

$\lim_{x\to\infty} r^x$ 모양이고 $r>1$ 이므로 $\frac{\infty}{\infty}$ 모양이다. 분자(Numerator)의 r=분모(Denominator)의 r과 같으므로 $\lim_{x\to\infty}\frac{3^3 3^x+2^x}{3*3^x-1}$ 에서 $\frac{3^3}{3}=3^2=9$

15. 0

$\lim_{x\to\infty} r^x$ 모양이고 $r>1$이므로 $\frac{\infty}{\infty}$ 모양이다. 분자(Numerator)의 r<분모(Denominator)의 r 이므로 0

16. ⓓ

ⓐ $\frac{1}{\infty}-\frac{3}{\infty}=0-0=0$ ⓑ $\frac{1}{\infty}-\frac{2}{-\infty}=0+0=0$ ⓒ $\frac{0+1}{1+0}=1$ ⓓ $\frac{0}{1+0}=0$

17. 7

$\lim_{n\to\infty}\frac{2a_nb_n+5}{a_n+b_n}=\frac{2(2)(-3)+5}{2-3}=\frac{-7}{-1}=7$

18. ⓑ

$\lim_{n\to\infty}\frac{8n^3+2n^2-1}{n(2n^2+1)}=A$ 에서 $A=\frac{8}{2}=4$

$1+2+3+\cdots+n=\frac{n(n+1)}{2}$ 이므로 $\lim_{n\to\infty}\frac{n(n+1)}{2n^2}=B$ 에서 $B=\frac{1}{2}$. 그러므로 $AB=2$.

19. ⓒ

$\lim_{n\to\infty}\frac{\cos n\theta}{n^2}=\frac{-1\sim 1}{\infty}=0$ 이므로 $a=0$

$\lim_{n\to\infty}\frac{3\sin n\theta}{2+n^2}=\frac{-3\sim 3}{\infty}=0$ 이므로 $b=0$

그러므로, $a+b=0$

20. ⓒ

양변을 (n^2+1)로 나누면 $\frac{3n^2+1}{n^2+1}<a_n<\frac{3n^2+5}{n^2+1}$ 에서 $\lim_{n\to\infty}$을 취하면

$\lim_{n\to\infty}\frac{3n^2+1}{n^2+1}\le\lim_{n\to\infty}a_n\le\lim_{n\to\infty}\frac{3n^2+5}{n^2+1}$ 에서 $\lim_{n\to\infty}a_n=3$

02. $\lim\limits_{x \to a} f(x)$

01 $\lim\limits_{x \to a} f(x)$의 의미

$\lim\limits_{x \to \infty} f(x)$는 x가 한없이 커질 때, $f(x)$값의 변화를 추정하는 것이었다면 $\lim\limits_{x \to a} f(x)$는 x가 a로 한없이 다가감에 따라 $f(x)$의 값이 어떻게 변화 하는가를 추정하는 것이다.

다음을 보자.

l

$$(0.\bar{9}) = \left\{ \begin{array}{l} \lim\limits_{x \to 1^-} \\ \lim\limits_{x \to 1-0} \end{array} \right]$$

$$\left[\begin{array}{l} \lim\limits_{x \to 1^+} \\ \lim\limits_{x \to 1+0} \end{array} \right\} = (1.0000 \cdots 1)$$

⇒ 평면으로 옮긴 그림을 가까이에서 아주 자세히 보면

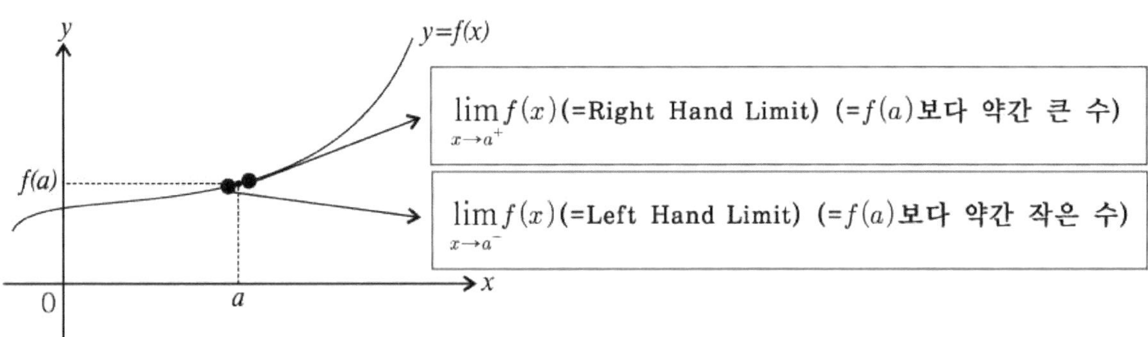

미리 $\lim_{x \to a} f(x)$

⇒ 이 그림을 조금 멀리서 보면 한 점으로 보인다.

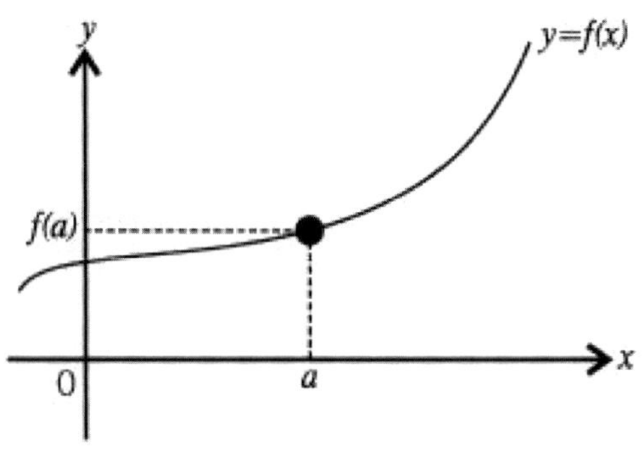

왜 이런 일이 일어날까?

$\lim_{x \to a^+} f(x)$는 $f(a)$의 오른쪽에 가장 가까이 붙어있고 $\lim_{x \to a^-} f(x)$는 $f(a)$의 왼쪽에 가장 가까이 붙어있다. 그러므로, 육안으로는 한 점으로 보이는 것이다. **이럴 때 우리는 연속(Continuous)이라고 한다!**

만약 $\lim_{x \to a^+} f(x) = \lim_{x \to a^-} f(x)$이면, 이를 간단히 하여 $\lim_{x \to a} f(x)$라고 한다. 여기에서 주의해야 할 점은 $\lim_{x \to a} f(x)$값과 $f(a)$의 값을 혼동하지 말아야 한다. $\lim_{x \to a} f(x)$는 단지 $f(a)$의 좌우에 딱 붙어있는 점이다. 즉, $f(a)$는 $f(a)$이고 $\lim_{x \to a} f(x)$는 $\lim_{x \to a} f(x)$이다.

$f(a)$가 존재하지 않는다고 하여 $\lim_{x \to a} f(x)$가 존재 하지 않거나 존재하거나 하는 것이 아니라는 것이다.

02. Continuity

$\lim_{x \to a^-} f(x)$와 $f(x)$, 그리고 $\lim_{x \to a^+} f(x)$가 딱 밀착되어 있어서 **육안으로 한 점으로 보일 때를 연속 즉, Continuous라고 한다.** $\lim_{x \to a^-} f(x) = f(a) = \lim_{x \to a^+} f(x)$ 이지만 육안으로는 모두 같은 점으로 보인다.

반드시 알아두자!

즉, The Definition of Continuity! $\lim_{x \to a-} f(x) = \lim_{x \to a+} f(x) = f(a)$. 즉, $\lim_{x \to a} f(x) = f(a)$.

(앞의 두 극한을 묶어서) $\lim_{x \to a} f(x)$

EX 1 다음 중 x=a 에서 연속인 것에 ○, 아닌 것에 ×표를 하시오.

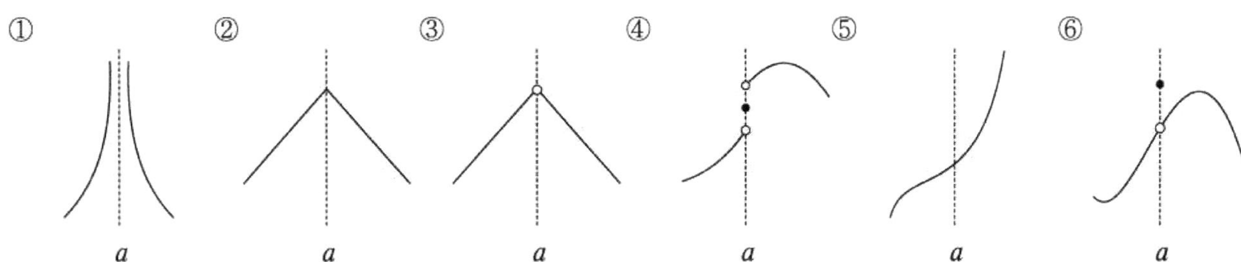

Solution

① (x) ② (o) ③ (x) ④ (x) ⑤ (o) ⑥ (x)

03. Does $\lim_{x \to a} f(x)$ exist?

"$x=a$에서 limit 값이 얼마니?" 라고 누군가 당신에게 질문을 던졌다면 당신은 뭐라고 할 것인가?
"글쎄요.. Left hand limit는 0이고 Right hand limit는 1 같은데 무엇으로 답을 하죠?..."
바로 이런 경우에는 $\lim_{x \to a} f(x)$값이 존재하지 않는 것이다. x가 a로 다가가는 $\lim_{x \to a} f(x)$는 좌,우 두 개이므로 이 두 $\lim_{x \to a} f(x)$의 값이 비슷해 보여야 한 가지로 명확히 대답할 수 있다.
즉, $x=a$에서 limit값을 하나로 대답할 수 있을 때, $\lim_{x \to a} f(x)$가 존재하는 것이다.

다음과 같이 알아두자.

Shim's Tip

Does $\lim_{x \to a} f(x)$ exist?

$x=a$에서 Left hand limit와 Right hand limit 의 값이 너무 비슷하여 $\lim_{x \to a-} f(x)$와 $\lim_{x \to a+} f(x)$가 같아 보일 때, $\lim_{x \to a} f(x)$가 존재 한다!

02 $\lim_{x \to a} f(x)$

EX 2 다음 중 $\lim_{x\to a} f(x)$가 존재하는 것에 ○, 아닌 것에 ×표를 하시오.

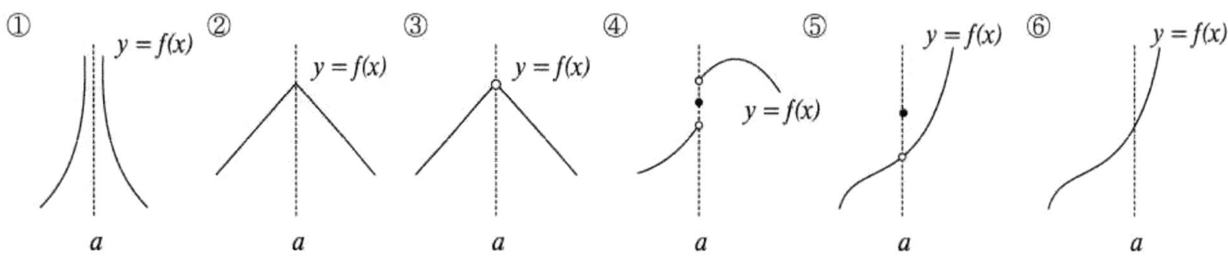

Solution

① $x=a$는 asymptote! $\lim_{x\to a^+} f(x)$와 $\lim_{x\to a-} f(x)$ 의 값을 알 수 없다. ⇒존재 안함.

② $x=a$에서 세 점 모두 밀착되어 있다. 즉, $\lim_{x\to 0^-} f(x)$와 $\lim_{x\to a^+} f(x)$ 의 값이 비슷하다. ⇒존재함.

③ $x=a$에서 $f(a)$값이 없지만 $\lim_{x\to a-} f(x)$ 와 $\lim_{x\to a^+} f(x)$ 가 만났다.

즉, $x=a$에서 limit값을 하나로 대답가능! ⇒ 존재

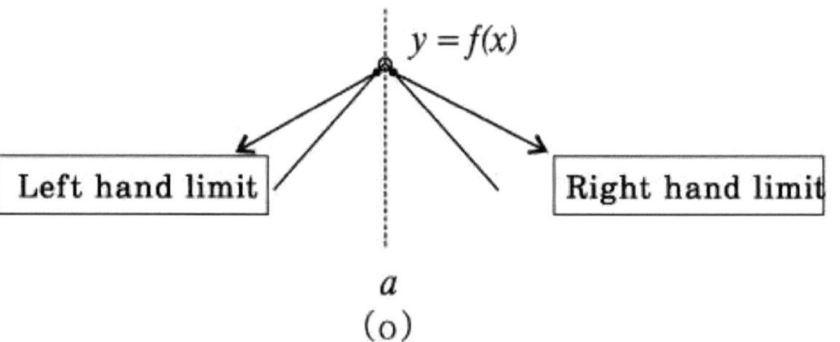

④ $x=a$에서 $\lim_{x\to a-} f(x)$ 와 $\lim_{x\to a^+} f(x)$ 가 만나지 않아서 하나로 대답이 불가능 ⇒ 존재 안함.

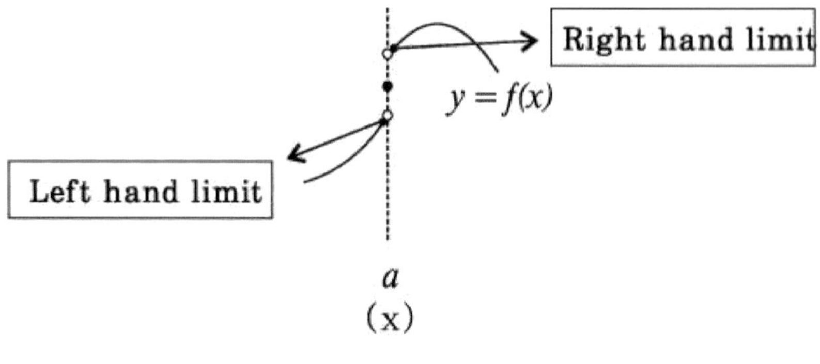

Solution

⑤ $x=a$에서 $\lim_{x\to a-} f(x)$와 $\lim_{x\to a^+} f(x)$가 만났다.

즉, $\lim_{x\to a} f(x)$ 값을 하나로 대답가능! ⇒ 존재

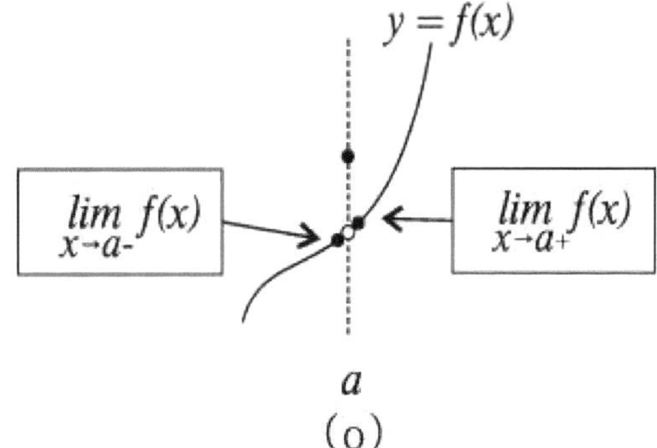

⑥ $x=a$에서 $\lim_{x\to a-} f(x)$와 $\lim_{x\to a^+} f(x)$가 만났다.

즉, $\lim_{x\to a} f(x)$ 값을 하나로 대답가능! ⇒존재

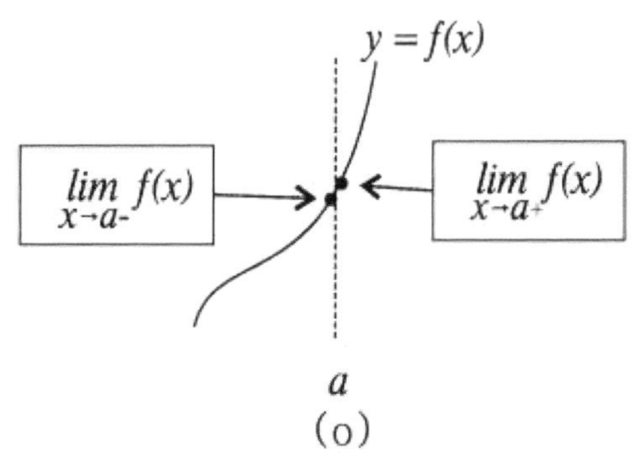

정답	① (x)	② (o)	③ (o)
	④ (x)	⑤ (o)	⑥ (o)

이상에서 본 것처럼 $x=a$에서 연속(Continuous)이면 $x=a$에서 반드시 $\lim_{x\to a} f(x)$가 존재하지만 $x=a$에서 불연속(Discontinuous)이라고 해서 $\lim_{x\to a} f(x)$가 존재 안하는 것이 아니다.

04 $\lim_{x\to a} f(x)$의 계산

Ⅰ. $\frac{0}{0}$ 모양

① x대신 a를 대입하자. 사실 x는 진짜 a가 아니고 a와 가장 가까운 근처의 수이다.

② x대신 a를 대입 하였는데 분모(Denominator)와 분자(Numerator)가 0이 되는 경우는 Factorization 후 cancel해 주거나 유리화(Rationalization)를 한다.

$\lim_{x \to a} f(x)$

다음을 읽어보자!

분모가 0이 되는데 어떻게 Cancel을 할 수 있을까?

⇒ 이는 limit에서만 가능한 일이다.

예를 들어, $\dfrac{(x-1)(x+1)}{x-1}$에서 x가 1이라면 분모가 0이 되어서 분모, 분자 cancel이 불가능 하지만 $\lim_{x \to 1}\dfrac{(x-1)(x+1)}{x-1}$의 경우에는 x가 진짜 1이 아니고 1 근처에 있는 값 이므로 실제로 분모가 0이 되지 않고 0 근처의 값이 되므로 cancel이 가능하다.

그러므로, $\lim_{x \to 1}\dfrac{(x-1)(x+1)}{x-1} = \lim_{x \to 1-}(x+1) = \lim_{x \to 1+}(x+1) = \lim_{x \to 1}(x+1) = 2$

다음의 예를 보자.

① $\lim_{x \to 1}(x+1) = 2$

② $\lim_{x \to 2}\dfrac{x^2-4}{x-2} = \lim_{x \to 2}\dfrac{(x+2)\cancel{(x-2)}}{\cancel{(x-2)}} = \lim_{x \to 2}(x+2) = 4$

③ $\lim_{x \to 0}\dfrac{1-\sqrt{1-x}}{x} = \lim_{x \to 0}\dfrac{(1-\sqrt{1-x})(1+\sqrt{1-x})}{x(1+\sqrt{1-x})} = \lim_{x \to 0}\dfrac{1-1+x}{x(1+\sqrt{1-x})} = \lim_{x \to 0}\dfrac{\cancel{x}}{\cancel{x}(1+\sqrt{1-x})} = \lim_{x \to 0}\dfrac{1}{1+\sqrt{1-x}} = \dfrac{1}{2}$

EX 3 If $f(x) = \begin{cases} \dfrac{x^2-4}{x-2} & , \mathit{If}\ x \neq 2 \\ a & , \mathit{If}\ x = 2 \end{cases}$ and if $f(x)$ is continuous at $x = 2$, find a.

Solution

$x = 2$에서 연속이라고 하였으므로 $x = 2$에서 세 점($\lim_{x \to a^-} f(x)$, $f(x)$, $\lim_{x \to a^+} f(x)$)이 딱 밀착되어 한점으로 보이기 때문에 "$\lim_{x \to 2^-} f(x) = f(2) = \lim_{x \to 2^+} f(x)$". $x \neq 2$의 의미는 $\lim_{x \to 2}$이고, $x \neq 2$ 일 때 $\dfrac{x^2-4}{x-2}$의 의미는 $\lim_{x \to 2}\dfrac{x^2-4}{x-2}$. 즉, $\lim_{x \to 2^+}\dfrac{x-4}{x-2} = \lim_{x \to 2^-}\dfrac{x-4}{x-2} = f(x) = a$

연속이면 limit값은 하나로 대답이 가능!

$\Rightarrow \lim_{x \to 2}\dfrac{(x-2)(x+2)}{(x-2)} = f(x) = a$ 이므로 $\lim_{x \to 2}(x+2) = a$에서 $a = 4$

정답 $a = 4$

"If $f(x)=\begin{cases}\dfrac{x^2-4}{x-2} & \text{if } x\neq 2\\ a & \text{if } x=2\end{cases}$ and if $f(x)$ is continuous at $x=2$, find a"

에서 " $f(x)=\begin{cases}\dfrac{x^2-4}{x-2} & \text{if } x\neq 2\\ a & \text{if } x=2\end{cases}$ " 의 의미를 그림으로 표현해보자.

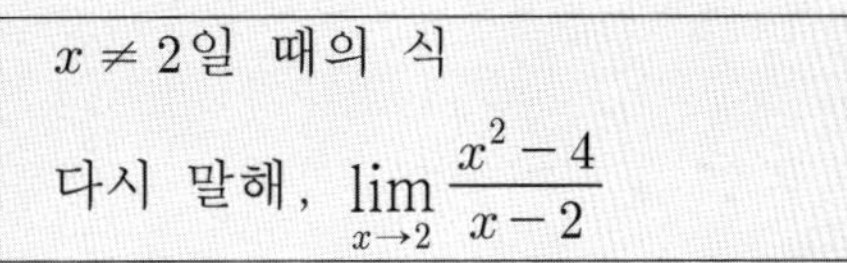

$x\neq 2$일 때의 식
다시 말해, $\lim\limits_{x\to 2}\dfrac{x^2-4}{x-2}$

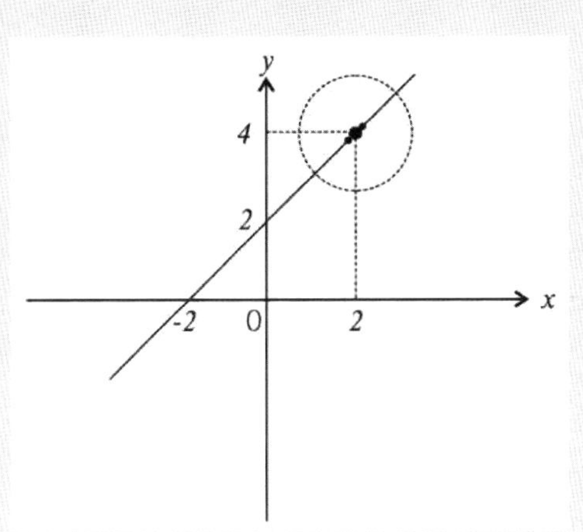

⇒

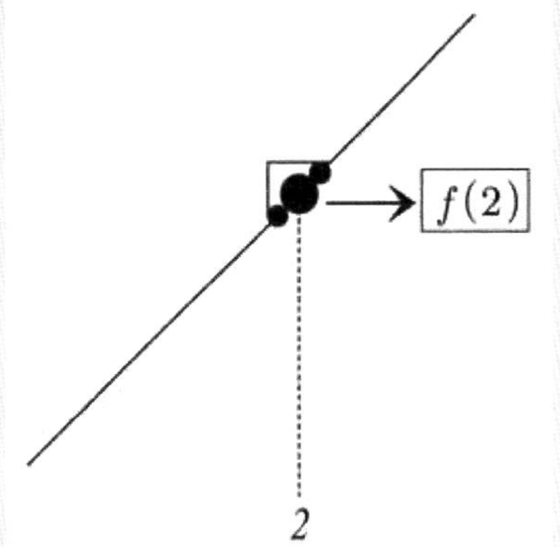

즉 $f(x)=\dfrac{x^2-4}{x-2}$ $(x\neq 2)$이 $\lim\limits_{x\to 2}\dfrac{x^2-4}{x-2}$ 인 것이고

$x\neq 2$에서 연속 (Continuous)하므로 "$\lim\limits_{x\to 2}\dfrac{x^2-4}{x-2}=f(x)$ " 인 것이다.

Ⅱ. $\frac{c}{0}$ 모양 $(c \neq 0)$

분모(Denominator)는 0이 되고 분자(Numerator)는 0이 아닌 경우에는
Left hand limit와 Right hand limit로 나누어 계산해 본다.

다음의 예제를 보자.

EX 4 $\lim_{x\to 2}\frac{x}{x-2}$ is

ⓐ Nonexistent ⓑ 0 ⓒ 1 ⓓ 2

Solution

x대신 2를 대입하였는데 $\frac{2}{0}$모양이 된다.

그러므로 Left hand limit와 Right hand limit로 나누어 계산해 본다.

- Left hand limit : $\lim_{x\to 2^-}\frac{x}{x-2}=\frac{2}{-0.000\cdots 1}=-\infty$
- Right hand limit : $\lim_{x\to 2^+}\frac{x}{x-2}=\frac{2}{0.000\cdots 1}=\infty$

그러므로, Nonexistent

정답 ⓐ

05. KINDS OF DISCONTINUITY

불연속(Discontinuous)의 종류에는 다음과 같이 세 가지가 있다.

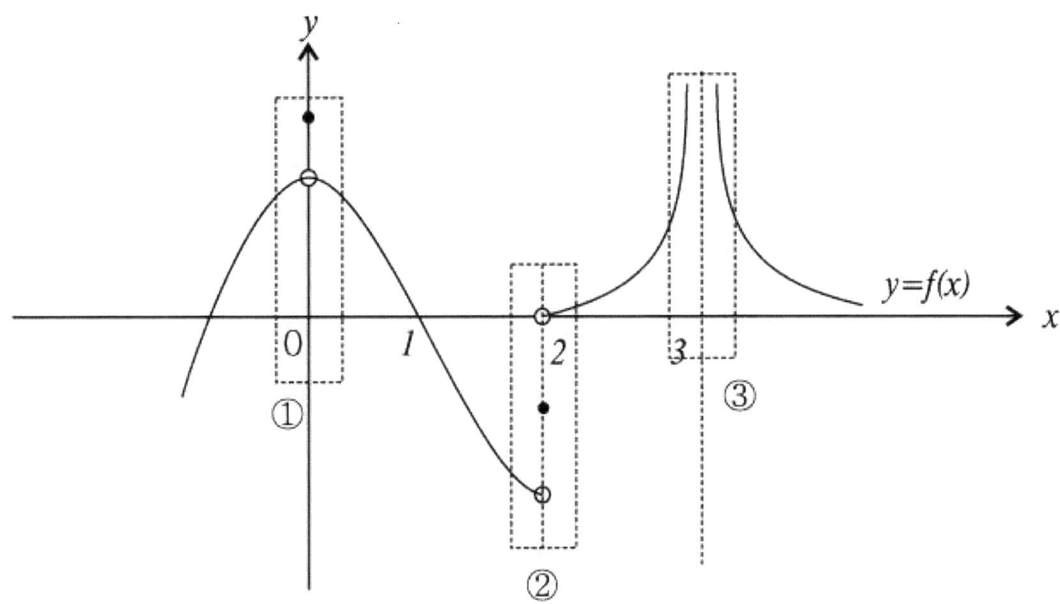

⇒ ① Removable Discontinuity(Limit exist)

: "Limit 값은 존재하지만 limit 값과 function 값이 다를 때…"

즉, $\lim_{x \to a^+} f(x) = \lim_{x \to a^-} f(x) \neq f(a)$. 예를 들어, 위 그래프의 $x=0$일때에 해당된다.

(※ $\lim_{x \to a} f(x)$ Exist 할 때)

② Jump Discontinuity (Limit does not exist)

: "Left hand limit와 Right hand limit가 둘 다 존재하지만 서로 다를 때 …"

즉, $\lim_{x \to a^+} f(x) \neq \lim_{x \to a^-} f(x) \neq f(a)$. 예를 들어, 위 그래프의 $x=2$일때에 해당된다.

(※ $\lim_{x \to a} f(x)$ Does Not Exist 일 때)

③ Infinite Discontinuity

: Vertical Asymptote

$\lim_{x \to a} f(x)$

뒤의 Differentiation 단원에서 설명하겠지만 여기에서 잠깐 Differentiability에 대해 설명 하고자 한다.

Differentiability?
Left hand limit와 Function과의 Slope와 Right hand limit와 Function과의 Slope가 거의 비슷해서 두 개의 직선이 하나의 직선처럼 느껴질 때를 Differentiable 라고 한다.

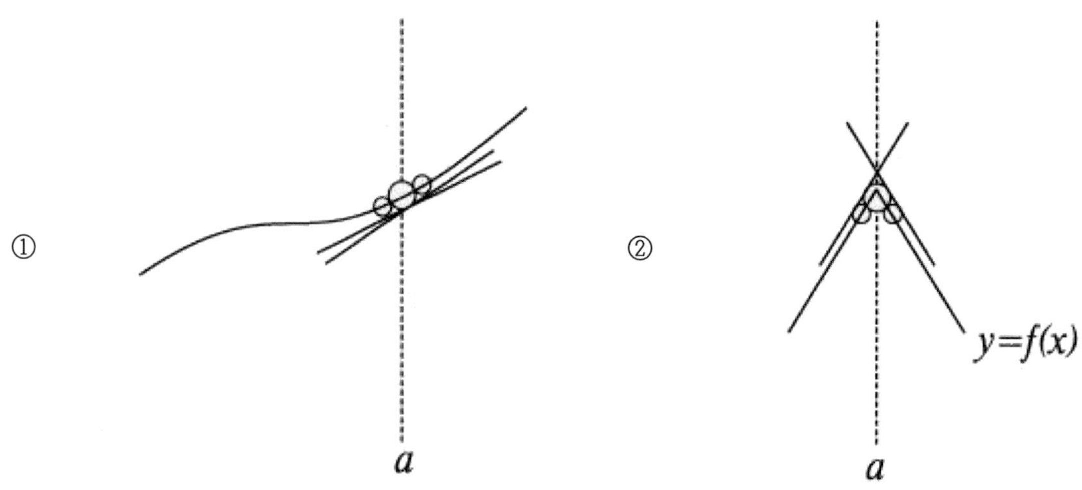

위의 그림에서 ①의 경우 Left hand limit와 Function과의 Slope가 Right hand limit와 Function과의 Slope와 거의 비슷하다.
⇒ Differentiable!

②의 경우 Left hand limit와 Function과의 Slope가 Right hand limit와 Function과의 Slope와 다르다.
⇒ Not Differentiable!

Limit 계산 총정리

Limit 값을 구할 때 많은 학생들이 헷갈려하는 부분을 정리해 보고자 한다. Limit의 계산은 다음의 세 가지 경우에 대해서만 계산법이 존재한다.

1) $\frac{\infty}{\infty}$ 모양

2) $\frac{0}{0}$ 모양

3) $\infty - \infty$ 모양

특히 위의 1) $\frac{\infty}{\infty}$ 2) $\frac{0}{0}$ 모양의 경우에는 뒤에 나오는 L'Hopital's Rule을 이용하여 쉽게 구할 수 있다.

1) $\frac{\infty}{\infty}$ 모양과 $\frac{0}{0}$ 모양의 이외에는 모두 x대신 a or x 대신 ∞를 대입하여 구하면 된다.

2) $\lim_{x \to a} f(x)$와 같이 x가 ∞가 아닌 어느 특정한 값으로 Approach 할 때에는 Left Hand Limit ($\lim_{x \to a^-} f(x)$)와 Right Hand Limit ($\lim_{x \to a^+} f(x)$)으로 나누어 계산한다.

Limit 계산에 대해 정리해보면 다음과 같다.

1. x대신 a or ∞를 대입해보고
2. $\frac{\infty}{\infty}$ or $\frac{0}{0}$ 모양이면 앞에서 배운대로 계산을 해보고
3. $\frac{\infty}{\infty}$ 모양이 아니면 x대신 ∞ or $-\infty$를 대입!
4. $\frac{0}{0}$ 모양이 아니면 Left Hand Limit과 Right Hand Limit을 계산한다.

02 $\lim_{x \to a} f(x)$

(EX 5) Evaluate the following limits.

1. $\lim_{x \to \infty} \frac{3^{x+1}-1}{3^x+1}$

2. $\lim_{x \to -\infty} \frac{3^{x+1}+1}{3^{-x}+1}$

3. $\lim_{x \to \infty} \frac{10x^3+3}{5x^3+2x-1}$

4. $\lim_{x \to \infty} \frac{3^{-x}+1}{3^x+1}$

5. $\lim_{x \to 2} \frac{x+2}{x^2-4}$

6. $\lim_{\theta \to 0} \frac{\sin 4\theta}{2\theta \cos\theta}$

7. $\lim_{x \to 3} \frac{x^2-9}{x+5}$

Solution

1. $\dfrac{\infty}{\infty}$ 모양이므로 계산 필요!

$$\lim_{x\to\infty}\frac{3^x\times3^{-1}}{3^x+1}\Rightarrow\lim_{x\to\infty}\frac{3-\dfrac{1}{3^x}}{1+\dfrac{1}{3^x}}\Rightarrow\lim_{x\to\infty}3=3$$

2. $\dfrac{\infty}{\infty}$ 모양이 아니므로 x대신 $-\infty$ 대입

$$\lim_{x\to-\infty}\frac{3\times3^x+1}{3^{-x}+1}\Rightarrow\frac{3\cdot3^{-\infty}+1}{3^{\infty}+1}=\frac{0+1}{\infty+1}=0$$

3. $\dfrac{\infty}{\infty}$ 모양이므로 계산 필요!

$$\lim_{x\to\infty}\frac{10x^3+3}{5x^3+2x-1}=2$$

4. $\dfrac{\infty}{\infty}$ 모양이 아니므로 x대신 ∞ 대입

$$\lim_{x\to\infty}\frac{3^{-x}+1}{3^x+1}\Rightarrow\frac{3^{-\infty}+1}{3^{\infty}+1}=\frac{0+1}{\infty+1}=0$$

5. Left Hand Limit과 Right Hand Limit으로 나누어 계산

$$\lim_{x\to2-}\frac{x+2}{x^2-4}=\frac{3.999\ldots}{-0.00\ldots1}=-\infty$$

$$\lim_{x\to2+}\frac{x+2}{x^2-4}=\frac{4.000\ldots}{0.00\ldots1}=\infty$$

즉, $\lim_{x\to2-}\dfrac{x+2}{x^2-4}\neq\lim_{x\to2+}\dfrac{x+2}{x^2-4}$ 이므로 Nonexistent.

Solution

6. $\frac{0}{0}$모양이므로 계산 필요!

cos0 = 1이므로 $\lim_{x\to 0}\frac{\sin 4\theta}{2\theta}=\frac{4}{2}=2$

(※ 이 문제의 경우 뒤에 설명할 내용인데 미리 제시해 보았다. $\frac{0}{0}$ 모양은 계산법이 존재한다는 것을 알려주고 싶어서 제시하였으니 스트레스 받지 말도록 하자! 어차피 뒤에서 배우면 쉽게 해결되는 내용이니까^^m)

7. Left Hand Limit과 Right Hand Limit으로 나누어 계산

$\lim_{x\to 3+}\frac{x^2-9}{x+5}=\frac{0.000\ldots 1}{8.00\ldots 1}=0$, $\lim_{x\to 3-}\frac{x^2-9}{x+5}=\frac{-0.000\cdots 1}{7.999\cdots}=0$

그러므로 $\lim_{x\to 3}\frac{x^2-9}{x+5}=0$

정답 1) 3 2) 0 3) 2 4) 0 5) Nonexistent 6) 2 7) 0

다음의 예제를 들어보자.

EX 6 Determine ○ or ×.

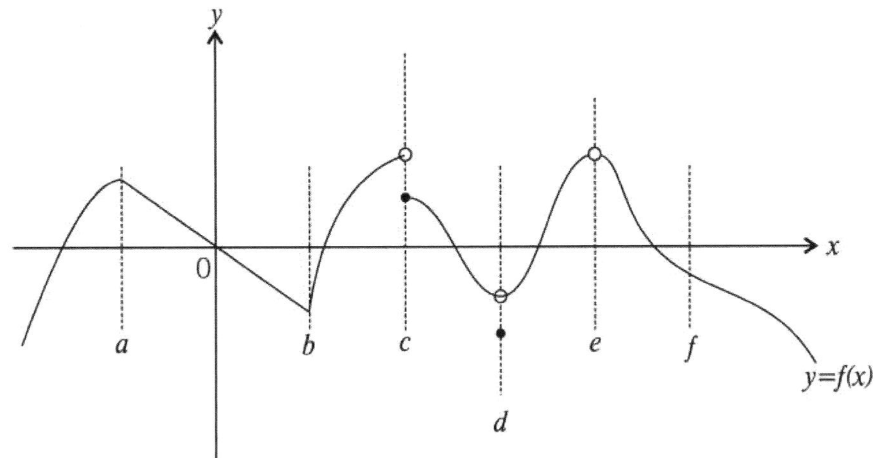

	a	b	c	d	e	f
Continuous						
Does $\lim_{x \to a} f(x)$ exist?						
Does $f(a)$ exist?						
Differentiable						

Solution

	a	b	c	d	e	f
Continuous	○	○	×	×	×	○
Does $\lim_{x \to a} f(x)$ exist?	○	○	×	○	○	○
Does $f(a)$ exist?	○	○	○	○	×	○
Differentiable	×	×	×	×	×	○

마무리 $\lim_{x \to a} f(x)$

앞의 문제를 통해서 다음과 같이 정리하고자 한다. 필자가 평소 수업시간에 학생들에게 필기 시키는 내용이다. 많은 학생들이 다음의 내용을 많이 헷갈려하고 있다. 반드시 알아 두도록 하자!

1. Continuity의 점 $(a, b, f)(\lim_{x \to a} f(x) = f(a))$

⇒ Function exists & Limit exists but differentiability는 알 수 없다.

2. Limit exists인 점 (a, b, d, e, f)

$(\lim_{x \to a} f(x) = c,\ c = f(a) \text{ or } c \neq f(a))$

⇒ Function exists but continuity, differentiability는 알 수 없다.

3. Differentiable한 점 (f)

⇒ Limit exists & Function exists & Continuous

Problem 1 Find the limits.

(1) $\lim_{x\to 10}\log x$

(2) $\lim_{x\to 2}\frac{x^2-3x+2}{x-2}$

(3) $\lim_{x\to 0^+}\ln x$

(4) $\lim_{x\to 1}\frac{\sqrt{x}-1}{x-1}$

(5) $\lim_{x\to 2}\frac{\sqrt{2x+1}-\sqrt{x+3}}{x-2}$

Solution

(1) $\log 10=1$

(2) $\lim_{x\to 2}\frac{(x-1)(x-2)}{x-2}=1$

(3)

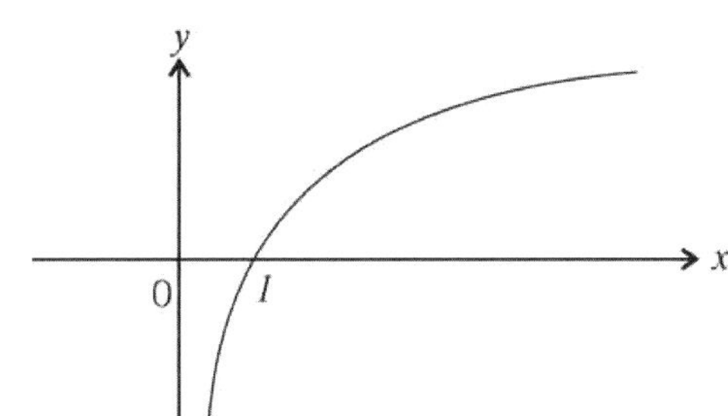

$\Rightarrow \lim_{x\to 0^+}\ln x=-\infty$

(4) $\lim_{x\to 1}\frac{(\sqrt{x}-1)(\sqrt{x}+1)}{(x-1)(\sqrt{x}+1)}=\lim_{x\to 1}\frac{x-1}{(x-1)(\sqrt{x}+1)}=\frac{1}{2}$

(5)

$$\lim_{x\to 1}\frac{(\sqrt{2x+1}-\sqrt{x+3})(\sqrt{2x+1}+\sqrt{x+3})}{(x-2)(\sqrt{2x+1}+\sqrt{x+3})}=\lim_{x\to 2}\frac{x-2}{(x-2)(\sqrt{2x+1}+\sqrt{x+3})}=\frac{1}{2\sqrt{5}}=\frac{\sqrt{5}}{10}$$

정답 (1) 1 (2) 1 (3) $-\infty$ (4) $\frac{1}{2}$ (5) $\frac{\sqrt{5}}{10}$

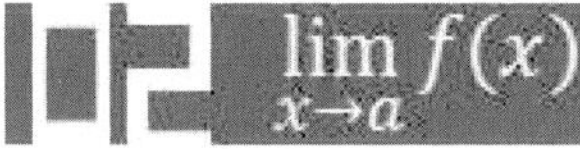

Problem 2

(1) If $f(x)=\begin{cases} x^2+1 & \text{for } x \le 1 \\ e^x & \text{for } x > 1 \end{cases}$, then $\lim_{x\to 1} f(x)$ is

ⓐ Nonexistent ⓑ 2 ⓒ e ⓓ e^2

(2) If $f(x)=\begin{cases} \dfrac{x^2-4x+3}{x-1} & (x \ne 1) \\ k & (x=1) \end{cases}$, and f is continuous at $x=1$, then k=

ⓐ -2 ⓑ -1 ⓒ 0 ⓓ 1

Solution

(1) Left hand limit : $\lim_{x\to 1^-}(x^2+1)=2$

Right hand limit : $\lim_{x\to 1^+} e^x = e$

$\lim_{x\to 1^-} f(x) \ne \lim_{x\to 1^+} f(x)$ 이므로 Nonexistent.

(2) $x=1$에서 연속(Continuous)이므로 $\lim_{x\to 1}\dfrac{(x-1)(x-3)}{(x-1)}=k$ 에서 $-2=k$

정답 (1) ⓐ (2) ⓐ

Problem 3

If $\lim_{x\to 2} f(x)=3$, which of the following must be true?

Ⅰ. $\lim_{x\to 2^-} f(x)=\lim_{x\to 2^+} f(x)$.

Ⅱ. f is continuous at $x=2$.

Ⅲ. f is differentiable at $x=2$.

Ⅳ. $f(2)=3$.

ⓐ Ⅰ only ⓑ Ⅰ and Ⅱ ⓒ Ⅰ, Ⅱ, and Ⅲ ⓓ Ⅰ, Ⅲ, and Ⅳ

Solution

$\lim_{x\to 2} f(x)=3$은 $\lim_{x\to 2} f(x)$가 존재 하는 것을 의미한다. 즉, $\lim_{x\to 2^-} f(x)=\lim_{x\to 2^+} f(x)=3$

$\lim_{x\to 2} f(x)$가 존재한다고 해서 $x=2$에서 반드시 연속(Continuous)이거나 미분가능(Differentiable) 또는 $f(2)=3$인 것은 아니다. 그러므로, 정답은 ⓐ

※ $\lim_{x\to 2} f(x)=f(2)$는 $x=2$에서 연속 (Continuous)을 의미하며 이 경우 $f(2)$도 존재한다.

정답 ⓐ

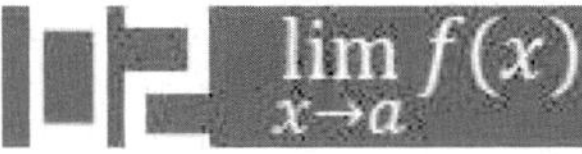

$\lim_{x \to a} f(x)$

Problem 4

(1) $\lim_{x \to 3} \frac{1}{2x-6}$ is

ⓐ 1　　ⓑ 2　　ⓒ 3　　ⓓ Nonexistent

(2) $\lim_{x \to 2} [x]$ is ($[x]$ is the greatest integer less than or equal to x)

ⓐ 1　　ⓑ 2　　ⓒ 3　　ⓓ Nonexistent

Solution

(1) Left hand limit와 Right hand limit로 나누어 계산해본다.

$\lim_{x \to 3^-} \frac{1}{2x-6} = \frac{1}{-0.000\cdots 1} = -\infty$

$\lim_{x \to 3^+} \frac{1}{2x-6} = \frac{1}{0.000\cdots 1} = \infty$　　그러므로, Nonexistent

(2) Left hand limit와 Right hand limit로 나누어 계산해 본다.

$\lim_{x \to 2^-} [x] = 1$

$\lim_{x \to 2^+} [x] = 2$　　그러므로, Nonexistent

정답　(1) ⓓ　(2) ⓓ

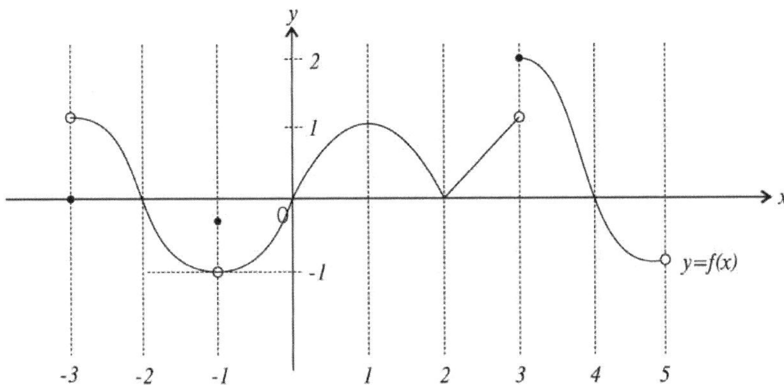

Problem 5 In the graph above, find the following limits.

(1) $\lim_{x \to -3+0} f(x)$ (2) $\lim_{x \to -1} f(x)$ (3) $\lim_{x \to 1} f(x)$

(4) $\lim_{x \to 2} f(x)$ (5) $\lim_{x \to 3} f(x)$ (6) $\lim_{x \to 4} f(x)$

Solution

(1) $\lim_{x \to -3+0} f(x) = 1$

(2) $\lim_{x \to -1} f(x) = -1$

(3) $\lim_{x \to 1} f(x) = 1$

(4) $\lim_{x \to 2} f(x) = 0$

(5) $\lim_{x \to 3} f(x) =$ Does Not Exist (DNE)

(6) $\lim_{x \to 4} f(x) = 0$

정답 (1) 1 (2) -1 (3) 1 (4) 0 (5) DNE (6) 0

$\lim_{x \to a} f(x)$

Problem 6

(1) The function $f(x)=\begin{cases} e^x & (x \le 1) \\ \ln x & (x > 1) \end{cases}$

ⓐ is continuous everywhere.

ⓑ is differentiable at $x=1$.

ⓒ is continuous but not differentiable at $x=1$.

ⓓ has a jump discontinuity at $x=1$.

(2) The function $f(x)=\begin{cases} \dfrac{x^2-8x+15}{x-3} & (x \ne 3) \\ 2 & (x=3) \end{cases}$

ⓐ is continuous everywhere.

ⓑ is differentiable at $x=3$.

ⓒ is continuous but not differentiable at $x=1$.

ⓓ has a removable discontinuity at $x=3$.

Solution

(1) $f(1)=e,\ \lim_{x \to 1^-} f(x)=e$ 이고 $\lim_{x \to 1^+} f(x)=0$

이므로 $\lim_{x \to 1^-} f(x) \ne \lim_{x \to 1^+} f(x)$

그러므로, $x=1$에서 Jump discontinuity

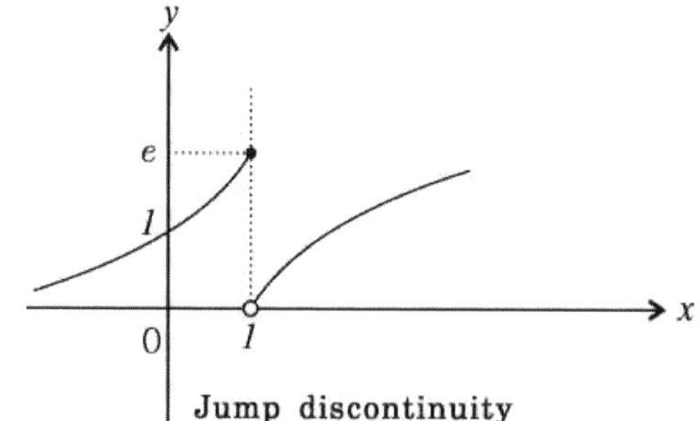

(2) $\lim_{x \to 3} \dfrac{(x-3)(x-5)}{x-3}=-2$ 이고 $f(3)=2$이므로

$\lim_{x \to 3} f(x) \ne f(3)$이므로 $x=3$에서

Removable discontinuity

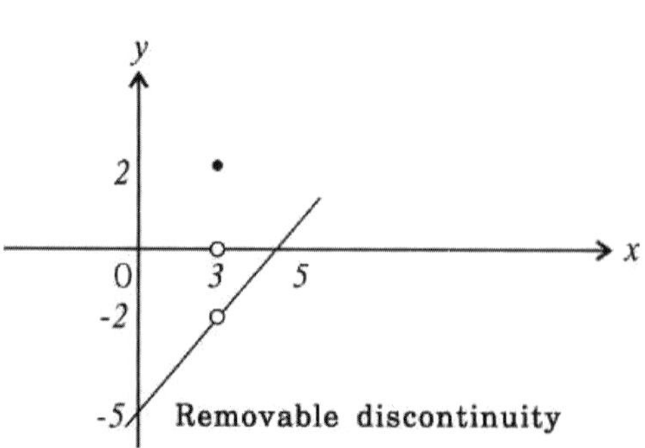

정답 (1) ⓓ (2) ⓓ

02 EXERCISE

Explanation & Answer : ☞p.57

1. Determine ○ or ×.

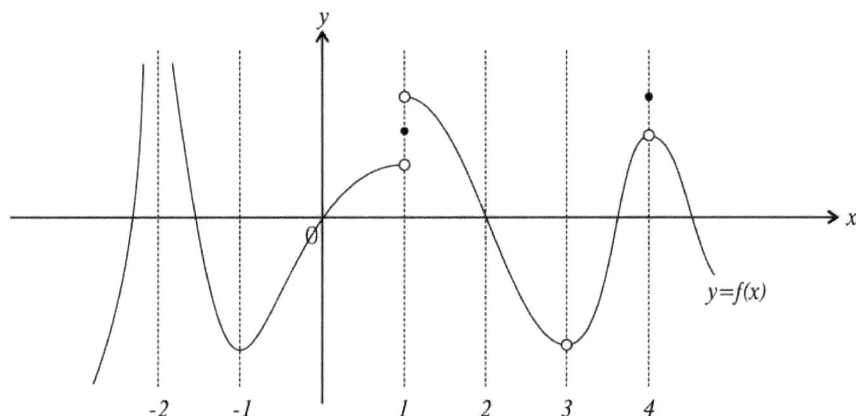

x	-2	-1	1	2	3	4
Continuous						
Does $\lim_{x\to a} f(x)$ exist?						
Does $f(a)$ exist?						

※ Does $\lim_{x\to 1^-} f(x)$ exist?

2. $\lim_{x\to 3} \dfrac{x-3}{x^2-2x-3}$

Exercise

3. $\lim_{x \to 2} \frac{x^3 - 8}{x - 2}$

4. $\lim_{x \to 0} \frac{|x|}{x}$

5. $\lim_{x \to 0} (2x - 3)\cos x$

6. $\lim_{x \to \frac{\pi}{2}} 3\sin x$

7. $\lim_{x \to 0^+} \frac{|x|}{x}$

8. $\lim_{x \to 1^+} \frac{3}{x^2 - 1}$

9. $\lim_{x \to 4} \frac{\sqrt{x} - 2}{x - 4}$

10. $\lim_{x \to 0.3} [x]$ ($[x]$ is the greatest integer less than or equal to x)

11. $\lim_{x \to 3} [x]$ ($[x]$ is the greatest integer less than or equal to x)

12. $\lim_{x \to \frac{\pi}{2}} \frac{\sin x}{x - \frac{\pi}{2}}$

Exercise

13. Let $f(x)=\begin{cases} \dfrac{x^2-9}{x-3}, & If\ x \neq 3 \\ 5, & If\ x=3 \end{cases}$, which of the following statements is(are) true?

Ⅰ. $\lim_{x \to 3} f(x)$ exist. Ⅱ. $f(3)$ exists. Ⅲ. f is continuous at $x=3$

ⓐ Ⅰ ⓑ Ⅱ ⓒ Ⅰ and Ⅱ ⓓ All of them.

14. If $f(x)=\begin{cases} \dfrac{x^2+x}{5x}, & \text{for } x \neq 0 \\ a, & \text{for } x=0 \end{cases}$, and if f is continuous at $x=0$, then a=

ⓐ $-\frac{1}{5}$ ⓑ $\frac{1}{5}$ ⓒ 0 ⓓ 1

15. Suppose $f(x)=\begin{cases} \dfrac{5x(x-1)}{x^2-5x+4}, & \text{for } x \neq 1, 4 \\ -\dfrac{5}{3}, & \text{for } x=1 \\ 0, & \text{for } x=4 \end{cases}$, and $f(x)$ is continuous

ⓐ except at $x=1$ ⓑ except at $x=4$

ⓒ except at $x=1$ or $x=4$ ⓓ at each real number

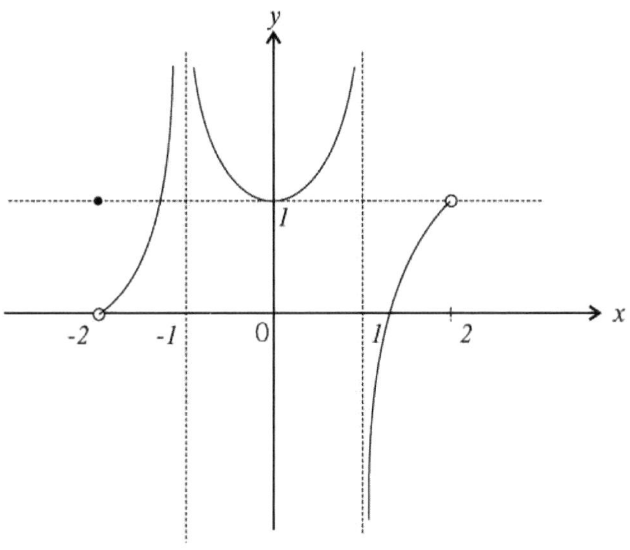

16. In the graph above, find the following limits.

(1) $\lim_{x\to 2^-} f(x)$ (2) $\lim_{x\to -1} f(x)$ (3) $\lim_{x\to 1} f(x)$ (4) $\lim_{x\to 0} f(x)$

17. Evaluate the following limits.

(1) $\lim_{x\to 3^+} \dfrac{x+1}{x-3}$ (2) $\lim_{x\to \frac{\pi}{2}^+} \tan x$ (3) $\lim_{x\to 1^+} (\ln x)$

(4) $\lim_{x\to 3} \sqrt{4-x}$ (5) $\lim_{x\to \infty} \tan^{-1} x$ (6) $\lim_{x\to 2^-} \dfrac{-4}{x-2}$

Exercise

18. Find the limits indicated below.

(1) $\lim_{x \to 0^-} \frac{|x|}{x}$ (2) $\lim_{x \to -4^-} [x]$ (3) $\lim_{x \to 3} \frac{\sqrt{x+1}-2}{x-3}$ (4) $\lim_{x \to 2} [x]$

19. What value must be assigned to k to make the function $f(x)=\begin{cases} kx+3, & x \neq 1 \\ x^2, & x=1 \end{cases}$, continuous?

20. The function $f(x)=\begin{cases} [x-1], & (x \neq 1) \\ 3, & (x=1) \end{cases}$ (※ $[x]$ is the greatest integer less than or equal to x)

ⓐ is continuous everywhere.

ⓑ is continuous except at $x=1$.

ⓒ has a jump discontinuity at $x=1$.

ⓓ has a removable discontinuity at $x=1$.

21. The function $f(x)=\begin{cases} x+1, & (x\neq 1) \\ -2, & (x=1) \end{cases}$

ⓐ is continuous everywhere.

ⓑ is continuous except at $x=1$.

ⓒ has a jump discontinuity at $x=1$.

ⓓ has a removable discontinuity at $x=1$.

(※ 22~23) Refer to the following graph of the function $y=f(x)$.

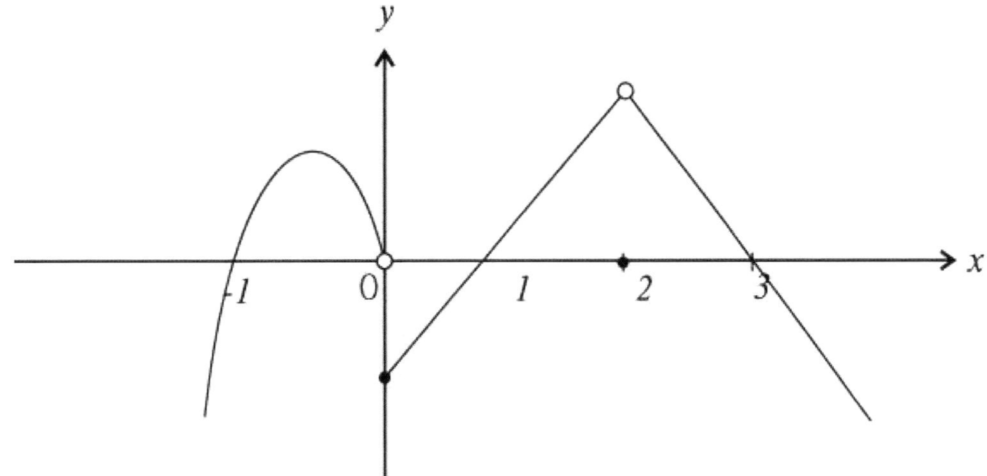

22. The function $y=f(x)$ has a jump discontinuity at

ⓐ $x=-1$ ⓑ $x=0$ ⓒ $x=1$ ⓓ $x=2$

Exercise

23. The function $y=f(x)$ has a removable discontinuity at

ⓐ $x=-1$ ⓑ $x=0$ ⓒ $x=1$ ⓓ $x=2$

24. If $\lim_{x\to1}f(x)=2$, which of the following must be true?

ⓐ $f'(1)$ exists.

ⓑ $f(x)$ is continuous at $x=1$.

ⓒ $f(x)$ is differentiable at $x=1$.

ⓓ None of these.

Exercise 2

1.

x	-2	-1	1	2	3	4
Continuous	X	O	X	O	X	X
Does $\lim_{x\to a} f(x)$ exist?	X	O	X	O	O	O
Does $f(a)$ exist?	X	O	O	O	X	O

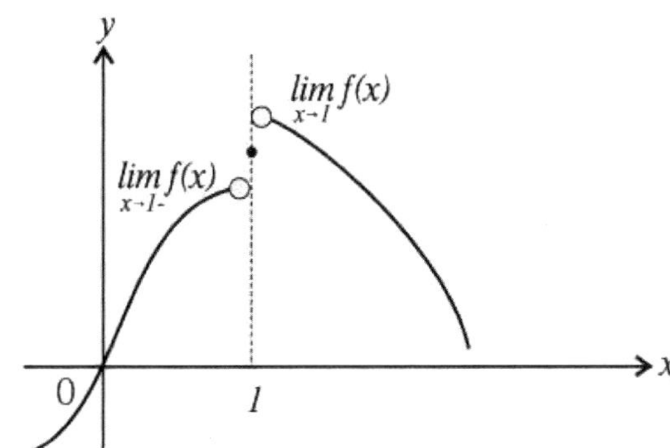

※ Does $\lim_{x\to 1-} f(x)$ exist?

$\Rightarrow$ Yes

$\Rightarrow$ $\lim_{x\to 1-} f(x)$는 존재한다.

그림에서 보듯이 $\lim_{x\to 1+} f(x)$ 또한 존재한다.

2. $\frac{1}{4}$

$$\lim_{x\to 3}\frac{x-3}{x^2-2x-3}=\lim_{x\to 3}\frac{(x-3)}{(x-3)(x+1)}=\frac{1}{4}$$

3. $\lim_{x\to 2}\frac{(x-2)(x^2+2x+4)}{x-2}=12$

4. DNE

$|x|=\begin{cases}x\geq 0: x\\ x<0: -x\end{cases}$ 이므로 $\begin{cases}x\geq 0: \lim_{x\to 0+}\frac{x}{x}=1\\ x<0: \lim_{x\to 0-}\frac{-x}{x}=-1\end{cases}$ 에서 $(\lim_{x\to 0+}\frac{x}{x}=1)\neq(\lim_{x\to 0-}\frac{-x}{x}=-1)$

그러므로, Does Not Exist. (DNE)

Explanations and Answers for Exercises

5. -3

x대신 0을 대입하면 $(-3)\cos 0 = -3$

6. 3

$$\lim_{x \to \frac{\pi}{2}} 3\sin x = 3\sin\frac{\pi}{2} = 3$$

7. 1

$$\lim_{x \to 0+} \frac{|x|}{x} = \lim_{x \to 0+} \frac{x}{x} = 1$$

8. ∞

$\lim_{x \to 1+} \frac{3}{x^2 - 1} \Rightarrow x$에 1보다 약간 큰 수... 대략 $1.0000\cdots1$을 대입하면 $\frac{3}{0.000\cdots1} = \infty$

9. $\frac{1}{4}$

$$\lim_{x \to 4} \frac{(\sqrt{x}-2)(\sqrt{x}+2)}{(x-4)(\sqrt{x}+2)} = \lim_{x \to 4} \frac{x-4}{(x-4)(\sqrt{x}+2)} = \frac{1}{4}$$

다음을 읽어보자!

※ $[x]$는 x보다 크지 않은 최대정수. 즉, 수직선상에서 좌정수(Left Integer). 예를 들면,

$[-1.001] = -2$ (-2, -1, 0)

$[0.\dot{9}] = 0$ (0, 1, 2)

$[1.5] = 1$ (1, 2, 3)

10. 0

$\lim_{x\to 0.3+}[x]=[0.3000\cdots 1]= \qquad =0$

$\lim_{x\to 0.3-}[x]=[0.2999\cdots]= \qquad =0$ 즉, $\lim_{x\to 0.3}[x]=0$

11. DNE

$\lim_{x\to 3}[x]=\lim_{x\to 3+}[x]=[3.0000\cdots 1]= \qquad =3$

$\lim_{x\to 3-}[x]=[2.9999\cdots]= \qquad =2$

즉, $\lim_{x\to 3+}[x]\neq\lim_{x\to 3-}[x]$ 이므로 Does Not Exist. (DNE)

12. DNE

$$\lim_{x\to\frac{\pi}{2}}\frac{\sin x}{x-\frac{\pi}{2}}=\begin{cases}\lim_{x\to\frac{\pi}{2}+}\dfrac{\sin x}{x-\frac{\pi}{2}}=\dfrac{1}{0.000\cdots 1}=\infty\\ \lim_{x\to\frac{\pi}{2}-}\dfrac{\sin x}{x-\frac{\pi}{2}}=\dfrac{1}{-0.000\cdots 1}=-\infty\end{cases}$$

즉, $\lim_{x\to\frac{\pi}{2}+}\frac{\sin x}{x-\frac{\pi}{2}}\neq\lim_{x\to\frac{\pi}{2}-}\frac{\sin x}{x-\frac{\pi}{2}}$ 이므로 Does Not Exist. (DNE)

13. ⓒ

$f(x)=\begin{cases}\dfrac{x^2-9}{x-3} & ,If\ x\neq 3\\ 5 & ,If\ x=3\end{cases}$ 에서,

I. $x\neq 3$은 $\lim_{x\to 3}$을 의미 하고 $\lim_{x\to 3}f(x)$가 존재 하려면 $\lim_{x\to 3+}f(x)=\lim_{x\to 3-}f(x)$ 이어야 한다.

$\lim_{x\to 3+}\frac{(x-3)(x+3)}{(x-3)}=6$ 이므로 $\lim_{x\to 3}f(x)$는 존재한다.

$\lim_{x\to 3-}\frac{(x-3)(x+3)}{(x-3)}=6$

II. $f(3)=5$이므로 $f(3)$ 존재

III. $\lim_{x\to 3}f(x)\neq f(3)$ 이므로 Discontinuous

그러므로 정답 ⓒ

Explanations and Answers for Exercises

14. ⓑ

$x=0$에서 연속이므로 $\lim_{x\to 0-} f(x)=\lim_{x\to 0+} f(x)=f(0)$ 그러므로 $\lim_{x\to 0} f(x)=f(0)$이어야 한다.

$x\neq 0$은 $\lim_{x\to 0}$을 의미하고 $\lim_{x\to 0}\frac{x^2+x}{5x}=a \Rightarrow \lim_{x\to 0}\frac{x(x+1)}{5x}=a \Rightarrow \frac{1}{5}=a$. 그러므로 정답은 ⓑ

15. ⓑ

$[x\neq 1]$ $\lim_{x\to 1}\frac{5x(x-1)}{x^2-5x+4}=\lim_{x\to 1}\frac{5x(x-1)}{(x-1)(x-4)}=-\frac{5}{3}$

$[x\neq 4]$ $\lim_{x\to 4}\frac{5x(x-1)}{x^2-5x+4}=\lim_{x\to 4}\frac{5x(x-1)}{(x-1)(x-4)}$ 에서

Left Hand Limit과 Right Hand Limit으로 나누어 보면,

$$\lim_{x\to 4-}\frac{5x(x-1)}{(x-1)(x-4)}=\frac{20\times 3}{3\times(-0.000\cdots 1)}=-\infty$$

$$\lim_{x\to 4+}\frac{5x(x-1)}{(x-1)(x-4)}=\frac{20\times 3}{3\times(+0.000\cdots 1)}=\infty$$

즉, $\lim_{x\to 4-} f(x)\neq \lim_{x\to 4+} f(x)$ 이므로

Does Not Exist. (DNE)

$f(1)=-\frac{5}{3}$, $f(4)=0$이고 $\lim_{x\to 1} f(x)=f(1)$, $\lim_{x\to 4} f(x)\neq f(4)$이므로 $x=1$에서 연속(Continuous)이다. 그러므로, 정답은 ⓑ

16. (1) 1 (2) ∞ (3) DNE (4) 1

(1) $\lim_{x\to 2-} f(x)=1$

(2) $\lim_{x\to -1} f(x)=\infty$

(3) $\lim_{x\to 1} f(x)=$ Does Not Exist. (DNE)

(4) $\lim_{x\to 0} f(x)=1$

Explanations and Answers for Exercises

17. (1) ∞ (2) $-\infty$ (3) 0 (4) 1 (5) $\frac{\pi}{2}$ (6) ∞

(1) $\lim_{x\to 3+}\frac{x+1}{x-3}=\frac{4}{0.000\cdots 1}=\infty$

(2)

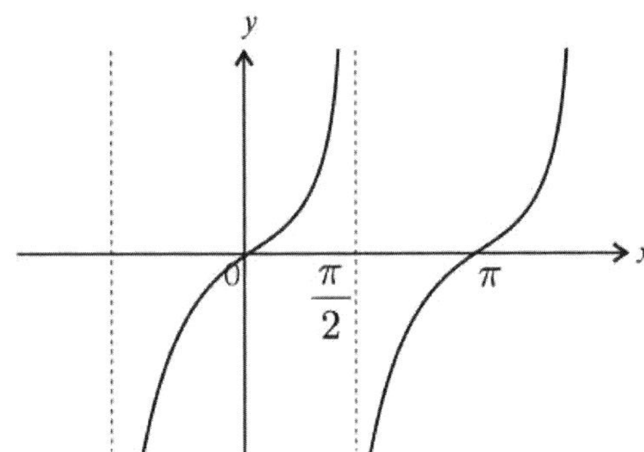

$\lim_{x\to \frac{\pi}{2}+}\tan x=-\infty$

(3)

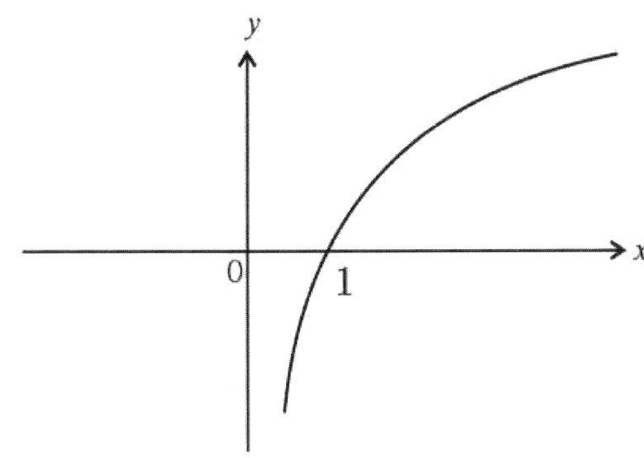

$\lim_{x\to 1+}\ln x=0$

(4) $\lim_{x\to 3}\sqrt{4-x}=1$

(5)

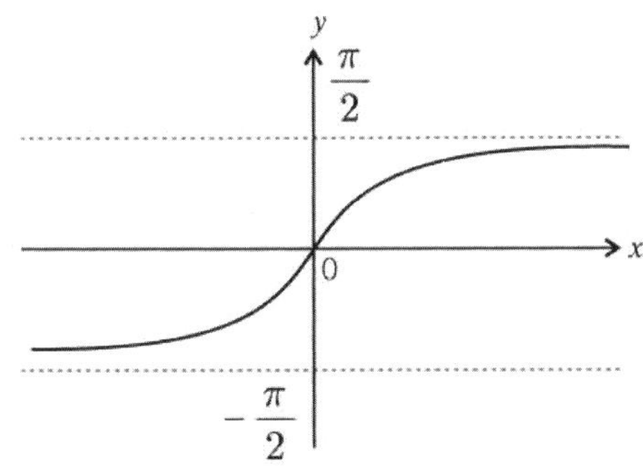

$\lim_{x\to\infty}\tan^{-1}x=\frac{\pi}{2}$

(6) $\lim_{x\to 2-}\frac{-4}{x-2}=\frac{-4}{-0.000\cdots 1}=\infty$

18. (1) -1 (2) -5 (3) $\frac{1}{4}$ (4) Nonexistent

(1) $\lim_{x \to 0-} \frac{|x|}{x} = \frac{-x}{x} = -1$

(2) $\lim_{x \to -4^-} [x] = [-4.000 \cdots 1] = -5$

(3) $\lim_{x \to 3} \frac{(\sqrt{x+1}-2)(\sqrt{x+1}+2)}{(x-3)(\sqrt{x+1}+2)} = \lim_{x \to 3} \frac{(x-3)}{(x-3)(\sqrt{x+1}+2)} = \frac{1}{4}$

(4) $\lim_{x \to 2}[x]$ Left hand limit $\lim_{x \to 2^-}[x] = 1$

Right hand limit $\lim_{x \to 2^+}[x] = 2$

그러므로, Nonexistent

19. -2

$\lim_{x \to 1} f(x) = f(1) \Rightarrow \lim_{x \to 1}(kx+3) = f(1) = 1$ 에서 $k+3=1$, 그러므로, $k=-2$

20. ⓒ

$\lim_{x \to 1}[x-1]$ Left hand limit $\lim_{x \to 1^-}[x-1] = [-0.000 \cdots 1] = -1$

Right hand limit $\lim_{x \to 1^+}[x-1] = [0.000 \cdots 1] = 0$

and $f(1) = 3$

$\lim_{x \to 1^+}[x-1] \neq \lim_{x \to 1^-}[x-1]$ 이므로 $x=1$에서 Jump Discontinuity.

21. ⓓ

$\lim_{x \to 1}(x+1) = 2$ 이고 $f(1) = -2$ 이므로 $\lim_{x \to 1} f(x) \neq f(1)$

$\lim_{x \to 1} f(x) \neq f(1)$ 이므로 $x=1$에서 Removable Discontinuity.

22. ⓑ

$x=0$에서 $\lim_{x\to 0^-} f(x) \neq \lim_{x\to 0^+} f(x)$이므로 Jump discontinuity.

23. ⓓ

$x=2$에서 $\lim_{x\to 2} f(x) \neq f(2)$이므로 Removable discontinuity.

24. ⓓ

$\lim_{x\to 1} f(x) = 2$는 $\lim_{x\to 1^-} f(x) = \lim_{x\to 1^+} f(x)$. 즉, $\lim_{x\to 1} f(x)$가 존재한다는 뜻이다. $\lim_{x\to 1} f(x)$가 존재한다고 하여 $x=1$에서 연속(Continuous)이거나 $f(1)$이 존재한다거나 Differentiable인 것은 아니다.

읽을거리

심선생의 주절주절 잔소리 1

수학을 잘 한다는 학생의 기준은 무엇일까?
한국에서는 문과 이과로 나뉘며 이과 학생들이 수학을 더 많이 공부한다는 것은 누구나 알고 있는 사실이다. 미국 대학에서는 사실 문과 이과를 크게 구별하지 않는다. 어느 정도의 구별은 있으나 한국처럼 확실하게 나누지는 않는다.

필자가 수능강의를 하던 시절에 재수생들을 지도하면서 아쉬운 점이 상당히 많았다. 이미 한국에서 대학을 다니고 있으면서 의대 진학에 꿈을 가지고 다시 재수하는 학생들이 그러했는데 항상 모의고사를 보면 만점인 학생들이 실제 수능시험을 봤을 때 그 점수가 안 나온다는 것이었다. "처음 보는 유형 1~2개를 못 풀었다…." 이 말을 들을 때마다 가슴이 매우 쓰라리게 아팠던 기억이 있다. 그렇다면, 문제가 쉬우나 어려우나 항상 점수가 일정한 학생들은 과연 어떻게 공부를 한 것일까? 고액과외를 많이 받았던 것인지 아니면 수학 문제집을 정말 많이 푼 것인지..아니면 높은 난이도 문제만 잘 선별해서 풀었던 학생들인지…

미국대학 진학을 원하는 유학생이나 한국의 수능시험으로 대학에 진학하려는 학생이나 공통점이 있는데 수학을 정말 잘하는 학생들은 선행을 빨리해서 그런 것이 아니라는 것이다. 물론 어느 정도의 선행 학습도 중요하지만 그보다 더 중요한 것은 바로 독서와 글쓰기이다. 정말 공부를 잘 하는 학생들은 본인이 왜 공부를 잘하는지 이유를 모르는 경우가 있다. 그냥 배웠는데 시험때 그냥 잘 풀어지고 써지는 것인데..

어려서부터 글을 많이 읽고 글을 써 본 학생들은 무한대의 환상적인 글을 써낸다. 즉, 문과적인 학생들은 머릿속에 범위가 없다. 수학이라는 과목은 우리가 사용하는 단어가 한정되어 있다. Real number, Trigonometry, Vector..등등…이런것들로 정해진 범위내에서 Equation을 쓰는게 수학이다. 그러다 보니 독서와 글쓰기가 자연스러운 학생들은 수학에서의 몇 가지 내용들만 알면 상황에 맞는 Equation을 쉽게 쓸 수 있는 것이다. 이는 필자의 AMC Class에서도 잘 드러난다. 쉬운 문제를 주고 풀어보라 할 때 대부분의 학생들은 빨리 풀고 다음 문제를 달라고 하지만 정말 잘하는 학생들은 쉬운 문제 조차도 그냥 넘기지 않고 꼼꼼히 써 내려간다. 어려운 문제를 제시하더라도 그 학생들이 써 내려가는 양과 방식에는 차이가 보이지 않는다. 즉, 어떠한 경우라도 꼼꼼히 쓰는게 확실한 학생들인 것이다.

미국대학에 진학하려는 학생들에게 스탠다드 한 시험들인 SAT I MATH, Math Level 2, AP Calculus의 경우에는 사실 어느 정도 기초가 부족하더라도 충분히 좋은 성적을 거둘 수 있는 시험들이다. 하지만 만약 그 이상의 수학에서 좋은 성적과 결과를 기대한다면 어려서부터 많은 독서를 해 온 학생들이 유리하다는 점을 말씀드리고 싶다. HighSchool학생이라도 늦지 않았으니 반드시 시간을 내서 틈틈이 독서를 하기를 권장해 드리고 싶다. 그 분야가 무엇이든 상관없다. 잡지이던, 소설이던지 말이다.

03. Limit of Transcendental Function

이번 단원에서는 여러 공식이 등장하게 되는데 이 공식들을 모두 암기하는 것이 중요하다.
앞장과는 달리 여기에서는 공식을 암기한 후 주어진 문제를 암기한 공식 형태로 맞추어 푸는 연습이 필요하다.

공식들이 어디서 나왔는지 증명은 하겠지만 증명보다 암기가 중요하다.

다음을 보자.

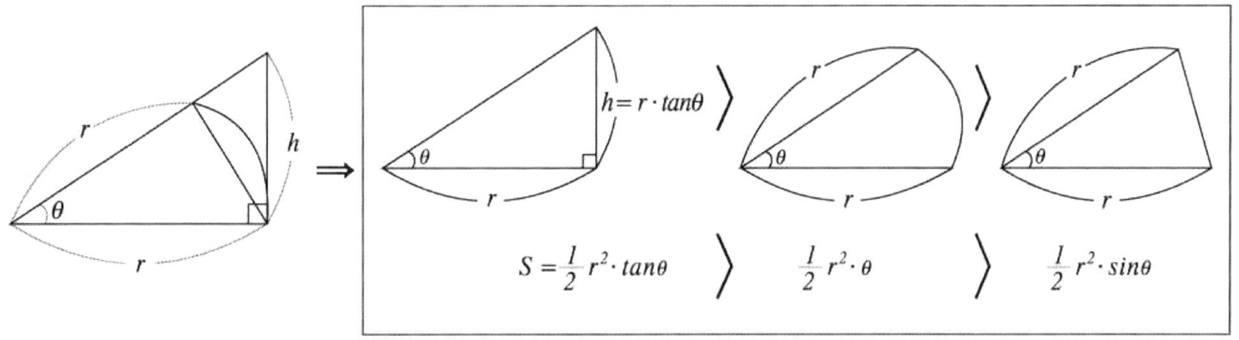

⇒여기에서 $\frac{1}{2}r^2$을 약분(Cancel)하면 $\tan\theta > \theta > \sin\theta$ -①

①의 양변을 $\tan\theta$로 나누면 $1 > \frac{\theta}{\tan\theta} > \cos\theta$ -②

②의 양변에 $\lim_{\theta\to 0}$을 붙이면 $\lim_{\theta\to 0}1 \ge \lim_{\theta\to 0}\frac{\theta}{\tan\theta} \ge \lim_{\theta\to 0}\cos\theta(=1)$ 이므로 $\lim_{\theta\to 0}\frac{\theta}{\tan\theta}=1$이고 $\lim_{\theta\to 0}\frac{\tan\theta}{\theta}=1$

이 된다. 이번에는 ①의 양변에 $\sin\theta$로 나누면 $\frac{1}{\cos\theta}=\frac{\tan\theta}{\sin\theta}>\frac{\theta}{\sin\theta}>1$ -③

③의 양변에 $\lim_{\theta\to 0}$을 붙이면 $(1.000\cdots=)\lim_{\theta\to 0}\frac{1}{\cos\theta} \ge \lim_{\theta\to 0}\frac{\theta}{\sin\theta} \ge \lim_{\theta\to 0}(=1)$ 이므로

$\lim_{\theta\to 0}\frac{\theta}{\sin\theta}=1$ 이고 $\lim_{\theta\to 0}\frac{\sin\theta}{\theta}=1$이 된다.

05 Limit of Transcendental Function

읽어보자!

수업을 진행하다보면 이런 질문들을 자주 받게 된다.

"1이 1 보다 큰가요? 1<1<1이 성립하나요?"
물론 대답은 "No" 이지만 limit의 값인 경우에는 상황이 달라진다.

위의 ③번에 $\lim_{\theta \to 0}$을 붙이면 $(1.000\cdots=)\lim_{\theta \to 0}\frac{1}{\cos\theta} > \lim_{\theta \to 0}\frac{\theta}{\sin\theta} > \lim_{\theta \to 0}(=1)$ 사실 $\lim_{\theta \to 0}\frac{\theta}{\sin\theta}$는 1 보다 약간 큰 수이고 $\lim_{\theta \to 0}\frac{1}{\cos\theta}$은 1보다 약간 더 크면서 $\lim_{\theta \to 0}\frac{\theta}{\sin\theta}$보다도 약간 더 큰 수이다.
1과 눈에 보일 만큼 차이가 나지 않기 때문에 그냥 1이라고 하는 것이다.

지금 까지 증명된 공식은 $\lim_{\theta \to 0}\frac{\theta}{\sin\theta}=1$, $\lim_{\theta \to 0}\frac{\sin\theta}{\theta}=1$, $\lim_{\theta \to 0}\frac{\tan\theta}{\theta}=1$, $\lim_{\theta \to 0}\frac{\theta}{\tan\theta}=1$ 이고
이들을 활용하여 몇 가지 예를 살펴보면,

① $\lim_{x \to 0}\frac{\sin x}{2x}=\lim_{x \to 0}(\frac{\sin x}{x}\times\frac{1}{2})=1\times\frac{1}{2}=\frac{1}{2}$

② $\lim_{x \to 0}\frac{\sin 5x}{\tan 3x}=\lim_{x \to 0}(\frac{3x}{\tan 3x}\times\frac{\sin 5x}{5x}\times\frac{5}{3})=1\times1\times\frac{5}{3}=\frac{5}{3}$

③ $\lim_{x \to 0}\frac{\sin 5x}{\sin 2x \cdot \cos 3x}=\lim_{x \to 0}(\frac{2x}{\sin 2x}\times\frac{\sin 5x}{5x}\times\frac{5}{2}\times\frac{1}{\cos 3x})=1\times1\times\frac{5}{2}\times1=\frac{5}{2}$

(※ $\cos 0=1$이므로 $\cos 3x$같은 것은 신경 쓰지 말자.)

위의 ①, ②, ③의 예를 통하여 다음과 같이 암기하자!

반드시 암기하자!

$a \neq 0$일 때...

- $\lim_{x\to 0}\frac{\sin bx}{ax}=\frac{b}{a}$
- $\lim_{x\to 0}\frac{bx}{\sin ax}=\frac{b}{a}$
- $\lim_{x\to 0}\frac{\tan bx}{ax}=\frac{b}{a}$
- $\lim_{x\to 0}\frac{bx}{\tan ax}=\frac{b}{a}$
- $\lim_{x\to 0}\frac{\sin bx}{\sin ax}=\frac{b}{a}$
- $\lim_{x\to 0}\frac{\tan bx}{\tan ax}=\frac{b}{a}$
- $\lim_{x\to 0}\frac{\tan bx}{\sin ax}=\frac{b}{a}$
- $\lim_{x\to 0}\frac{\sin bx}{\tan ax}=\frac{b}{a}$
- $\lim_{x\to 0}\frac{\tan bx \cdot \cos bx}{\sin ax}=\frac{b}{a}$
- $\lim_{x\to 0}\frac{\tan bx}{\sin ax \cdot \cos bx}=\frac{b}{a}$

⇒ 여기서 알아두어야 할 것은 x가 0으로 다가가는 것이지 x가 ∞ or 어떤 0이 아닌 수로 다가가는 것이 아니다. 예를 들어, $\lim_{x\to 0}\frac{\sin x}{x}=1$ 인 것이지 $\lim_{x\to a}\frac{\sin x}{x}=1$ 이거나 $\lim_{x\to \infty}\frac{\sin x}{x}=1$ 은 아닌 것이다.

다음 공식도 알아두자.

반드시 알아두자!

$$\lim_{x\to 0}(1+x)^{\frac{1}{x}}=e, \quad \lim_{x\to \infty}(1+\frac{1}{x})^{x}=e$$

$$\lim_{x\to 0}\frac{e^{x}-1}{x}=1, \quad \lim_{x\to 0}\frac{\ln(1+x)}{x}=1$$

Limit of Transcendental Function

Problem 1 Find the limits.

(1) $\lim_{x\to 0}\frac{\sin x\cos x}{5x}$ (2) $\lim_{x\to 0}\frac{\tan 5x}{\sin 2x}$ (3) $\lim_{x\to\infty}(x\tan\frac{1}{x})$

(4) $\lim_{x\to 0}\frac{\sin^2 9x}{\sec^2 3x-1}$ (5) $\lim_{x\to 0}(1+5x)^{\frac{1}{x}}$ (6) $\lim_{x\to 0}\frac{\sin(\tan 5x)}{x}$

Solution

(1) $\cos 0=1$ 이므로 $\lim_{x\to 0}\frac{\sin 5x}{5x}=\frac{1}{5}$

(2) $\lim_{x\to 0}\frac{\tan 5x}{\sin 2x}=\frac{5}{2}$

(3) $\frac{1}{x}=k$ 라고 하면, $x\to\infty$, $k\to 0$ 이므로 $\lim_{k\to 0}\frac{\tan k}{k}=1$

(4) $1-\sec^2 3x=\tan^2 3x$ 이므로 $\lim_{x\to 0}\frac{\sin 9x}{\tan 3x}\cdot\frac{\sin 9x}{\tan 3x}=3^2=9$

(5) $\lim_{x\to 0}\left\{(1+5x)^{\frac{1}{5x}}\right\}^5=e^5$

(6) $\lim_{x\to 0}\frac{\sin(\tan 5x)}{\tan 5x}\cdot\frac{\tan 5x}{x}=5$

정답 (1) $\frac{1}{5}$ (2) $\frac{5}{2}$ (3) 1 (4) 9 (5) e^5 (6) 5

03 EXERCISE

Explanation & Answer : ☞p.71

(※ 1 ~ 8) Find the limits.

1. $\lim_{x \to 0} \frac{\sin 7x}{x^2 + 10x}$

2. $\lim_{x \to \infty} (x sin \frac{1}{x})$

3. $\lim_{x \to 0} \frac{\sin^2 2x}{\tan^2 3x}$

4. $\lim_{x \to 0} \frac{\sin 5x}{\sin(3x)\cos(x)}$

Exercise

5. $\lim_{x \to 0}(1+3x)^{\frac{1}{2x}}$

6. $\lim_{x \to \infty}(1+\frac{1}{x})^{2x}$

7. $\lim_{x \to 0}\frac{xsinx}{1-\cos^2 x}$

8. $\lim_{t \to 0}\frac{\tan(\sin 3t)}{t}$

Explanations and Answers for Exercises

Exercise 3

1. $\frac{7}{10}$

$\lim_{x\to 0}\frac{\sin 7x}{x(x+10)}=\lim_{x\to 0}\left(\frac{\sin 7x}{x}\times\frac{1}{x+10}\right)=\frac{7}{10}$

2. 1

$\frac{1}{x}=t$로 치환하면 $x\to\infty$일 때 $t\to 0$이므로 $\lim_{t\to 0}\frac{\sin t}{t}=1$

3. $\frac{4}{9}$

$\lim_{x\to 0}\frac{\sin 2x}{\tan 3x}\frac{\sin 2x}{\tan 3x}=\frac{2}{3}\frac{2}{3}=\frac{4}{9}$

4. $\frac{5}{3}$

$\lim_{x\to 0}\frac{\sin 5x}{\sin(3x)\cos(x)}=\frac{5}{3}$

5. $e\sqrt{e}$

$\lim_{x\to 0}(1+3x)^{\frac{1}{3e}\frac{3}{2}}=e^{\frac{3}{2}}=e\sqrt{e}$

6. e^2

$\lim_{x\to\infty}(1+\frac{1}{x})^{x2}=e^2$

7. 1

$\lim_{x\to 0}\frac{x\sin x}{1-\cos^2 x}=\lim_{x\to 0}\frac{x\sin x}{\sin^2 x}=\lim_{x\to 0}\frac{x}{\sin x}\frac{\sin x}{\sin x}=1$

8. 3

$\lim_{t\to 0}\frac{\tan(\sin 3t)}{t}=\lim_{t\to 0}\left(\frac{\tan(\sin 3t)}{\sin 3t}\frac{\sin 3t}{3t}3\right)=1\times 1\times 3=3$

읽을거리

심선생의 주절주절 잔소리 2

필자는 학원 현장에서 여러 학부모님들과 학생들을 만나게 된다. 그 중 면담을 하다보면 답답한 경우가 여러 가지가 있는데 여기에서 그 일화를 소개하고자 한다.
한국에서 고교 수학과정을 거의 선행한 학생으로서 수학을 잘하는데 미국의 학교로 가는 학생들의 경우 큰 착각에 빠지는 경우가 많다. 9학년으로 입학을 하게 되는 경우 학교 과정을 무시하고 바로 AP Calculus BC반으로 들어가겠다고 우기는 경우가 그 대표적이다. 이런 경우 대부분의 학교에서는 Algebra2부터 들으라고 권유를 하지만 이를 뿌리치고 끝까지 우기거나 시험을 봐서 바로 AP반으로 들어가려 한다. 과연 이게 옳은 방법일까?

미국으로 공부를 하러 갔으면 미국스타일에 맞추어야 한다. 뿐만 아니라 필자가 알고 있는 지식으로는 Precalculus를 공부하지 않은 학생을 좋아할 대학은 없다. 사실 AP Calculus는 대학에서 배울 내용을 미리 숙달해서 가는 과정이고 Algebra2나 Precalculus는 미국 중교고 전체를 공부하는 과정이라 해도 될 만큼 중요한 과목이다. 미국 내에서 치루어지는 대부분의 SAT시험이나 경시시험도 Precalculus까지가 범위이다. 심지어 유명한 Math Camp도 Precalculus과정을 중요시 한다. 그러므로, Algebra2나 Precalculus를 건너뛰는 행동은 대학 진로에 있어서 마이너스 요인이 된다.

9학년이 11학년 12학년들이 공부하는 AP반에 들어가면 좀 폼이 날수는 있지만 졸업 때까지 듣는 수학과목에 문제가 생기게 된다. 또한 그렇다고 이렇게 공부한 학생들이 수학을 잘한다고 할 수도 없다. 학교 과정을 빨리 들으면 본인이 굉장히 남들보다 우수하다고 착각을 해서는 안 된다. 우연일지는 모르겠으나 필자가 지도하였던 학생들 중 9학년 때 AP Calculus를 공부했던 학생 치고서는 본인이 원했던 명문대학 진학에 실패한 경우가 많았다. 아무리 SAT성적이 좋고 AP성적이 좋다고 하여도 좋은 대학을 간다는 보장이 없는 것이 미국 대학이다. 항상 겸손한 마음가짐으로 학교생활을 하여야 하며 교사들의 조언을 절대로 거절하는 일이 있어서는 안 된다. 조금 답답하더라도 학교의 조언대로 교육을 받되 본인의 능력은 다른 시험이나 대회에서 펼쳐 보이면 되는 것이다. 즉, 학교에서 빠른 교과과정은 본인에게는 만족스러울 수 있으나 자칫하다가는 큰 독이 될 수 있다는 사실을 명심하자.

04. Asymptotes and Theorems on a Continuous Functions

다음의 그림을 보자.

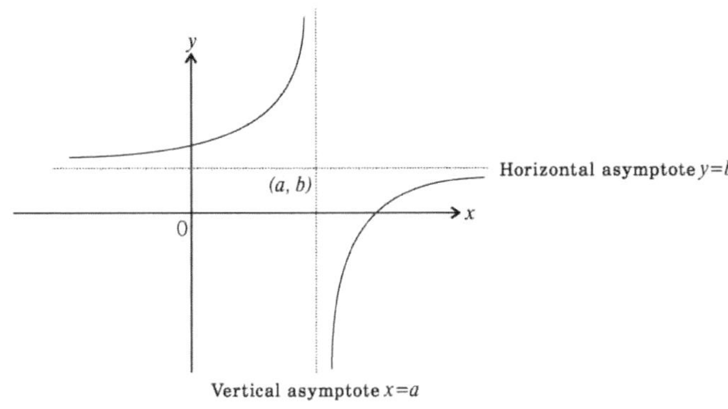

01 Asymptote 구하기

$y = \dfrac{g(x)}{f(x)}$

① Vertical Asymptote ⇒ $f(x)$를 0이 되게 하는 x 값, $x=a$

② Horizontal Asymptote ⇒ $\lim\limits_{x\to\pm\infty} \dfrac{g(x)}{f(x)} = b$. 즉, $y=b$

(※단, $g(x)$의 Highest degree>$f(x)$의 Highest degree인 경우에는 Horizontal Asymptote 존재안함.)

EX 1 (1) Find the vertical and horizontal asymptotes of $f(x) = \dfrac{4x+1}{2x-2}$.

(2) Find the horizontal asymptotes of $f(x) = \dfrac{3^{x+1}-2}{3^x+1}$.

Solution

(1) • Vertical asymptote : $2x-2=0$ 에서 $x=1$

• Horizontal asymptote : $\lim\limits_{x\to\infty} \dfrac{4x+1}{2x-2} = 2$ 에서 $y=2$

(2) $\lim\limits_{x\to\infty} \dfrac{3 \cdot 3^x - 2}{3^x+1} = 3$, $\lim\limits_{x\to-\infty} \dfrac{3 \cdot 3^x - 2}{3^x+1} = \dfrac{3 \cdot \dfrac{1}{3^\infty} - 2}{\dfrac{1}{3^\infty}+1} = -2$

그러므로, Horizontal asymptotes는 $y=-2, 3$

정답 (1) $x=1$ / $y=2$ (2) $y=-2$, 3

02 Asymptote에 대한 여러 가지 상황

①

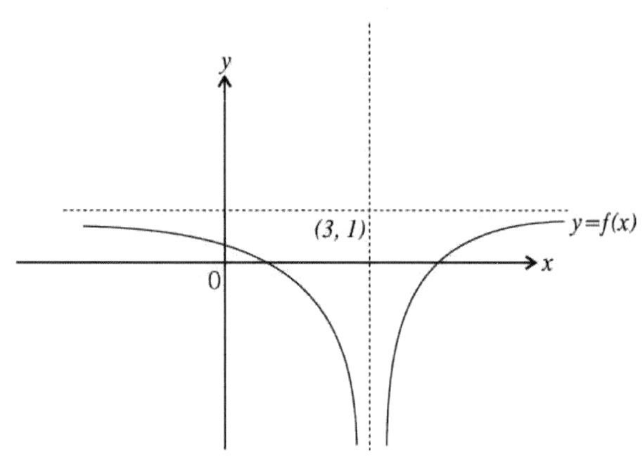

Vertical Asymptote : $x=3$

- $\lim_{x\to 3} f(x) = -\infty$
- $f(3)$ is undefined

Horizontal Asymptote : $y=1$

- $\lim_{x\to\infty} f(x) = 1$
- $\lim_{x\to-\infty} f(x) = 1$

②

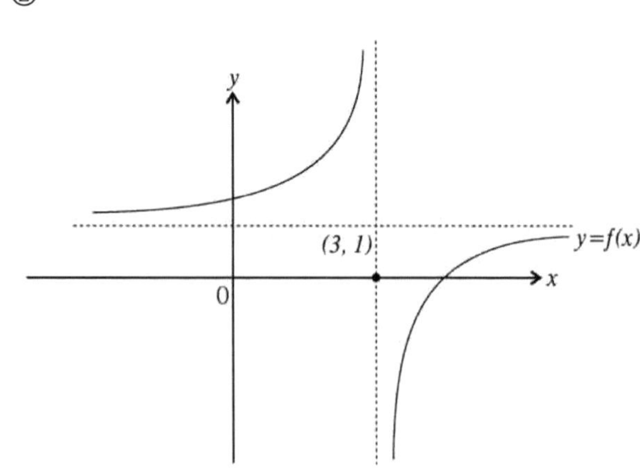

Vertical Asymptote : $x=3$

- $\lim_{x\to 3^+} f(x) = -\infty$
- $\lim_{x\to 3^-} f(x) = \infty$
- $f(3)=0$

(※즉, $f(3)$이 존재할 수 있다.)

Horizontal Asymptote : $y=1$

- $\lim_{x\to\infty} f(x) = 1$
- $\lim_{x\to-\infty} f(x) = 1$

위의 두 경우를 보고 다음과 같이 정리해 볼 수 있다.

Asymptote

① Vertical Asymptote가 $x=a$일 때 …

⇒
- $\lim_{x \to a} f(x) = \pm\infty$ or $\lim_{x \to a^+} f(x) = \pm\infty$ or $\lim_{x \to a^-} f(x) = \pm\infty$
- $f(a)$값이 존재할 수 있다.

② Horizontal Asymptote가 $y=b$일 때 … ⇒ $\lim_{x \to \pm\infty} f(x) = b$

③ Vertical Asymptote의 존재 여부

⇒ $y=\frac{g(x)}{f(x)}$에서 $f(x)$와 $g(x)$가 Common Factor가 있어서 분모(Denominator)가 Constant가 될 때는 Vertical Asymptote가 존재하지 않는다.

ex)
- $\frac{\cancel{(x+1)}(x+2)}{\cancel{x+1}}$ ⇒ Vertical Asymptote 존재 안함
- $\frac{x+3}{x+1}$ ⇒ Vertical Asymptote 존재
- $\frac{\cancel{(x+1)}(x+3)}{\cancel{(x+1)}(x-1)}$ ⇒ Vertical Asymptote 존재

03 Theorems on Continuous Function

Continuous Function에 관련된 이론은 다음과 같이 크게 두 가지로 나눌 수 있다.

Theorems on Continuous Function	I. The Extreme Value Theorem
	II. The Intermediate Value Theorem

이 단원에서는 간략하게 설명하고자 한다. 뒤의 "Differentiation" 단원에서 좀 더 자세히 설명하고자 한다.

I. The Extreme Value Theorem (최대, 최소값 정리)

어떤 함수 $y=f(x)$가 주어진 구간 내에서 연속이면 함수 $y=f(x)$는 반드시 주어진 구간 $[a,b]$내에서 최대값, 최소값을 갖는다.

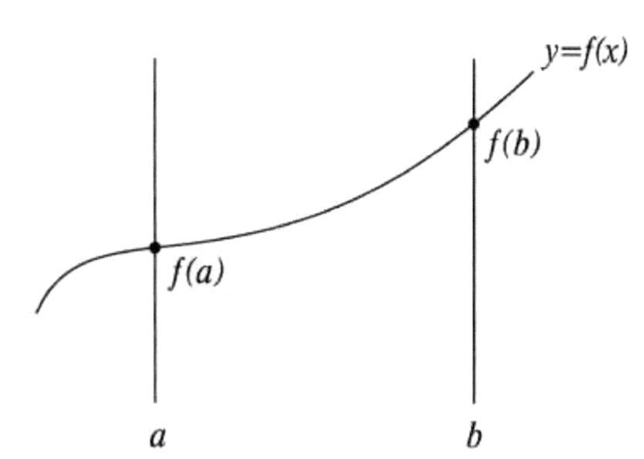

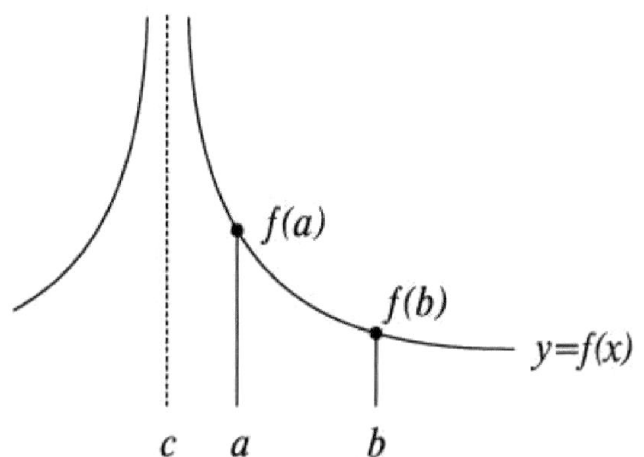

Maximum Value : $f(b)$
($f(b) \geq f(x)$ for all $a \leq x \leq b$)
Minimum Value : $f(a)$
($f(a) \leq f(x)$ for all $a \leq x \leq b$)

Maximum Value : $f(a)$
($f(a) \geq f(x)$ for all $a \leq x \leq b$)
Minimum Value : $f(b)$
($f(b) \leq f(x)$ for all $a \leq x \leq b$)

⇒ 함수 $y=f(x)$는 실수 전체에서는 연속이 아니지만 구간 $[a,b]$에서는 연속이다.

Ⅱ. The Intermediate Value Theorem(중간값 정리)

어떤 구간 내에서 연속인 함수가 주어진 구간 내에서 최소한 한 개의 근(Root, Solution)을 갖는지 갖지 않는지를 따지는 이론이다. 여기서 중요한 것은 주어진 함수가 실수 전 구간에서는 연속이 아니더라도 **주어진 구간 내에서는 반드시 연속(Continuity)이어야 한다는 것!**

다음의 두 그림을 비교해 보자.

ⓐ

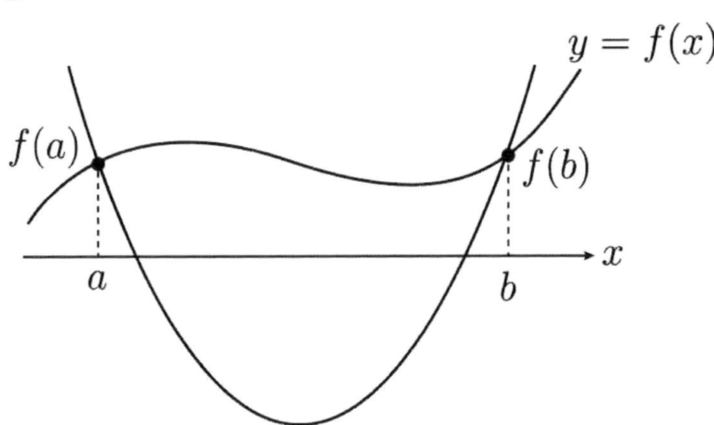

ⓑ

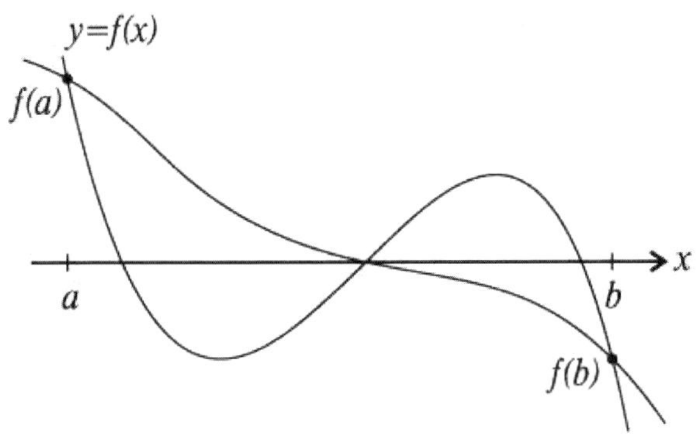

"$y=f(x)$가 구간 $[a,b]$에서 연속일 때 반드시 Root(x축과의 교점)을 가질 수밖에 없는 것은?"
그야 당연히 ⓑ이다. **즉 구간 $[a,b]$에서 연속인 함수 $y=f(x)$가 $f(a)f(b)<0$ 일 때 반드시 구간 $[a,b]$에서 근을 가지게 된다. ($f(a)$, $f(b)$의 부호가 다를 때)**

04 Asymptotes and Theorems on a Continuous Functions

Problem 1

Which of the following lines is(are) asymptote(s) of the graph of $f(x)=\dfrac{x^2-3x-2}{x^2-4}$?

Ⅰ. $y=1$ Ⅱ. $x=\pm 2$ Ⅲ. $x=-1$ Ⅳ. $x=-2$ and -1

ⓐ Ⅰ only ⓑ Ⅱ only ⓒ Ⅰ and Ⅱ only ⓓ Ⅱ and Ⅳ only

Solution

- Vertical Asymptote는 $x^2-4=0$ 에서 $x=\pm 2$
- Horizontal Asymptote는 $\lim\limits_{x\to\pm\infty}\dfrac{x^2-3x-2}{x^2-4}$ 에서 $y=1$

정답 ⓒ

Problem 2

(1) For $x \ge 0$, the horizontal line $y=1$ is an asymptote for the graph of the function f. Which of the following statements must be true?

ⓐ $f(0)=0$

ⓑ $\lim_{x\to\infty} f(x)=1$

ⓒ $\lim_{x\to 1} f(x)=\infty$

ⓓ $\lim_{x\to 1} f(x)=0$

(2) The vertical line $x=3$ is an asymptote for the graph of the function f. Which of the following must not be true?

ⓐ $f(3)=2$

ⓑ $\lim_{x\to\infty} f(x)=3$

ⓒ $\lim_{x\to\infty} f(x)=\infty$

ⓓ $\lim_{x\to 3} f(x)=0$

Solution

(1) $\lim_{x\to\infty} f(x)=a$에서 a는 Horizontal Asymptote이다.

그러므로, $\lim_{x\to\infty} f(x)=1$에서 Horizontal Asymptote는 $y=1$. 그러므로, 정답은 ⓑ

(2) Vertical Asymptote가 $x=3$이므로 $\lim_{x\to 3} f(x)=\infty$ or $\lim_{x\to 3} f(x)=-\infty$.......

문제 조건에는 Vertical Line만 주어졌으므로 Horizontal Asymptote에 대해서는 알 수 없다.

즉, ⓑ, ⓒ 경우에는 알 수 없는 경우이다.

정답 (1) ⓑ (2) ⓓ

Problem 3

If the vertical asymptote does not exist in the expression $\frac{5x+20}{x+k}$, what is the value of k?

ⓐ 1 ⓑ 2 ⓒ 3 ⓓ 4

Solution

$k=4$일 때, 분모(Denominator)가 1이 되어 Vertical asymptote가 존재 안한다.

정답 ⓓ

Problem 4

If $f(x)=x^3-3x^2+4x-3$ and $f(x)$ has only 1 root in the interval $(-2,2)$. Which interval has root?

ⓐ (-2,-1)　　ⓑ (-1,0)

ⓒ (0,1)　　ⓓ (1,2)

Solution

보기 중 $f(1)=-1$이고 $f(2)=1$이므로 $f(1)f(2)<0$. Intermediate Value Theorem에 의해서 보기 중 구간 (1,2)에서 적어도 하나의 실근(Real Root)을 갖는다.

정답　ⓓ

Problem 5

1. Find the horizontal asymptotes of $f(x)=\dfrac{2^{x+2}+6}{2^x+2}$.

2. Find the horizontal asymptotes of $f(x)=\dfrac{2x-1}{\sqrt{x^2+2x}}$.

Solution

1. $\lim_{x \to \infty} \frac{2^x \times 2^2 + 6}{2^x + 2} \Rightarrow \lim_{x \to \infty} \frac{2^2 + \frac{6}{2^x}}{1 + \frac{2}{2^x}} = \frac{4+0}{1+0} = 4$

$\lim_{x \to -\infty} \frac{2^x \times 2^2 + 6}{2^x + 2} \Rightarrow \frac{2^{-\infty} \times 2 + 6}{2^{-\infty} + 2} = \frac{0+6}{0+2} = 3$

2. $\lim_{x \to \infty} \frac{2x - 1}{\sqrt{x^2 + 2x}} = 2$

$\lim_{x \to -\infty} \frac{2x - 1}{\sqrt{x^2 + 2x}} = -2$

정답　　1) $y = 3$ and $y = 4$　2) $y = -2$ and 2

04 EXERCISE

Explanation & Answer : ☞p.86

1. If $f(x)=\dfrac{3x^2+1}{x^2-3x+2}$, find the horizontal asymptote(s) and the vertical asymptote(s).

2. If $f(x)=\dfrac{3x+6}{-x^2+4x+6}$, find the horizontal asymptote(s) and the vertical asymptote(s).

3. The limits show that the vertical line $x=1$ is an asymptote for the graph except

ⓐ $\lim_{x\to 1} f(x)=1$ ⓑ $\lim_{x\to 1^+} f(x)=-\infty$ ⓒ $\lim_{x\to 1^-} f(x)=\infty$ ⓓ $\lim_{x\to \infty} f(x)=1$

4. The horizontal line $y=2$ is an asymptote for the graph of the function f. Which of the following statements must be true?

ⓐ $\lim_{x\to 2} f(x) = -\infty$ ⓑ $\lim_{x\to\infty} f(x) = 2$ ⓒ $\lim_{x\to 2+} f(x) = \infty$ ⓓ $f(2) = 1$

5. If the vertical asymptote does not exist in the expression $\frac{6x-k}{2x-1}$, what is the values of k?

ⓐ 1 ⓑ 2 ⓒ 3 ⓓ 4

6. Find the horizontal asymptotes of $f(x) = \frac{3^{x+1}+2}{3^x+1}$

7. Find the horizontal asymptotes of $f(x) = \frac{3x}{\sqrt{x^2+1}}$

8. Prove that $f(x) = \frac{x^2+3}{x+1}$ has at least one root within $[0, 4]$.

Explanations and Answers for Exercises

Exercise 4

1. Horizontal Asymptote $y=3$, Vertical asymptote $x=1,2$

Horizontal Asymptote $=\lim_{x\to\infty}\frac{3x^2+1}{x^2-3x+2}=3$, Vertical asymptote $=x^2-3x+2=0$ 에서 $x=1,2$

2. Horizontal Asymptote $y=0$, Vertical asymptote $x=1,3$

Horizontal Asymptote $=\lim_{x\to\infty}\frac{3x+6}{-x^2+4x-3}=0$, Vertical asymptote $=-x^2+4x-3=0$ 에서 $x=1,3$

3. ⓐ

Vertical Asymptote가 $x=1$이므로 $\lim_{x\to1^+}f(x)=\pm\infty$ 또는 $\lim_{x\to1^-}f(x)=\pm\infty$가 되어야 한다.

Horizontal Asymptote 에 대해서는 알 수 없다. 즉, ⓓ의 경우에 대해서는 알 수 없다.

4. ⓑ

Horizontal Asymptote가 $y=2$이므로 $\lim_{x\to\infty}f(x)=2$

5. ⓒ

$k=3$이면 분모(Denominator)가 1이 되어서 Vertical Asymptote 가 존재하지 않는다.

6. $y=2$ and $y=3$

$$\lim_{x\to\infty}\frac{3\times3^x+2}{3^x+1}=\lim_{x\to\infty}\frac{3+\frac{2}{3^x}}{1+\frac{1}{3^x}}=\frac{3+0}{1+0}=3 \quad \lim_{x\to-\infty}\frac{3\times3^x+2}{3^x+1}=\frac{3\times3^{-\infty}+2}{3^{-\infty}+1}=\frac{0+2}{0+1}=2$$

7. $y=\pm3$

$$\lim_{x\to\infty}\frac{3x}{\sqrt{x^2+1}}=3 \qquad \lim_{x\to-\infty}\frac{3x}{\sqrt{x^2+1}}=-3$$

8. $f(0)=-3$, $f(4)=\frac{13}{5}$ 즉, $f(0)<0$, $f(4)>0$이고 $f(x)$는 구간 $[0,4]$에서 연속이므로 $f(x)=\frac{x^2+3}{x+1}$은 $[0,4]$에서 반드시 하나의 근을 갖는다. (Intermediate Value Theorem)

Differentiation

Differentiation

1. Definition
2. Differentiation
3. T,D,M,L
- Tangent and Normals
- Derivative of the Inverse of a Function
- Mean Value Theorem, Rolle's Theorem
- L'Hopital's Rule
4. Graph 해석
5. The Slope of a Polar Curve(BC)
6. Related Rates
7. Applied Maximum and Minimum problems
8. Approximation

01. Definition

시작에 앞서서...

Derivative의 정의에 대해서 공부할 단원이다. 접선의 기울기(The slope of the tangent line)를 이용하여 Graph의 모양을 추정하는 것인데 원리를 정확하게 이해하고 암기하여야 한다. 특히 미국의 선생님들은 이 부분을 매우 강조한다.

01 Definition

1. Definition

Derivative?

= "The slope of the tangent line"

함수 (Function)를 만든 사람이 접선 기울기 (The slope of the tangent line)를 이용하여 함수의 그래프를 쉽게 해석하고 싶어서 만든 이론이라고나 할까 - ^^*

보시는 바와 같이 각각의 점에서 접선의 기울기(The slope of the tangent line)를 알면 원래 그래프의 모양을 **추정할 수 있다.**

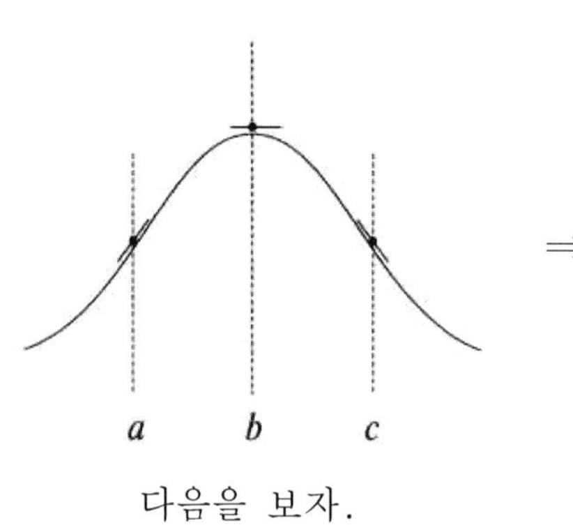

⇒

1. $x=a$ 에서 접선의 기울기는 양수 (Positive)
⇒ $y=f(x)$는 증가상태 (Increasing)
2. $x=b$ 에서 접선의 기울기는 0
3. $x=c$ 에서 접선의 기울기는 음수 (Negative)
⇒ $y=f(x)$는 감소상태 (Decreasing)
접선의 기울기가 양수(Positive)에서 음수(Negative)로 바뀌면 $y=f(x)$는 concave down.

다음을 보자.

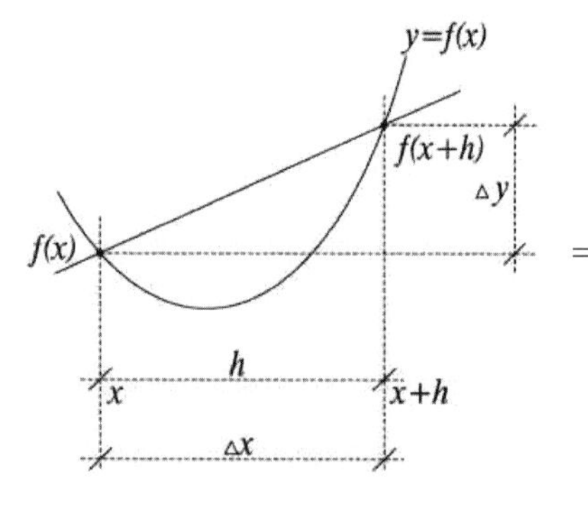

⇒

Slope(기울기)= $\dfrac{\Delta y}{\Delta x}$ = The average rate of change

= $\dfrac{f(x+h)-f(x)}{h}$

즉, Slope = The average rate of change
둘 다 뚝~떨어진 두 점에서의 slope를 찾는 것!
여기서 뚝~ 떨어진 두 점이 딱~ 달라
붙었다면 두 점 사이 거리가 거의 0이 되고(= $\lim\limits_{h\to 0}\cdots$)
이를 그림으로 표현하면

⇒

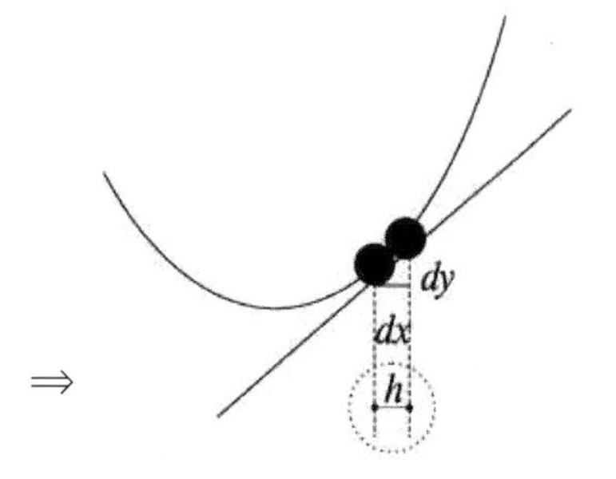

⇒

The instantaneous rate of change

$$\lim_{h\to 0}\frac{f(x+h)-f(x)}{h}=\frac{dy}{dx}=y'=f'(x).$$

이것이 바로 그 유명한
도함수의 정의 (The definition of derivative).

⇒ 두 점 사이의 거리가 거의 0 $(=\lim\limits_{h\to 0}\cdots)$

The Definition of the derivative = $\lim_{h \to 0} \frac{f(x+h)-f(x)}{h} = \frac{dy}{dx} = y' = f'(x)$

EX 1 Find $f'(x)$, using the definition of the derivative, $f(x) = x^2 + x + 3$

Solution

$\lim_{h \to 0} \frac{f(x+h)-f(x)}{h}$ 에 주어진 식을 대입하면 $\lim_{h \to 0} \frac{(x+h)^2 + (x+h) + 3 - x^2 + x + 3}{h}$

$= \lim_{h \to 0} \frac{2xh + h^2 + h}{h}$ 에서 $\lim_{h \to 0} (2x + h + 1) = 2x + 1$

※여기에서 $2x+1$의 의미는 $f(x) = x^2 + x + 3$ 위의 임의의 점에서의 접선의 기울기 (The slope of tangent line)를 의미한다.

정답 $2x+1$

01 Definition

EX 2 Find $f'(x)$, using the definition of the derivative, $f(x)=\sin x$.

Solution

$\lim\limits_{h\to0}\dfrac{f(x+h)-f(x)}{h}$ 에 주어진 식을 대입하면 $\lim\limits_{h\to0}\dfrac{\sin(x+h)-\sin x}{h}$

$\Rightarrow$ 기억나죠? Sum and Difference formula
$\sin(\alpha+\beta)=\sin\alpha\cos\beta+\cos\alpha\sin\beta$

$$=\lim_{h\to0}\frac{\sin x\cos h+\cos x\sin h-\sin x}{h}=\lim_{h\to0}\frac{\sin x\cos h-\sin x+\cos x\sin h}{h}$$

$$=\lim_{h\to0}\left(\frac{\sin x(\cos h-1)}{h}+\cos x\frac{(\sin h)}{h}\right)=\lim_{h\to0}\left(\frac{\sin x(\cos h-1)(\cos h+1)}{h(\cos h+1)}+\cos x\frac{\sin h}{h}\right)$$

$$=\lim_{h\to0}\left(\frac{\sin x(\cos^2h-1)}{h(\cos h+1)}\right)+\lim_{h\to0}\cos x\frac{\sin h}{h}$$

$\Rightarrow$ $\sin^2h+\cos^2h=1$ 인 것은 알고 있죠? 그러므로 $\cos^2h-1=-\sin^2h$
$\lim\limits_{h\to0}cf(h)$이면 $c\lim\limits_{h\to0}f(h)$인 것도 알고 있죠? 그러므로,
$\lim\limits_{h\to0}\cos x\dfrac{\sin h}{h}=\cos x\lim\limits_{h\to0}\dfrac{\sin h}{h}$

$$=\sin x\lim_{h\to0}\frac{-\sin^2h}{(\cos h+1)h}+\cos x\lim_{h\to0}\frac{\sin h}{h}=0+\cos x=\cos x$$

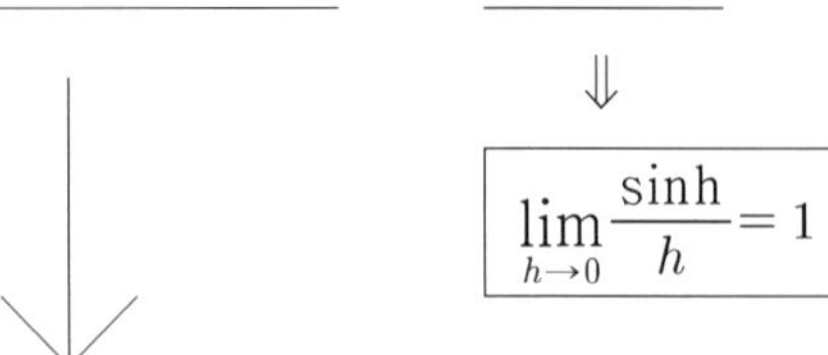

$\Downarrow$

$\lim\limits_{h\to0}\dfrac{\sin h}{h}=1$

$\sin x\cdot\lim\limits_{h\to0}\dfrac{\sin h}{h}\cdot\dfrac{(-\sin h)}{(\cos h+1)}=0$

정답 $\cos x$

Differentiation

앞에서 설명한 방법 외에 특정한 점에서의 접선의 기울기(The slope of the tangent line)는 다음과 같이 구할 수도 있다.

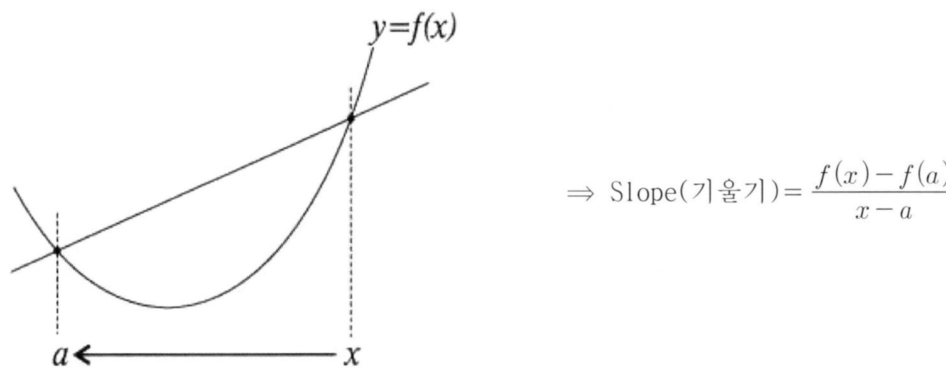

$\Rightarrow$ 여기서 x가 a로 한없이 다가가면$(=\lim\limits_{x\to a})$ 다음의 그림과 같이 된다.

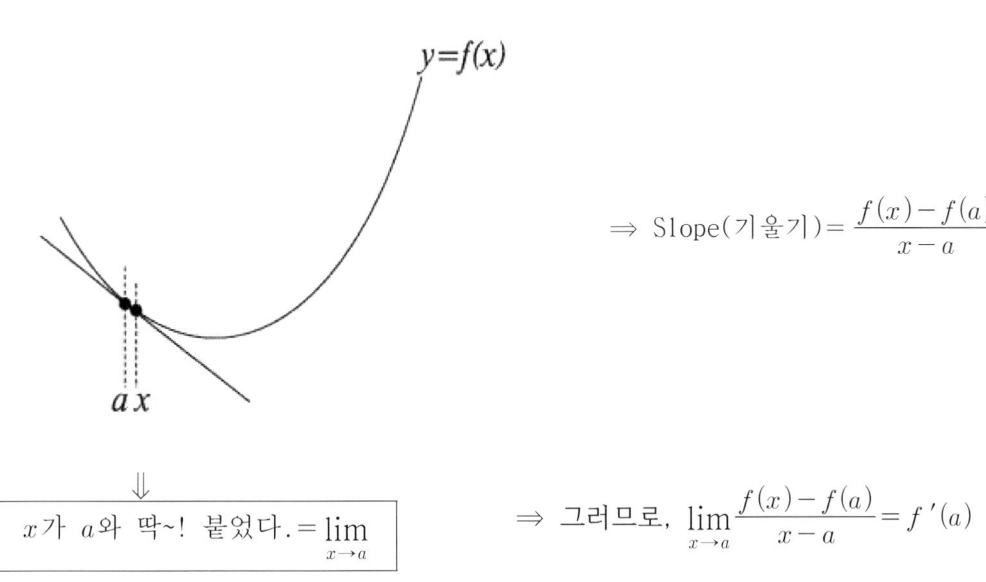

y=f(x)
a x
$\Rightarrow$ Slope(기울기)$=\dfrac{f(x)-f(a)}{x-a}$
$\Downarrow$
x가 a와 딱~! 붙었다.$=\lim\limits_{x\to a}$
$\Rightarrow$ 그러므로, $\lim\limits_{x\to a}\dfrac{f(x)-f(a)}{x-a}=f'(a)$

01 Definition

EX 3 If $f(x)=5x^2-3$, find $f'(1)$.

Solution

The Definition of the derivative (도함수의 정의)를 이용하여 다음과 같이 구할 수 있다.

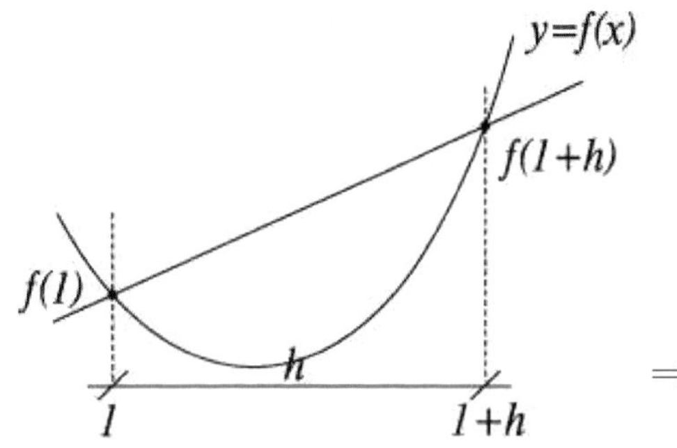

$$\lim_{h\to 0}\frac{f(1+h)-f(1)}{h}$$

$$\lim_{h\to 0}\frac{\{5(1+h)^2-3\}-2}{h}=\lim_{h\to 0}\frac{5+10h+5h^2-5}{h}$$

$$\Rightarrow \quad =\lim_{h\to 0}(10+5h)=10$$

다른 방법으로 다음과 같이 구할 수도 있다.

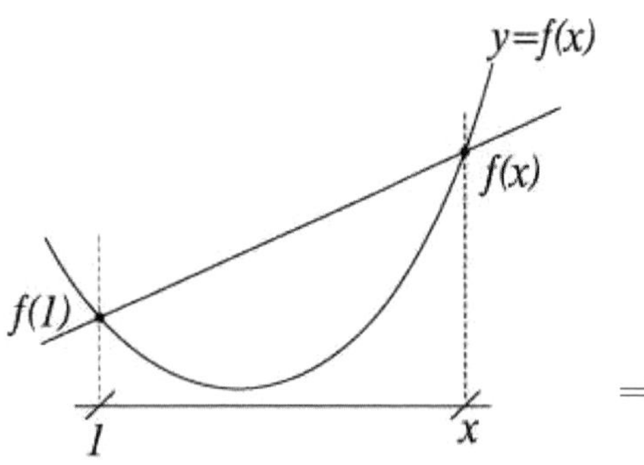

$$\lim_{x\to 1}\frac{f(x)-f(1)}{x-1}$$

$$\lim_{x\to 1}\frac{5x^2-3-2}{x-1}=\lim_{x\to 1}\frac{5(x^2-1)}{x-1}$$

$$\Rightarrow \quad =\lim_{x\to 1}\frac{5\cancel{(x-1)}(x+1)}{\cancel{x-1}}=\lim_{x\to 1}5(x+1)=10$$

정답 10

다음을 보자

$$\lim_{h \to 0} \frac{f(x+h)-f(x)}{h} = f'(x) \qquad f'(x)\text{와 } f'(a) \text{ 모두 구할 수 있다.}$$

$$\lim_{x \to a} \frac{f(x)-f(a)}{x-a} = f'(a) \qquad f'(a)\text{만 구할 수 있다.}$$

모든 식을 이와 같은 방법으로 하여 $f'(x)$ 또는 $f'(a)$를 구한다면 너무 번거로울 것이다. 다음 단원에서는 지금까지의 계산 결과를 공식으로 정리해 두었다. 꼭 암기해야 한다.

왜냐고? 일일이 이와 같이 계산 할 수 없기 때문에... 하지만, 이와 같이 번거롭게 구하는 방법도 꼭 익혀두어야 한다. 미국에 있는 많은 수학 선생님들이 이 부분을 강조를 많이 하고, 시험도 많이 보기 때문이다. 뿐만 아니라, 5월 AP시험에서도 은근히 까다롭게 출제 된다.

01 Definition

Problem 1

1. Let f be the function defined by $f(x)=x^2+x$.
Find the average rate of change of f over $[-1, 3]$.

2. Find the instantaneous rate of change at $x=1$ of the function f given by $f(x)=3x^2+2x$.

Solution

1. $\dfrac{f(3)-f(-1)}{3-(-1)}=\dfrac{12-0}{4}=3$

2.

① $\displaystyle\lim_{h\to0}\frac{f(x+h)-f(x)}{h}=\lim_{h\to0}\frac{3(x+h)^2+2(x+h)-3x^2-2x}{h}$

$\displaystyle=\lim_{h\to0}\frac{\cancel{3x^2}+6xh+3h^2+\cancel{2x}+2h-\cancel{3x^2}-\cancel{2x}}{h}$

$\displaystyle=\lim_{h\to0}(6x+3h+2)=6x+2$ 즉, $f'(x)=6x+2$ 에서 $f'(1)=8$

② $\displaystyle\lim_{x\to1}\frac{f(x)-f(1)}{x-1}=\lim_{x\to1}\frac{3x^2+2x-5}{x-1}=\lim_{x\to1}\frac{(3x+5)\cancel{(x-1)}}{\cancel{x-1}}=8$

정답 (1) 3 (2) 8

Problem 2

If f is a differentiable function such that $f(1)=3$ and $f'(1)=2$, which of the following statements could be false?

ⓐ $\lim_{x\to1}\frac{f(x)-3}{x-1}=2$ ⓑ $\lim_{h\to0}\frac{f(1+h)-3}{h}=2$

ⓒ $\lim_{x\to1}f'(x)=2$ ⓓ f is continuous at $x=1$

Solution

ⓐ $f(1)=3$이므로 $\lim_{x\to1}\frac{f(x)-f(1)}{x-1}=f'(1)=2$

ⓑ $f(1)=3$이므로 $\lim_{h\to0}\frac{f(1+h)-f(1)}{h}=f'(1)=2$

ⓓ $f'(1)=2$, 즉 $x=1$에서 f는 Differentiable
그러므로, $x=1$에서 Continuous 이고 $\lim_{x\to1}f(x)$ exists 이다.

ⓒ $\lim_{x\to1}f(x)$는 $\lim_{x\to1^-}f(x)=\lim_{x\to1^+}f(x)=f(1)=3$. $\lim_{x\to1}f'(x)=2$ 인 것을 알 수 없다.

정답 ⓒ

Definition

많은 학생들이 이 문제에 대해서 다음과 같은 질문을 한다.

$f'(1)=2$이면, $\lim_{x\to 1} f'(x)=2$가 아닌가요?

이에 대해서 다음과 같은 설명하고자 한다.

Shim's Tip

$f'(1)=2$ 인 것은 $x=1$에서 Differentiable 인 것이고

그러므로, $x=1$에서 Continuous 이고 $\lim_{x\to 1} f(x)$가 존재하고 $f(1)$가 존재한다.

$x=1$에서 연속이므로 $\lim_{x\to 1} f(x)=f(1)$인 것이지 $\lim_{x\to 1} f'(x)=f'(1)$ 인 것은 아니다.

$f'(1)=2$은 $x=1$에서 $y=f(x)$의 접선의 기울기 (The slope of the tangent)가 2라는 뜻이다.

앞의 문제에서 ⓒ의 경우는 다음과 같은 경우이다.

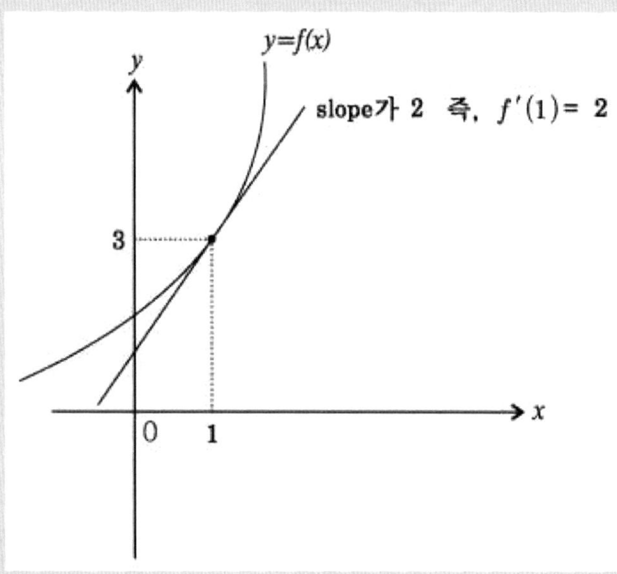

위 그림에서 보면 $f(1)=3$이고 $f'(1)=2$ 이다.

$\lim_{x\to 1} f(x)=3$이 되는 것이지 $\lim_{x\to 1} f'(1)=2$ 가 되는 것은 아니다.

Problem 3

1. $\lim_{h\to 0}\frac{\log(100+h)-2}{h}$ is

ⓐ $f'(2)$, where $f(x)=\log(100+x)$ ⓑ $f'(100)$, where $f(x)=\log x$
ⓒ $f'(0)$, where $f(x)=\log(100+x)$ ⓓ $f'(2)$, where $f(x)=\log x$

2. $\lim_{x\to 0}\frac{\cos x-1}{x}$ is

ⓐ $f'(0)$, where $f(x)=\sin x$ ⓑ $f'(1)$, where $f(x)=\cos x$
ⓒ $f'(0)$, where $f(x)=\cos x$ ⓓ $f'(1)$, where $f(x)=\cos(x+1)$

3. $\lim_{h\to 0}\frac{5(\frac{1}{3}+h)^7-5(\frac{1}{3})^7}{h}$ is

ⓐ $f'(\frac{1}{3})$, where $f(x)=\frac{1}{3}x$ ⓑ $f'(0)$, where $f(x)=5x^7$

ⓒ $f'(0)$, where $f(x)=x^7$ ⓓ $f'(\frac{1}{3})$, where $f(x)=5x^7$

Definition

Solution

1 $f(x)=\log x$ 이고 $\log 100=2$ 이므로

$$\lim_{x\to 0}\frac{f(100+h)-f(100)}{h}=\lim_{x\to 0}\frac{\log(100+h)-2}{h}=f'(100)$$

2 $f(x)=\cos x$ 이고 $f(0)=1$이므로

$$\lim_{x\to 0}\frac{f(x)-f(0)}{x-0}-\lim_{x\to 0}\frac{\cos x-1}{x}=f'(0)$$

3 $f(x)=5x^7$ 이고 $f(\frac{1}{3})=5(\frac{1}{3})^7$이므로 $\lim_{h\to 0}\frac{f(\frac{1}{3}+h)-f(\frac{1}{3})}{h}=f'(\frac{1}{3})$

정답 (1) ⓑ (2) ⓒ (3) ⓓ

Problem 4

1. Find $f'(x)$, using the definition of the derivative, $f(x)=e^x$. ($※\lim_{x\to0}\frac{e^x-1}{x}=1$)

2. Find $f'(2)$, using the definition of the derivative, $f(x)=3x^2+5x+1$.

Solution

1. $\lim_{x\to0}\frac{f(x+h)-f(x)}{h}=\lim_{h\to0}\frac{e^{x+h}-e^x}{h}=\lim_{h\to0}\frac{e^xe^h-e^x}{h}=\lim_{h\to0}e^x\frac{e^h-1}{h}=e^x\lim_{h\to0}\frac{e^h-1}{h}=e^x$

2.

① $\lim_{h\to0}\frac{f(2+h)-f(2)}{h}=\lim_{h\to0}\frac{3(2+h)^2+5(2+h)+1-23}{h}=\lim_{h\to0}\frac{3(4+4h+h^2)+10+5h-22}{h}$

$=\lim_{h\to0}\frac{3h^2+17h}{h}=\lim_{h\to0}(3h+17)=17$

② $\lim_{x\to2}\frac{f(x)-f(2)}{x-2}=\lim_{x\to2}\frac{3x^2+5x+1-23}{x-2}=\lim_{x\to2}\frac{3x^2+5x-22}{x-2}=\lim_{x\to2}\frac{\cancel{(x-2)}(3x+11)}{\cancel{x-2}}=17$

정답 (1) e^x (2) 17

05 EXERCISE

Explanation & Answer : ☞p.105

1. Let f be the function defined by $f(x)=2x^2+3$. Find the average rate of change of f over [1, 2].

2. Find the instantaneous rate of change at $x=0$ of the function f given by $f(x)=5x^2+10x+1$.

3. If f is a differentiable function such that $f(5)=7$ and $f'(5)=9$, which of the following statements could be false?

   ⓐ $\lim_{x\to 5} f(x)$ exists　　ⓑ $\lim_{x\to 5} f'(x)=9$

   ⓒ $\lim_{h\to 0}\frac{f(h+5)-7}{h}=9$　　ⓓ f is continuous at $x=5$

4. Let f be a function such that $\lim_{h\to0}\frac{f(h)-f(0)}{h}=3$. Which of the following could be false?

ⓐ $\lim_{x\to0}f(x)$ exists　　ⓑ $f(0)$ exists

ⓒ $f'(0)=3$　　ⓓ $\frac{f(x)-f(0)}{x}=3$

5. $\lim_{x\to0}\frac{e^x-1}{x}$ is

ⓐ $f'(0)$, where $f(x)=\frac{e^x}{x}$　　ⓑ $f'(1)$, where $f(x)=\ln(x)$

ⓒ $f'(0)$, where $f(x)=e^x-1$　　ⓓ $f'(0)$ where $f(x)=e^x$

6. $\lim_{h\to0}\frac{2(\frac{1}{4}+h)^4-2(\frac{1}{4})^4}{h}$ is

ⓐ $f'(\frac{1}{4})$, where $f(x)=2x^4$　　ⓑ $f'(\frac{1}{4})$, where $f(x)=x^4$

ⓒ $f'(\frac{1}{4})$, where $f(x)=2x$　　ⓓ $f'(2)$, where $f(x)=2x^4$

Exercise

7. Find the derivative of $f(x)=\cos x$.

8. Find the derivative of $f(x)=(3x+1)^2$.

Exercise 5

1. 6

$$\frac{f(2)-f(1)}{2-1}=\frac{11-5}{2-1}=6$$

2. 10

① $\lim_{x\to 0}\frac{f(x)-f(0)}{x-0}=\lim_{x\to 0}\frac{5x^2+10x+1-1}{x}=\lim_{x\to 0}\frac{5x^2+10x}{x}=\lim_{x\to 0}(5x+10)=10$

② $\lim_{h\to 0}\frac{f(x+h)-f(x)}{h}=\lim_{h\to 0}\frac{5(x+h)^2+10(x+h)+1-5x^2+10x+1}{h}$

$=\lim_{h\to 0}\frac{\cancel{5x^2}+10hx+5h^2+\cancel{10x}+10h\cancel{+1}-\cancel{5x^2}-\cancel{10x}\cancel{-1}}{h}$

$=\lim_{h\to 0}\frac{10hx+5h^2+10h}{h}=\lim_{h\to 0}(10x+5h+10)=10x+10$

즉, $f'(x)=10x+10$ 이므로 $f'(0)=10$

3. ⓑ

$f'(5)=9$ 이므로 $x=5$에서 f는 미분가능(Differentiable)!

그러므로, $x=5$에서 연속(Continuous)이고, $\lim_{x\to 5}f(x)$가 존재하므로 ⓐ, ⓓ는 옳다.

$\lim_{h\to 0}\frac{f(5+h)-f(5)}{h}=\lim_{h\to 0}\frac{f(5+h)-7}{h}=f'(5)=9$ 이므로 ⓒ는 맞음.

f'이 $x=5$에서 연속인지 아닌지 $\lim_{x\to 5}f'(x)$의 존재 여부는 알 수 없다.

4. ⓓ

$\lim_{h\to 0}\frac{f(x+h)-f(x)}{h}=f'(x)$ 에서 $x=0$일 때는 $\lim_{h\to 0}\frac{f(h)-f(0)}{h}=f'(0)$이다.

즉, $f'(0)=3$ 이므로, f는 $x=0$에서 연속(Continuous)이므로

$\lim_{x\to 0}f(x)=f(0)$ 이고 $\lim_{x\to 0}f(x)$도 존재한다.

$\lim_{x\to 0}\frac{f(x)-f(0)}{x}=f'(0)=3$ 인 것이지 $\frac{f(x)-f(0)}{x}=3$ 인 것은 아니다.

Explanations and Answers for Exercises

5. ⓓ

$f(x)=e^x$ 라고 하면 $f(0)=1$ 이므로 $\lim_{x\to 0}\frac{f(x)-f(0)}{x}=\lim_{x\to 0}\frac{e^x-1}{x}=f'(0)$

6. ⓐ

$f(x)=2x^4$ 이고 $x=\frac{1}{4}$ 이면, $\lim_{h\to 0}\frac{f(x+h)-f(x)}{h}=\lim_{h\to 0}\frac{2(\frac{1}{4}+h)^4-2(\frac{1}{4})^4}{h}=f'(\frac{1}{4})$

7. $-\sin x$

$\frac{f(x+h)-f(x)}{h}$ 에서 $\frac{\cos(x+h)-\cos x}{h}$

$\Leftarrow$

$\cos(\alpha+\beta)=\cos\alpha\cos\beta-\sin\alpha\sin\beta$
$\cos(\alpha-\beta)=\cos\alpha\cos\beta+\sin\alpha\sin\beta$

$$=\lim_{h\to 0}\frac{\cos x\cosh-\sin x\sinh-\cos x}{h}=\lim_{h\to 0}\frac{\cos x(\cosh-1)-\sin x\sinh}{h}$$
$$=\lim_{h\to 0}\frac{\cos x(\cosh-1)(\cosh+1)}{h(\cosh+1)}-\sin x\lim_{h\to 0}\frac{\sinh}{h}$$
$$=\cos x\lim_{h\to 0}\frac{\cos^2 h-1}{h(\cosh+1)}-\sin x\lim_{h\to 0}\frac{\sinh}{h}\quad(※\cos^2 h-1=-\sin^2 h)$$
$$=\cos x\lim_{h\to 0}\frac{\sinh}{h}\frac{(-\sinh)}{\cosh+1}-\sin x\lim_{h\to 0}\frac{\sinh}{h}=-\sin x$$

8. $6(3x+1)$

$\lim_{h\to 0}\frac{f(x+h)-f(x)}{h}$ 에서

$$6\lim_{h\to 0}\frac{3(x+h)+1^2-(3x+1)^2}{h}=\lim_{h\to 0}\frac{\{9(x^2+2xh+h^2)+6(x+h)+1\}-(9x^2+6x+1)}{h}=$$

$$\lim_{h\to 0}\frac{18xh+9h^2+6h}{h}=\lim_{h\to 0}(18x+9h+6)=18x+6.$$

즉, $6(3x+1)$

02. Differentiation

1. 기본적인 Formula
2. 알까기! (Chain Rule)
3. $\frac{dy}{dx}$, $\frac{d^2y}{dx^2}$
4. Derivatives of Parametrically Defined Functions (BC)

시작에 앞서서...

앞 단원 마지막 부분에서 언급한 것처럼 모든 문제를 정의를 이용하여 구한다면 너무 번거로울 것이다. 그러므로, 이 단원에서 설명하는 공식들을 익힌 다음 $f'(x)$ or $\frac{dy}{dx}$ or y' 등을 구하도록 하자. 구구단을 모르면 그 이후의 계산을 할 수 없듯이 이 단원에 있는 계산법을 모르면 앞으로 CALCULUS의 모든 단원을 공부하기가 어려워진다. 독자들이 공식을 암기하고 이해하는데 도움을 주고자 조금씩 말장난을 하였으니 이해하기 바란다. ^^*

02 Differentiation

1. 기본적인 Formula

Formula(1)

$y=x^n \Rightarrow y'=nx^{n-1}$

$y=f(x)g(x) \Rightarrow y'=f'(x)g(x)+f(x)g'(x)$

$y=f(x)\pm g(x) \Rightarrow y'=f'(x)\pm g'(x)$

$y=cf(x) \Rightarrow y'=cf'(x)\ (c\neq 0)$

$y=\dfrac{g(x)}{f(x)} \Rightarrow y'=\dfrac{g'(x)f(x)-g(x)f'(x)}{(f(x))^2}$ (단, $f(x)\neq 0$)

$y=c \Rightarrow y'=0$

위의 공식들을 익힌 후 다음의 예제들을 풀어보자.

(EX 1) Find $f'(x)$, using the formula(1).

(1) $f(x)=5$ (2) $f(x)=x^2+2x$ (3) $f(x)=3x^{100}-26x^2+1$

(4) $f(x)=15x^3(7x^3-3)$ (5) $f(x)=\dfrac{5x^3-3x^2}{2x+5}$

Solution

(1) $f'(x)=0$

(2) $f'(x)=2x+2$

(3) $f'(x)=300x^{99}-52x$

(4) $f'(x)=45x^2(7x^3-3)+15x^3(21x^2)=315x^5-135x^2+315x^5=630x^5-135x^2$

(5) $f'(x)=\dfrac{(15x^2-6x)(2x+5)-(5x^3-3x^2)2}{(2x+5)^2}=\dfrac{20x^3+69x^2-30x}{(2x+5)^2}$

정답 (1) 0 (2) $2x+2$ (3) $300x^{99}-52x$ (4) $630x^5-135x^2$ (5) $\dfrac{20x^3+69x^2-30x}{(2x+5)^2}$

Formula(2)

① 삼각함수의 미분 ⇐ c로 시작 → $-\csc$(단, $\cos x$ 제외), t포함 → $(\ )^2$

- $\sin x \to \cos x$
- $\cos x \to -\sin x$ (※ $\sin x$와 $\cos x$는 서로 주고 받는다.)
- $\tan x \to \sec^2 x$ (타면 →시커멓다) (t포함 → $(\ )^2$)
- $\sec x \to \sec x \tan x$ (시커멓다 → 석탄!)
- $\cot x \to -\csc^2 x$
- $\csc x \to -\csc x \cot x$ (코시커먼 것은 → 코탄것이다!)

② 역삼각함수의 미분

⇐ c로 시작하면 Negative!
$\sin^{-1}x$, $\tan^{-1}x$, $\sec^{-1}x$ 만 암기하면 $\cos^{-1}x$, $\cot^{-1}x$, $\csc^{-1}x$는 앞에 (−)만 붙는다.

- $\sin^{-1}x \to \dfrac{1}{\sqrt{1-x^2}}\ (-1 < x < 1)$
- $\tan^{-1}x \to \dfrac{1}{1+x^2}$
- $\cos^{-1}x \to -\dfrac{1}{\sqrt{1-x^2}}\ (-1 < x < 1)$
- $\cot^{-1}x \to -\dfrac{1}{1+x^2}$
- $\sec^{-1}x \to \dfrac{1}{|x|\sqrt{x^2-1}}\ (|x| > 1)$
- $\csc^{-1}x \to -\dfrac{1}{|x|\sqrt{x^2-1}}\ (|x| > 1)$

③ 그 외의 공식들

- $\log_a x \to \dfrac{1}{x \ln a}$
- $a^x \to a^x \ln a$
- $\ln x \to \dfrac{1}{x}$
- $e^x \to e^x$

2. Chain Rule

I. Chain Rule

앞에서 설명한 공식들은 원래 모두 $\lim_{h \to 0}\frac{f(x+h)-f(x)}{h}=f'(x)$에 의해서 구해진 것들이지만 엄밀히 말하자면 다음과 같은 규칙이 나오게 된다.

예를 들어, $y=x^2$을 미분(Differentiation) 하면 $y'=2x$ 이지만 원래는 $y'=2x^{2-1}x'$ 인 것이고 $y=\sin x$ 를 미분(Differentiation)하면 $y'=x'\cos x$ 이다. 어차피 x는 미분(Differentiation)해봐야 1이므로 곱해봐야 눈에 보이지 않는다. 이와 같은 특징을 (Chain Rule)이라고 한다.

II. Chain Rule의 6가지 규칙

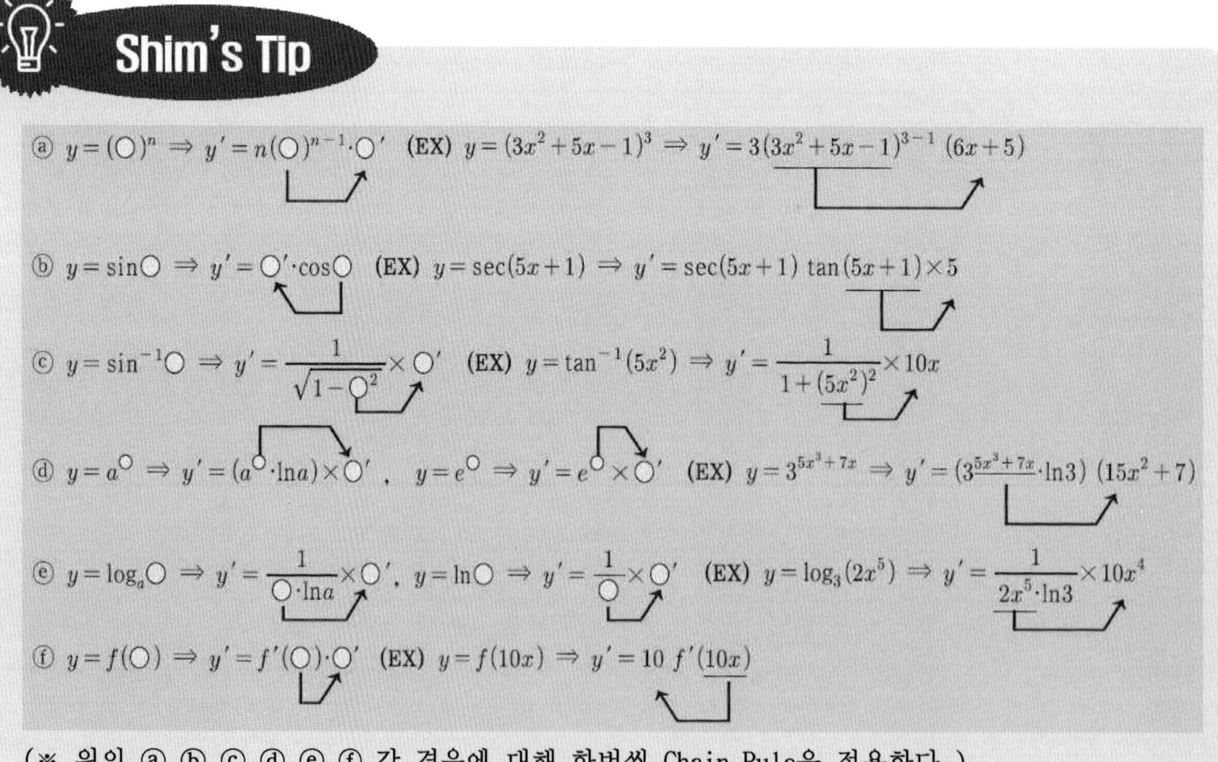

Shim's Tip
ⓐ $y=(○)^n \Rightarrow y'=n(○)^{n-1}\cdot○'$ (EX) $y=(3x^2+5x-1)^3 \Rightarrow y'=3(3x^2+5x-1)^{3-1}(6x+5)$
ⓑ $y=\sin○ \Rightarrow y'=○'\cdot\cos○$ (EX) $y=\sec(5x+1) \Rightarrow y'=\sec(5x+1)\tan(5x+1)\times5$
ⓒ $y=\sin^{-1}○ \Rightarrow y'=\frac{1}{\sqrt{1-○^2}}\times○'$ (EX) $y=\tan^{-1}(5x^2) \Rightarrow y'=\frac{1}{1+(5x^2)^2}\times10x$
ⓓ $y=a^○ \Rightarrow y'=(a^○\cdot\ln a)\times○'$, $y=e^○ \Rightarrow y'=e^○\times○'$ (EX) $y=3^{5x^3+7x} \Rightarrow y'=(3^{5x^3+7x}\cdot\ln3)(15x^2+7)$
ⓔ $y=\log_a○ \Rightarrow y'=\frac{1}{○\cdot\ln a}\times○'$, $y=\ln○ \Rightarrow y'=\frac{1}{○}\times○'$ (EX) $y=\log_3(2x^5) \Rightarrow y'=\frac{1}{2x^5\cdot\ln3}\times10x^4$
ⓕ $y=f(○) \Rightarrow y'=f'(○)\cdot○'$ (EX) $y=f(10x) \Rightarrow y'=10f'(10x)$
(※ 위의 ⓐ ⓑ ⓒ ⓓ ⓔ ⓕ 각 경우에 대해 한번씩 Chain Rule을 적용한다.)

다음의 내용은 필자가 수업을 하면서 느낀 학생들의 약점이다. 학생들이 은근히 어려워하는 부분이다. 다음과 같이 하면 미분 (Differentiation)이 쉬워진다.
반드시 알아두자.

① $f(x)=e^{\ln g(x)}=g(x)^{\ln e}=g(x)$ $(EX)\,f(x)=e^{\ln(x^2+x)}\Rightarrow f(x)=x^2+x$

② $f(x)=\sqrt[m]{(\ )^n}=(\ )^{\frac{n}{m}}$ 으로 바꾸어서 $f'(x)$를 구하자.

$(EX)\,f(x)=\sqrt[3]{(x^2+1)^2}\Rightarrow f(x)=(x^2+1)^{\frac{2}{3}}$

③ $f(x)=\dfrac{a}{(\ )^n}=a(\ )^{-n}$ 으로 바꾸어서 $f'(x)$를 구하자.

$(EX)\,f(x)=\dfrac{2}{(x^2+1)^3}\Rightarrow f(x)=2(x^2+1)^{-3}$

④ $\sin^n f(x)$은 $(\sin f(x))^n$으로 놓고 $\dfrac{dx}{dy}$를 구하자. $(EX)\sin^2(5x)\Rightarrow[\sin(5x)]^2$

⑤ Exponent가 애매한 경우에는 양변에 ln을 취한다. $(EX)\,e^y=x^2\Rightarrow \ln e^y=\ln x^2$에서 $y=2\ln x$

다음의 세 가지 경우를 보자.

공식이 있다.
- ⑥ $y=x^n\ (ex)\,y=x^2\Rightarrow y'=2x$
- ⑦ $y=a^x\ (ex)\,y=2^x\Rightarrow y'=2^x\ln 2$

공식이 없다.
- ⑧ $y=x^x$이 경우에는 양변에 ln을 취한다.
  $\ln y=\ln x^x$에서 $\ln y=x\ln x$ 에서 $\dfrac{1}{y}y'=x'\ln x+x\dfrac{1}{x}$ 이므로
  $y'=y(\ln x+1)$ 이고 $y=x^x$이므로 $y'=x^x(\ln x+1)$.

위의 ⑥, ⑦, ⑧에서 Base 또는 Exponent에 Constant가 있는 경우에는 공식으로 무조건 해결이 되고 모두 Variable인 경우에는 양변에 ln을 취해 주어야 한다.

02 Differentiation

지금까지의 내용들을 충분히 익힌 후 다음의 예제들을 풀어 보자.

EX 2 Find y'.

(1) $y=(2x-1)^5$ (2) $y=\tan(13x^3)$ (3) $y=\cos^{-1}(10x)$

(4) $y=\cot^2(2x^2)$ (5) $y=5^{\sin x}$ (6) $y=\ln(3x)$

(7) $y=e^{5x^5}$ (8) $\tan^{-1}3x=e^{2y}$

Solution

(1) $y'=5(2x-1)^{5-1}2=10(2x-1)^4$

(2) $y'=\sec^2(13x^3)39x^2=39x^2\sec^2(13x^3)$

(3) $y'=-\dfrac{1}{\sqrt{1-(10x)^2}}\times 10=-\dfrac{10}{\sqrt{1-(10x)^2}}$

(4) $y=\{\cot(2x^2)\}^2 \Rightarrow y'=2\{\cot(2x^2)\}^{2-1}\cdot\{-\csc^2(2x^2)\}4x$ 이므로 $y'=-8x\cot(2x^2)\csc(2x^2)$

(5) $y'=5^{\sin x}\ln 5(\sin x)'=5^{\sin x}\ln 5\cos x$

(6) $y'=\dfrac{1}{3x}3=\dfrac{1}{x}$

(7) $y'=e^{5x^5}25x^4=25x^4e^{5x^5}$

(8) 양변에 ln을 취하면 $2y=\ln|\tan^{-1}3x|$ 이고, $y=\dfrac{1}{2}\ln|\tan^{-1}3x|$ 에서

$$y'=\frac{1}{2}\frac{1}{\tan^{-1}3x}\frac{1}{1+(3x)^2}3=\frac{3}{2(\tan^{-1}3x)(1+9x^2)}$$

정답

(1) $10(2x-1)^4$ (2) $39x^2\sec^2(13x^3)$ (3) $-\dfrac{10}{\sqrt{1-(10x)^2}}$

(4) $-8x\cot(2x^2)\csc(2x^2)$ (5) $5^{\sin x}\ln 5\cos x$ (6) $\dfrac{1}{x}$

(7) $25x^4e^{5x^5}$ (8) $\dfrac{3}{2(\tan^{-1}3x)(1+9x^2)}$

Problem 1

Find $f'(x)$.

① $f(x) = x\sqrt{3x^2+5}$ ② $f(x) = \dfrac{3}{\sqrt[3]{x^2+2x}}$ ③ $f(x) = \dfrac{e^{3x}}{x^2}$

④ $f(x) = \sec(e^{-2x})$ ⑤ $f(x) = e^{5\ln(x^3)}$

Solution

- $f(x) = e^{\ln f(x)} = \{f(x)\}^{\ln e} = f(x)$ 로 바꾸어서 $f'(x)$을 구하자.
- $f(x) = \sqrt[m]{(\ )^n} = (\ )^{\frac{n}{m}}$ 으로 바꾸어서 $f'(x)$을 구하자.
- $f(x) = \dfrac{a}{(\ )^n} = a(\ )^{-n}$ 으로 바꾸어서 $f'(x)$을 구하자.

(1) $f(x) = \sqrt{3x^4+5x^2} = (3x^4+5x^2)^{\frac{1}{2}}$ 에서

$$f'(x) = \frac{1}{2}(3x^4+5x^2)^{-\frac{1}{2}}(12x^3+10x) = \frac{12x^3+10x}{2\sqrt{3x^4+5x^2}} = \frac{6x^3+5x}{\sqrt{3x^4+5x^2}}$$

(2) $f(x) = 3(x^2+2x)^{-\frac{1}{3}}$ 에서 $f'(x) = 3(-\frac{1}{3})(x^2+2x)^{-\frac{4}{3}}(2x+2) = -\dfrac{2(x+1)}{\sqrt[3]{(x^2+2x)^4}}$

(3) $f'(x) = \dfrac{3e^{3x}x^2 - e^{3x}2x}{x^4} = \dfrac{xe^{3x}(3x-2)}{x^4} = \dfrac{e^{3x}(3x-2)}{x^3}$

(4) $f'(x) = -2e^{-2x}\sec(e^{-2x})\tan(e^{-2x})$

(5) $f(x) = e^{\ln(x^3)^5} = e^{\ln(x^{15})} = (x^{15})^{\ln e} = x^{15}$ 에서 $f'(x) = 15x^{14}$

정답 (1) $\dfrac{6x^3+5x}{\sqrt{3x^4+5x^2}}$ (2) $-\dfrac{2(x+1)}{\sqrt[3]{(x^2+2x)^4}}$ (3) $\dfrac{e^{3x}(3x-2)}{x^3}$

(4) $-2e^{-2x}\sec(e^{-2x})\tan(e^{-2x})$ (5) $15x^{14}$

 Differentiation

Problem 2

1. If $f(x)=\ln(x^2+5+e^{-2x})$, find $f'(0)$.

2. If $f(x)=(2x+1)^{\frac{2}{3}}+e^{2x^3}$, find $f'(0)$.

3. If $f(x)=\ln(x^3)$, find the slope of the tangent line at $x=e$.

Solution

(1) $f'(x)=\dfrac{2x-2e^{-2x}}{x^2+5+e^{-2x}}$ 에서 $f'(0)=\dfrac{-2}{5+1}=-\dfrac{1}{3}$

(2) $f'(x)=\dfrac{4}{3}(2x+1)^{-\frac{1}{3}}+6x^2e^{2x^2}$ 에서 $f'(0)=\dfrac{4}{3}$

(3) $f'(x)=\dfrac{3x^2}{x^3}$ 에서 $f'(e)=\dfrac{3e^2}{e^3}=\dfrac{3}{e}$

정답 (1) $-\dfrac{1}{3}$ (2) $\dfrac{4}{3}$ (3) $\dfrac{3}{e}$

Problem 3

x	$f(x)$	$f'(x)$	$g(x)$	$g'(x)$
-2	2	4	3	5
1	1	-2	-1	7
5	3	5	-2	2

The table above gives values of f, f', g', and g at selected of x.
If $h(x)=(f\circ g)(x)$, then $h'(5)=$

Solution

$h(x)=f(g(x))$에서 $h'(x)=f'(g(x))g'(x)$
$h'(5)=f'(g(5))g'(5)=f'(-2)g'(5)=4*2=8$

정답 8

3. $\frac{dy}{dx}$, $\frac{d^2y}{dx^2}$ …

다음의 그림을 보자

① 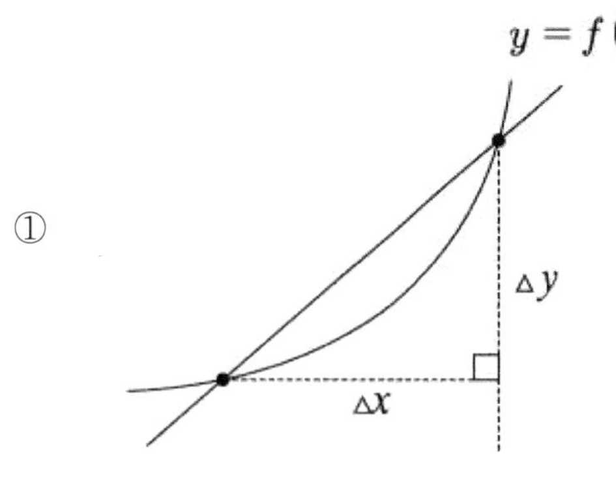

$\Rightarrow$ Slope $= \frac{\Delta y}{\Delta x}$ = The average rate of change

② 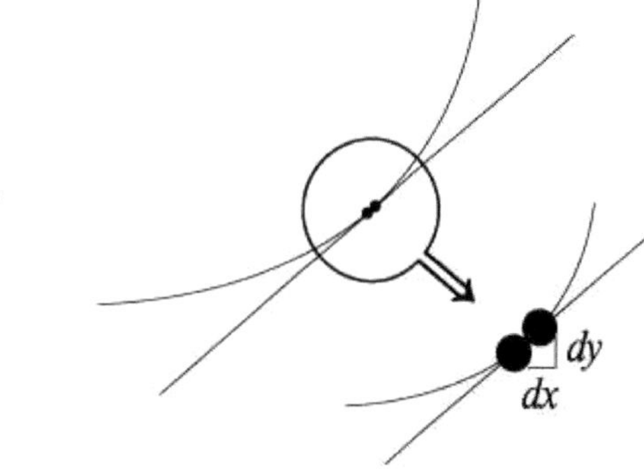

$\Rightarrow$ Slope $= \frac{dy}{dx} = y' = f'(x)$

= The instantaneous rate of change

위의 그림에서
①의 경우 떨어진 두 점 사이의 Slope를 구하는 경우이고,

②의 경우는 붙은 두 점 사이의 기울기(Slope)를 구하는 것이다.

즉, 접선의 기울기(The slope of the tangent line)는 $\frac{dy}{dx}$로 표현할 수 있고 이는 $f'(x)$, y' 등과 같은 표현이다.

I. $\dfrac{dy}{dx}$

다음을 보자.

ⓐ $\dfrac{d}{dx}(x^2)=2x$, ⓑ $\dfrac{d}{d\theta}(2\theta)=2$, ⓒ $\dfrac{d}{dy}(y)=1$, ⓓ $\dfrac{d}{dr}(r^2+1)=2r$ …에서 보는 바와 같이 **분모(Denominator)의 문자와 같은 식만 미분(Differentiation)이 가능함을 알 수 있다.**

그렇다면 다음의 경우에는 어떻게 할 것인가?

$\dfrac{d}{dx}(y)$ … 분모(Denominator)이 문자와 미분 (Differentiation)하려는 식이 문자가 다르다.

이럴 때에는 $\dfrac{d}{dy}(y)\dfrac{dy}{dx}=\dfrac{dy}{dx}$가 된다.

그럼, 다음의 예제들을 보자.

ⓐ $\dfrac{d}{dx}(y^2)=\dfrac{d}{dy}y^2\dfrac{dy}{dx}=2y\dfrac{dy}{dx}$

ⓑ $\dfrac{d}{dx}(3r)=\dfrac{d}{dr}(3r)\dfrac{dr}{dx}=3\dfrac{dr}{dx}$

ⓒ $\dfrac{d}{dx}(3\theta^5)=\dfrac{d}{d\theta}(3\theta^5)\dfrac{d\theta}{dx}=15\theta^4\dfrac{d\theta}{dx}$ …

위의 ⓐ, ⓑ, ⓒ의 경우에는 간단히 다음처럼 생각해서 풀어도 된다.

분모(Denominator)와 문자가 다를 때에는 일단 그냥 미분 (Differentiation)을 하고 미분한 것에 $\dfrac{dy}{dx}$, $\dfrac{dr}{dx}$, $\dfrac{d\theta}{dx}$ 등을 취한다.

다음을 보자.

ⓐ $y=x^2$ 에서 y를 미분하면 1이고 x가 아닌 것을 미분 했으므로 미분한 것에 $\dfrac{dy}{dx}$를 취한다. 그러므로, $\dfrac{dy}{dx}=2x$.

ⓑ $r=3\sin\theta$ 에서 $\dfrac{dr}{d\theta}$을 구하려면 r을 미분하면 1이고 미분한 것에 $\dfrac{dr}{d\theta}$을 취하면 $\dfrac{dr}{d\theta}=3\cos\theta$ 가 된다. 이와 같이 알아 두는 것이 편할 때가 많다.

미적 Differentiation

Shim's Tip

많은 학생들이 $\frac{d}{dx}$를 매우 생소하게 느끼고 있다.
무슨 대단한 기호인 것으로 생각하고 있는데
사실은 명령문을 압축한 표현이라고 보면 된다.

"Define the derivative of x" $= \frac{d}{dx}$

즉, $\frac{d}{dx}$는 "x의 derivative를 밝혀내라!" 의 뜻이다

$\frac{dy}{dx}$ 쉽게 구하기

우리는 앞에서 $\lim_{n\to 0}\frac{f(x+n)-f(x)}{n}=f(x)=\frac{dy}{dx}$ 인 것을 공부하였다. 그렇다면 왜 $f(x)$를 구하지 않고 $\frac{dy}{dx}$를 구하는 것일까?

이유는 Function이 아닌 식들의 Tangent Line Slope도 구할 수 있어서이다.

Function인 경우 $\frac{dy}{dx}$를 구하면 쉽지만 Function이 아닌 경우 가끔 헷갈리기 쉽다.

다음의 두 가지 경우를 보도록 하자.

(Case 1) Function의 경우 $y=x^2 \Rightarrow y'=\frac{dy}{dx}=2x$

(Case 2) Function이 아닌 경우 $x^2+y^2=1 \Rightarrow 2x+2y\frac{dy}{dx}=0 \Rightarrow \frac{dy}{dx}=-\frac{x}{y}$

$\frac{dy}{dx}$를 다음과 같이 구하자.

1. $\frac{dy}{dx}$를 구할 때 $y'=\frac{dy}{dx}$이고 $x'=1$이다.
2. $\frac{dy}{dx}$를 y'로 놓고 구한다.
3. Chain Rule을 오버해서 하자.

즉, 꼼꼼히 써야 한다.

미분 Differentiation

(EX 3)

1.If $y=\sin x$, find $\frac{dy}{dx}$.

2. If $(x^2y+y)^3=8x$, then $x=y=1$, find $\frac{dy}{dx}$.

3. If $\sin(x^2y)=y^2$, find $\frac{dy}{dx}$.

Solution

1. Function 형태이므로 $\frac{dy}{dx}$는 구하기가 쉽다. $y'=\frac{dy}{dx}=\cos x$

2. $\frac{dy}{dx}=y'$으로 놓고 Chain Rule을 오버해서 적용시킨다.

$3(x^2y+y)^{3-1}\times(x^2y+y)'=8x'$

$\Rightarrow 3(x^2y+y)^2(2xx'y+x^2y'+y')=8x'$ $\Rightarrow x'=1$이므로 $3(x^2y+y)^2(2xy+x^2y'+y')=8$

$\Rightarrow x=y=1$을 대입하면 $3(2)^2(2+y'+y')=8$ 에서 $12(2+2y')=8$

그러므로, $24+24y'=8$에서 $y'=-\frac{16}{24}$ $\therefore \frac{dy}{dx}=-\frac{2}{3}$

3. $\frac{dy}{dx}=y'$으로 놓고 Chain Rule을 오버해서 적용시킨다.

$\cos(x^2y)\times(x^2y)'=(y^2)'$

$\Rightarrow \cos(x^2y)(2xx'y+x^2y')=2yy'$ $\Rightarrow$ $\cos(x^2y)(2xy+x^2y')=2yy'$

$\Rightarrow$ $2xy\cos(x^2y)+x^2\cos(x^2y)y'=2yy'$ $\Rightarrow$ $(2y-x^2\cos(x^2y))y'=2xy\cos(x^2y)$

$\Rightarrow \frac{dy}{dx}=y'=\frac{2xy\cos(x^2y)}{2y-x^2\cos(x^2y)}$

정답 1) $\cos x$ 2) $-\frac{2}{3}$ 3) $\frac{2xy\cos(x^2y)}{2y-x^2\cos(x^2y)}$

II. $\frac{d^2y}{dx^2}, \cdots, \frac{d^ny}{dx^n}$

여기에서 $\frac{d^2y}{dx^2} = \boxed{\frac{d}{dx}}\boxed{\frac{dy}{dx}}$ 임을 알아두자. 즉, ① $\frac{dy}{dx}$ 를 먼저 구하고 그 다음 ② $\frac{d}{dx}$ 를 구한다.
(박스 아래: ② ①)

또, $\frac{d^2y}{dx^2} = f''(x) = y''$ 임을 알아두자.

다음의 예제들을 풀어보자.

(EX 4) Find $\frac{d^2y}{dx^2}$.

(1) $x^2 + 2y^2 = 3$　　(2) $x^2 - 10x = 5y + 2$　　(3) $y = \ln x^3$

Solution

(1) $2x + 4y\frac{dy}{dx} = 0$ 에서 $\frac{dy}{dx} = -\frac{x}{2y}$ 양변에 $\frac{d}{dx}$ 를 취하면 $\frac{d}{dx}\frac{dy}{dx} = \frac{d}{dx}(-\frac{x}{2y})$, 우변의 $\frac{d}{dx}(-\frac{x}{2y})$

에서 $\dfrac{-2y + 2x\frac{dy}{dx}}{4y^2}$, $\frac{dy}{dx} = -\frac{x}{2y}$ 대입하면 $\dfrac{-2y - \frac{x^2}{y}}{4y^2} = \dfrac{\frac{-2y^2 - x^2}{y}}{4y^2} = \dfrac{-2y^2 - x^2}{4y^3}$

(2) $2x - 10 = 5\frac{dy}{dx}$ 에서 $\frac{dy}{dx} = \frac{2x}{5} - 2$ 양변에 $\frac{d}{dx}$ 를 취하면 $\frac{d^2y}{dx^2} = \frac{2}{5}$

(3) $y = \ln x^3 \Rightarrow y = 3\ln x$ 이므로 $\frac{dy}{dx} = 3\frac{1}{x}$ 에서 $\frac{dy}{dx} = \frac{3}{x}$ 양변에 $\frac{d}{dx}$ 를 취하면 $\frac{d^2y}{dx^2} = \frac{d}{dx}(\frac{3}{x})$

즉, $\frac{d^2y}{dx^2} = \frac{d}{dx}(3x^{-1}) = -3x^{-2} = -\frac{3}{x^2}$

정답　1) $\dfrac{-2y^2 - x^2}{4y^3}$　　2) $\frac{2}{5}$　　3) $-\frac{3}{x^2}$

02 Differentiation

Problem 4

1. If $x^2+x^3y=1$, then when $x=1$, $\frac{dy}{dx}$ is

ⓐ -4 ⓑ -2 ⓒ 0 ⓓ 1

2. If $y=xy+y^2+5$, then $y=1$, $\frac{dy}{dx}$ is

ⓐ $\frac{1}{4}$ ⓑ $\frac{1}{2}$ ⓒ 1 ⓓ 2

3. If $\sin(xy)=x^2$, then $\frac{dy}{dx}$ is

ⓐ $\frac{y}{x}-2\sec(xy)$ ⓑ $1-\sin(xy)$ ⓒ $2\sec(xy)-\frac{y}{x}$ ⓓ $2\tan(xy)-\frac{y}{x}$

4. If $y=\arcsin(\cos x)$ and x is an acute angle, then $\frac{dy}{dx}$ is

ⓐ $-\tan x$ ⓑ $\tan x$ ⓒ $\cot x$ ⓓ -1

5. If $y=\frac{\ln(3x)}{x^2}$, then $\frac{dy}{dx}=$

ⓐ $\frac{3x+2\ln(3x)}{x^3}$ ⓑ $\frac{\frac{1}{3}x-2\ln(3x)}{x^3}$ ⓒ $\frac{3x-2\ln(3x)}{x^3}$ ⓓ $\frac{1-2\ln(3x)}{x^3}$

Solution

(1) ⓑ

$2x+3x^2y+(x^3)\frac{dy}{dx}=0$ 이고 $x=1$일 때, $y=0$ 이므로 $\frac{dy}{dx}=-2$

(2) ⓐ

$y=1$일 때, $1=x+1+5$ 에서 $x=-5$ 이고 $\frac{dy}{dx}=y+x\frac{dy}{dx}+(2y)\frac{dy}{dx}$, 그러므로,

$\frac{dy}{dx}=1-5\frac{dy}{dx}+2\frac{dy}{dx}$ 에서 $4\frac{dy}{dx}=1$, 그러므로, $\frac{dy}{dx}=\frac{1}{4}$

(3) ⓒ

$\cos(xy)\left\{y+x\frac{dy}{dx}\right\}=2x$ 에서 $y\cos(xy)+x\cos(xy)\frac{dy}{dx}=2x$ 에서

$\frac{dy}{dx}=\frac{2x-y\cos(xy)}{x\cos(xy)}=\frac{2}{\cos(xy)}-\frac{y}{x}=2\sec(xy)-\frac{y}{x}$

(4) ⓓ

$y=\sin^{-1}(\cos x)$ 에서 $\frac{dy}{dx}=\frac{1}{\sqrt{1-\cos^2 x}}(-\sin x)$, $\frac{dy}{dx}=\frac{-\sin x}{\sqrt{\sin^2 x}}=\frac{-\sin x}{\sin x}=-1$

(5) ⓓ

$$\frac{dy}{dx}=\frac{\frac{3}{3x}x^2-2x\ln(3x)}{x^4}=\frac{x-2x\ln(3x)}{x^4}=\frac{1-2\ln(3x)}{x^3}$$

정답 (1) ⓑ (2) ⓐ (3) ⓒ (4) ⓓ (5) ⓓ

Problem 5

1. $\dfrac{d}{dx}(\sin^3(2x^5))=$　　　2. $\dfrac{d}{dx}(3xe^{\ln x^3})=$　　　3. $\dfrac{d}{dx}(\arctan(5x))=$

Solution

$e^{\ln f(x)} \Rightarrow (f(x))^{\ln e} = f(x)$ 으로 놓고 $\dfrac{dy}{dx}$를 구한다.

$\sin^n f(x) \Rightarrow (\sin(f(x)))^n$ 으로 놓고 $\dfrac{dy}{dx}$를 구한다.

(1) $30x^4\sin(2x^5)\cos(2x^5)$

$\dfrac{d}{dx}(\sin(2x^5))^3 = 3(\sin(2x^5))^2\cos(2x^5)(10x^4)$ 에서 $30x^4\sin^2(2x^5)\cos(2x^5)$

(2) $12x^3$

$3xe^{\ln x^3} = 3x(x^3)^{\ln e} = 3x^4$ 이므로 $\dfrac{d}{dx}(3xe^{\ln x^3}) = \dfrac{d}{dx}(3x^4) = 12x^3$

(3) $\dfrac{5}{1+25x^2}$

$\dfrac{d}{dx}(\tan^{-1}(5x)) = \dfrac{1}{1+(5x)^2}\times 5 = \dfrac{5}{1+25x^2}$

정답　(1) $30x^4\sin(2x^5)\cos(2x^5)$　　(2) $12x^3$　　(3) $\dfrac{5}{1+25x^2}$

Problem 6

1. If $y=3\sin(2x)$, find $\frac{d^2y}{dx^2}$

2. If $x^2+y^2=5$, what is the value of $\frac{d^2y}{dx^2}$ at the point (2, 1)?

ⓐ -5 ⓑ -3 ⓒ 0 ⓓ $\frac{1}{4}$

3. If $\frac{dy}{dx}=\sqrt{y^2+2}$, find $\frac{d^2y}{dx^2}$

Solution

• $\frac{d^2y}{dx^2}=\frac{d}{dx}\frac{dy}{dx}$ • $\frac{d}{dx}=\frac{dy}{dx}\frac{d}{dy}$, $\frac{d}{dy}=\frac{dx}{dy}\frac{d}{dx}$ …

(1) $-12\sin(2x)$

$\frac{dy}{dx}=6\cos(2x)$ 에서 $\frac{d}{dx}\frac{dy}{dx}=\frac{d}{dx}(6\cos(2x))=-12\sin(2x)$

(2) ⓐ

$2x+(2y)\frac{dy}{dx}=0$ 에서 $\frac{dy}{dx}=-\frac{x}{y}$, $\frac{d}{dx}\frac{dy}{dx}=\frac{d}{dx}(-\frac{x}{y})=-\frac{y-(x)\frac{dy}{dx}}{y^2}$ (※ $\frac{dy}{dx}=-\frac{x}{y}$)

$=-\frac{y+\frac{x^2}{y}}{y^2}$ 에서 $x=2, y=1$을 대입하면 $-\frac{1+4}{1}=-5$

(3) y

$\frac{d^2y}{dx^2}=\frac{d}{dx}\frac{dy}{dx}=\frac{d}{dx}\sqrt{y^2+2}$ (※ $\frac{dy}{dx}\frac{d}{dy}=\frac{d}{dx}$) $=\frac{dy}{dx}\frac{d}{dy}(y^2+1)^{\frac{1}{2}}=\frac{dy}{dx}(\frac{1}{2}(y^2+2)^{-\frac{1}{2}}2y)$

$=\frac{dy}{dx}\frac{y}{\sqrt{y^2+2}}$ (※ $\frac{dy}{dx}=\sqrt{y^2+2}$) $=\sqrt{y^2+2}\cdot\frac{y}{\sqrt{y^2+2}}=y$

정답 (1) $-12\sin(2x)$ (2) ⓐ (3) y

Problem 7

1. If $y=3^x$, find y'.

2. If $y=(2x+1)^x$, find y'.

3. If $f(x)=(3x^3+2x)^{(2x+1)}$, find $f'(1)$.

4. If $f(x)=(\cos x)^x$ and x is an acute angle, find $f'(0)$.

5. If $e^y=\cos x$, $0<x<\frac{\pi}{2}$, find $\frac{dy}{dx}$.

Solution

① $y=3^x \Rightarrow y'=3^x\ln3$
② $y=x^3 \Rightarrow y'=3x^2$
③ $y=x^x \Rightarrow \ln y = x\ln x$

(1) $y'=3^x\ln3$

(2) $y'=(2x+1)^x\left\{\ln(2x+1)+\dfrac{2x}{2x+1}\right\}$

양변에 ln을 취하면 $\ln y = x\ln(2x+1)$ 에서 $\dfrac{y'}{y}=\ln(2x+1)+\dfrac{2x}{2x+1}$ 에서

$y'=y\left\{\ln(2x+1)+\dfrac{2x}{2x+1}\right\}$ $\quad y=(2x+1)^x$ 이므로 $y'=(2x+1)^x\left\{\ln(2x+1)+\dfrac{2x}{2x+1}\right\}$

(3) $5^3(\ln25+\dfrac{33}{5})$

양변에 ln을 취하면

$\ln(f(x))=(2x+1)\ln(3x^3+2x)$ 에서 $\dfrac{f'(x)}{f(x)}=2\ln(3x^3+2x)+(2x+1)\dfrac{(9x^2+2)}{3x^3+2x}$

$f(x)=(3x^3+2x)^{(2x+1)}$ 이므로 $f'(x)=(3x^3+2x)^{(2x+1)}\left\{2\ln(3x^3+2x)+(2x+1)\dfrac{(9x^2+2)}{3x^3+2x}\right\}$ 에서

$f'(1)=5^3\left\{2\ln5+3\dfrac{11}{5}\right\}=5^3\left\{\ln25+\dfrac{33}{5}\right\}$

(4) 0

양변에 ln을 취하면 $\ln(f(x))=x\ln(\cos x)$ 에서 $\dfrac{f'(x)}{f(x)}=\ln(\cos x)+x\dfrac{-\sin x}{\cos x}$

$f(x)=(\cos x)^x$이므로 $f'(x)=(\cos x)^x\{\ln(\cos x)-x\tan x\}$ 에서 $f'(0)=0$

(5) $-\tan x$

양변에 ln을 취하면 $y=\ln(\cos x)$에서 $\dfrac{dy}{dx}=\dfrac{-\sin x}{\cos x}=-\tan x$

정답 (1) $y'=3^x\ln3$ (2) $(2x+1)^x\left\{\ln(2x+1)+\dfrac{2x}{2x+1}\right\}$ (3) $5^3\left\{\ln25+\dfrac{33}{5}\right\}$
(4) 0 (5) $-\tan x$

4. Derivatives of Parametrically Defined Functions.(BC)

Parameter를 매개변수라고 한다. CALCULUS BC과정이며 간단하게 말해서 공통의 문자가 보이는 경우의 slope. 즉, $\frac{dy}{dx}$는 다음과 같이 구할 수 있다.

$x=f(t)$이고 $y=g(t)$이고 모두 미분가능(Differentiable)할 때,

$$\frac{dy}{dx}=\frac{\frac{dy}{dt}}{\frac{dx}{dt}}$$ 를 이용하여 구할 수 있다.

다음의 예제들을 풀어보자.

(EX 5) Find $\frac{dy}{dx}$.

(1) $x=3\cos\theta,\ y=5\sin\theta$

(2) $x=3+\sin t,\ y=5+\cos t$

(3) $x=e^{2t}+2,\ y=3e^{t}-1$

(4) $x=\sin^3\theta,\ y=-\cos^3\theta$

Solution

(1) $$\frac{dy}{dx}=\frac{\frac{dy}{d\theta}}{\frac{dx}{d\theta}}=\frac{5\cos\theta}{-3\sin\theta}=-\frac{5}{3}\cot\theta$$

(2) $$\frac{dy}{dx}=\frac{\frac{dy}{dt}}{\frac{dx}{dt}}=\frac{-\sin t}{\cos t}=-\tan t$$

(3) $$\frac{dy}{dx}=\frac{\frac{dy}{dt}}{\frac{dx}{dt}}=\frac{3e^t}{2e^{2t}}=\frac{3}{2e^t}$$

(4) $$\frac{dy}{dx}=\frac{\frac{dy}{d\theta}}{\frac{dx}{d\theta}}=\frac{-3\cos^2\theta(-\sin\theta)}{3\sin^2\theta\cos\theta}=\frac{3\cos^2\theta\sin\theta}{3\sin^2\theta\cos\theta}=\cot\theta$$

정답 (1) $-\frac{5}{3}\cot\theta$ (2) $-\tan t$ (3) $\frac{3}{2e^t}$ (4) $\cot\theta$

다음과 같은 예제들도 풀어보자.

EX 6 If $x=t^2+1$ and $y=t^4+2t^2$, then $\dfrac{d^2y}{dx^2}$ is

ⓐ 1 ⓑ 2 ⓒ 3 ⓓ 4

Solution

$$\frac{dy}{dx}=\frac{\frac{dy}{dt}}{\frac{dx}{dt}}=\frac{4t^3+4t}{2t}=2t^2+2\,(\text{단}, t\neq 0)$$

$\dfrac{d}{dx}\dfrac{dy}{dx}=\dfrac{d}{dx}(2t^2+2)=\dfrac{d}{dt}(2t^2+2)\dfrac{dt}{dx}=4t\dfrac{dt}{dx}$ 에서 $\dfrac{dx}{dt}=2t$이므로 $\dfrac{dt}{dx}=\dfrac{1}{2t}$. 그러므로, $\dfrac{d^2y}{dx^2}=2$

정답 ⓑ

다음의 경우를 보자.

만약 $y=(f\circ g)$를 미분(Differentiation)하면 어떻게 될까?
이를 해결하기 위해 Precalculus에서 공부했던 내용을 다시 보면

반드시 알아두자!

$$f\circ g=(f\circ g)(x)=f(g(x))$$

$y=f\circ g=f(g(x))$ 이므로 $y'=f'(g(x))g'(x)$

미분 Differentiation

EX 7 If $f(x)=x^2+2x$ and $g(x)=\sin x$, then $(g\circ f)'$ is

ⓐ $-2\sin(x^2+2x)$ ⓑ $-2(x+1)\cos(2x+2)$ ⓒ $2(x+1)\cos(x^2+2x)$ ⓓ $\cos(x^2+2x)$

Solution

$g\circ f=g(f(x))=\sin(x^2+2x)$ 에서 $(g\circ f)'=(2x+2)\cos(x^2+2x)=2(x+1)\cos(x^2+2x)$

정답 ⓒ

반드시 알아두자!

Vector는 다음과 같이 나타 낼 수 있다.

- $f(t)=(x(t),y(t))=x(t)i+y(t)j \Rightarrow f'(t)=(x'(t),y'(t)) \Rightarrow f''(t)=(x''(t),y''(t))$

EX 8 If f is a vector-valued function defined by $f(t)=(e^t, t^3-2t^2)$, then $f'(t)=$

ⓐ $(e^t, 3t^2-4t)$ ⓑ $(e^t, 6t-4)$ ⓒ $(e^{2t}, 3t^2-4t)$ ⓓ $(e^t, 6)$

Solution

$f'(t)=(e^t, 3t^2-4t)$

정답 ⓐ

(BC) Problem 8

1. If $x=e^{t}$ and $y=\tan(3t)$, find $\frac{dy}{dx}$.

2. If $x(t)=t^2+1$ and $y(t)=t^4-1$, for $t>0$, then in terms of t, $\frac{d^2y}{dx^2}=$

ⓐ t^2 ⓑ 1 ⓒ 2 ⓓ $-t^2$

3. If f is a vector-valued function defined by $f(t)=(\sin(3t), e^{2t})$, then $f'(t)=$

ⓐ $(\cos(3t), e^{3t})$ ⓑ $(3\cos(3t), 2e^{2t})$

ⓒ $(\cos(3t), 2e^{2t})$ ⓓ $(-3\cos(3t), 2e^{2t})$

Solution

(1) $\frac{3\sec^2(3t)}{e^t}$

$$\frac{dy}{dx}=\frac{\frac{dy}{dt}}{\frac{dx}{dt}}=\frac{3\sec^2(3t)}{e^t}$$

(2) $\frac{dy}{dx}=\frac{\frac{dy}{dt}}{\frac{dx}{dt}}=\frac{4t^3}{2t}=2t^2$

$$\frac{d^2y}{dx^2}=\frac{d}{dx}\frac{dy}{dx}=\frac{d}{dx}(2t^2)\Rightarrow\frac{dt}{dx}\frac{d}{dt}(2t^2)$$

$\Rightarrow \frac{dt}{dx}(4t)$. $\frac{dt}{dx}=\frac{1}{2t}$ 이므로

$(\frac{1}{2t})(4t)=2$

(3) $f'(t)=(3\cos(3t), 2e^{2t})$

정답 (1) $\frac{3\sec^2(3t)}{e^t}$ (2) ⓑ (3) ⓒ

06 EXERCISE

Explanation & Answer : ☞p.140

(※1 ~ 20) Find $f'(x)$.

1. $f(x)=(3x^2-2)\cos x$

2. $f(x)=(5x^3+10x+2)^3$

3. $f(x)=\sqrt{2x^3-7x}$

4. $f(x)=\dfrac{3x}{x^2+1}$

5. $f(x)=g(3x^2+5x)$

6. $f(x) = \sqrt{\sin 5x}$

7. $f(x) = \cos^2(10x^2 + 2x)$

8. $f(x) = \sin(1 + \tan x)$

9. $f(x) = 3^{5x^2 + 10x}$

10. $f(x) = \log_2(\tan 2x)$

Exercise

11. $f(x) = \ln|\sec x + \cot x|$

12. $f(x) = 2^x + \csc 3x$

13. $f(x) = \sqrt{3-2x}$

14. $f(x) = \dfrac{2}{(5x+2)^2}$

15. $f(x) = \ln|\sin 3x|$

16. $f(x) = e^x \sin 3x$

17. $f(x) = \cos^{-1} 2x - \sqrt{1 - x^2}$

18. $f(x) = \tan^{-1} 5x$

19. $f(x) = \sec 5x$

20. $f(x) = \sqrt{\cot^{-1}(3x^2)}$

Exercise

21. Find $\frac{dy}{dx}$ for $x^2 - y^2 = 3$

22. Find the derivative of $x^2 + 3y^2 + y = 2$ at $(\sqrt{2}, 0)$.

23. Find $\frac{d^2y}{dx^2}$ of $3y^2 - y = 5x^2 + 3x$ at $(0, 0)$.

24. Find $\frac{dy}{dx}$ of $x^3y^2 = 3$ at $(1, \sqrt{3})$.

25. Find $\frac{dy}{dx}$ of $x^3 + y^2 = 5xy$.

26. Find $\frac{d^2y}{dx^2}$ of $y^2 = 5x^2 + 2x$.

27. Find $\frac{d^2y}{dx^2}$ for $\cos x + 3 = \sin y$ at $(0, 0)$.

28. (BC) If $x = e^t + 1$ and $y = t^2 + 2$, then find $\frac{dy}{dx}$.

29. If $f(x) = 3^x$ and $g(x) = \cos x$, then find $(f \circ g)'$.

30.

x	$f(x)$	$f'(x)$	$g(x)$	$g'(x)$
1	-2	5	-3	1
2	3	2	-2	-5
3	1	4	2	2

The table above gives values of f, f', g, and g' at selected values of x. If $h(x) = (f \circ g)(x)$, then $h'(3) =$

ⓐ -4 ⓑ 1 ⓒ 4 ⓓ 8

Exercise

31. Which of the following is false?

ⓐ $\frac{d}{dx}(\tan^2(3x)) = 6\tan(3x)\sec^2(3x)$

ⓑ $\frac{d}{dx}(x^3 e^{\ln(3x)}) = 12x^3$

ⓒ $\frac{d}{dx}(\arcsin(3x)) = \frac{3}{\sqrt{1-9x^2}}$

ⓓ $\frac{d}{dx}(\sqrt[3]{x^5+2x^2}) = \frac{1}{3\sqrt[3]{x^5+2x^2}}$

32. If $x^2 - y^2 = 3$, what is the value of $\frac{d^2y}{dx^2}$ at the point $(2, 1)$?

ⓐ -6 ⓑ -3 ⓒ 0 ⓓ 1

33. If $\frac{dy}{dx} = \sqrt{3y^4 + y^2}$, find $\frac{d^2y}{dx^2}$.

34. (1) If $f(x)=(\sin 2x)^{3x}$ and x is an acute angle, find $f'(\frac{\pi}{4})$.

(2) If $\tan x = e^{2y}$, $0 < x < \frac{\pi}{2}$, find $\frac{dy}{dx}$.

35. $\frac{d}{dx}(x^{(x^2-2x)}) =$

ⓐ $x^{(x^2-2x)}(2x-2)\ln(x-2)$

ⓑ $x^{(x^2-2x)}\{\ln x+(x-2)\}$

ⓒ $(2x-2)\ln x+(x-2)$

ⓓ $x^{(x^2-2x)}\{(2x-2)\ln x+(x-2)\}$

36. (BC) If $x=t^2+2t$ and $y=e^t$, find $\frac{dy}{dx}$.

37. (BC) If f is a vector-valued function defined by $f(t)=(\cos(2t), e^{5t})$, then $f''(t)=$

ⓐ $(4\cos(2t), 25e^{5t})$

ⓑ $(4\cos(2t), 5e^{5t})$

ⓒ $(-4\cos(2t), 25e^{5t})$

ⓓ $(-2\sin(2t), 5e^{5t})$

Explanations and Answers for Exercises

Exercise 6

1. $-3x^2\sin x + 6x\cos x + 2\sin x$

   $f'(x) = 6x\cos x + (3x^2-2)(-\sin x) = 6x\cos x - (3x^2-2)\sin x$

2. $15(5x^3+10x+2)^2(3x^2+2)$

   $f'(x) = 3(5x^3+10x+2)^{3-1}(15x^2+10) = 3(5x^3+10x+2)^2(15x^2+10)$

3. $\dfrac{6x^2-7}{2\sqrt{2x^3-7x}}$

   $f'(x) = \dfrac{1}{2}(2x^3-7x)^{-\frac{1}{2}}(6x^2-7)$

4. $\dfrac{-3(x^2-1)}{(x^2+1)^2}$

   $f'(x) = \dfrac{3(x^2+1)-3x\,2x}{(x^2+1)^2} = \dfrac{3x^2+3-6x^2}{(x^2+1)^2} = \dfrac{-3(x^2-1)}{(x^2+1)^2}$

5. $(6x+5)g'(3x^2+5x)$

   $f'(x) = (6x+5)g'(3x^2+5x)$

6. $\dfrac{5\cos 5x}{2\sqrt{\sin 5x}}$

   $f'(x) = \dfrac{1}{2}(\sin 5x)^{-\frac{1}{2}}\cos(5x)5 = \dfrac{5\cos 5x}{2\sqrt{\sin 5x}}$

7. $-2(10x+1)\sin 2(10x^2+2x)$

   $f'(x) = 2\cos(10x^2+2x)(-\sin(10x^2+2x))(20x+2)$

   $= -4(10x+1)\cos(10x^2+2x)\sin(10x^2+2x) = -2(10x+1)\sin 2(10x^2+2x)$

   $\Leftarrow$ • $\sin 2x = 2\sin x\cos x$

8. $\sec^2 x\cos(1+\tan x)$

   $f'(x) = \sec^2 x\cos(1+\tan x)$

9. $10(x+1)3^{5x^2+10x}\ln 3$

$f'(x)=10(x+1)3^{5x^2+10x}\ln 3$

10. $\dfrac{2\sec^2 2x}{(\tan 2x)\ln 2}$

$f'(x)=\dfrac{2\sec^2 2x}{(\tan 2x)\ln 2}$

11. $\dfrac{\sec x\tan x-\csc^2 x}{\sec x+\cot x}$

$f'(x)=\dfrac{\sec x\tan x-\csc^2 x}{\sec x+\cot x}$

12. $2^x\ln 2-3\csc 3x\cot 3x$

$f'(x)=2^x\ln 2-3\csc 3x\cot 3x$

13. $-\dfrac{1}{\sqrt{3-2x}}$

$f'(x)=\dfrac{1}{2}(3-2x)^{-\frac{1}{2}}(-2)=-\dfrac{1}{\sqrt{3-2x}}$

14. $\dfrac{-20}{(5x+2)^3}$

$f(x)=2(5x+2)^{-2}$ 에서 $f'(x)=-4(5x+2)^{-3}\cdot 5$

15. $3\cot 3x$

$f'(x)=\dfrac{3\cos 3x}{\sin 3x}=3\cot 3x$

16. $e^x(\sin 3x+3\cos 3x)$

$f'(x)=e^x\sin 3x+3e^x\cos 3x$

17. $-\dfrac{2}{\sqrt{1-4x^2}}+\dfrac{x}{\sqrt{1-x^2}}$

$f'(x)=-\dfrac{2}{\sqrt{1-4x^2}}+\dfrac{x}{\sqrt{1-x^2}}$

18. $\dfrac{5}{1+25x^2}$

$f'(x)=\dfrac{5}{1+(5x)^2}=\dfrac{5}{1+25x^2}$

19. $5\sec 5x \tan 5x$

$f'(x)=5\sec 5x \tan 5x$

20. $\dfrac{-3x}{\sqrt{\cot^{-1}(3x^2)}\,(1+(3x^2)^2)}$

$f(x)=\{\cot^{-1}(3x^2)\}^{\frac{1}{2}}$ 에서 $f'(x)=\dfrac{1}{2}\{\cot^{-1}(3x^2)\}^{-\frac{1}{2}}\dfrac{-6x}{1+(3x^2)^2}$

21. $\dfrac{x}{y}$

$2x-2y\dfrac{dy}{dx}=0$ 에서 $\dfrac{dy}{dx}=\dfrac{x}{y}$

22. $-2\sqrt{2}$

$2xx'+6yy'+y'=0$ 에서 $x'=1$이므로 $2x+6yy'+y'=0$. $x=\sqrt{2}$, $y=0$을 대입하면

$2\sqrt{2}+y'=0$ 에서 $y'=\dfrac{dy}{dx}=-2\sqrt{2}$

23. 44

$(6y-1)\dfrac{dy}{dx}=10x+3$ 에서 $\dfrac{dy}{dx}=\dfrac{10x+3}{6y-1}$ 이므로

$\dfrac{d}{dx}(\dfrac{dy}{dx})=\dfrac{d}{dx}(\dfrac{10x+3}{6y-1})=\dfrac{10(6y-1)-6(10x+3)\dfrac{dy}{dx}}{(6y-1)^2}$ 이므로

$\dfrac{d^2y}{dx^2}=\dfrac{10(6y-1)-6(10x+3)\dfrac{10x+3}{6y-1}}{(6y-1)^2}$ 에서 $x=0$, $y=0$을 대입하면

$\dfrac{10(-1)-6(3)\dfrac{3}{-1}}{(-1)^2}=44$

24. $-\dfrac{3\sqrt{3}}{2}$

$3x^2y^2+2x^3y\dfrac{dy}{dx}=0$ 에서 $\dfrac{dy}{dx}=-\dfrac{3x^2y^2}{2x^3y}$ 에서 $x=1$, $y=\sqrt{3}$ 를 대입하면 $-\dfrac{3\times3}{2\sqrt{3}}=-\dfrac{9}{2\sqrt{3}}$

25. $\dfrac{3x^2-5y}{5x-2y}$

$3x^2+2y\dfrac{dy}{dx}=5y+5x\dfrac{dy}{dx}$ 에서 $(5x-2y)\dfrac{dy}{dx}=3x^2-5y$ 이므로 $\dfrac{dy}{dx}=\dfrac{3x^2-5y}{5x-2y}$

26. $\dfrac{5y^2-(5x+1)^2}{y^3}$

$2y\dfrac{dy}{dx}=10x+2$ 에서 $\dfrac{dy}{dx}=\dfrac{5x+1}{y}$, $\dfrac{d}{dx}(\dfrac{dy}{dx})=\dfrac{d}{dx}(\dfrac{5x+1}{y})=\dfrac{5y-(5x+1)\dfrac{dy}{dx}}{y^2}$ 에서

$\dfrac{dy}{dx}=\dfrac{5x+1}{y}$ 이므로 $\dfrac{d^2y}{dx^2}=\dfrac{5y-(5x+1)\dfrac{(5x+1)}{y}}{y^2}=\dfrac{5y-\dfrac{(5x+1)^2}{y}}{y^2}=\dfrac{5y^2-(5x+1)^2}{y^3}$

27. -1

$-\sin x=\cos y\dfrac{dy}{dx}$ 에서 $\dfrac{dy}{dx}=-\dfrac{\sin x}{\cos y}$

$\dfrac{d}{dx}(\dfrac{dy}{dx})=\dfrac{d}{dx}(\dfrac{-\sin x}{\cos y})=\dfrac{-\cos x\cos y+\sin x(-\sin y)\dfrac{dy}{dx}}{\cos^2 y}$ 에서 $\dfrac{dy}{dx}=-\dfrac{\sin x}{\cos y}$ 이므로

$\dfrac{-\cos x\cos y+\sin x\sin y\dfrac{\sin x}{\cos y}}{\cos^2 y}$ 에서 $x=0$, $y=0$을 대입하면 -1

28. $\dfrac{2t}{e^t}$

$\dfrac{dx}{dt}=e^t$, $\dfrac{dy}{dt}=2t$ 이므로 $\dfrac{dy}{dx}=\dfrac{\dfrac{dy}{dt}}{\dfrac{dx}{dt}}=\dfrac{2t}{e^t}$

29. $-\sin x(3^{\cos x})\ln 3$

$f \circ g = f(g(x))$ 이므로 $(f \circ g)' = f(g(x))' = f'(g(x))g'(x)$, $f'(x) = 3^x \ln 3$ 이고
$g'(x) = -\sin x$ 이므로 $(f \circ g)' = f'(g(x))g'(x) = (3^{\cos x}\ln 3)(-\sin x)$ 에서
$-(\sin x)(3^{\cos x})\ln 3$

30. ⓒ

$h(x) = f(g(x))$에서 $h'(x) = f'(g(x))g'(x)$에서 x대신 3을 대입하면
$h'(3) = f'(g(3))g'(3) = f'(2)g'(3) = 2*2 = 4$

31. ⓓ

ⓐ $\frac{d}{dx}(\tan(3x))^2 = 2(\tan(3x))\sec^2(3x)3 = 6\tan(3x)\sec^2(3x)$

ⓑ $\frac{d}{dx}(x^3 e^{\ln(3x)}) = \frac{d}{dx}(3x^4) = 12x^3$

ⓒ $\frac{d}{dx}(\sin^{-1}(3x)) = \frac{3}{\sqrt{1-9x^2}}$

ⓓ $\frac{d}{dx}(x^5+2x^2)^{\frac{1}{3}} = \frac{1}{3}(x^5+2x^2)^{-\frac{2}{3}}(5x^4+4x) = \frac{(5x^4+4x)}{3\sqrt[3]{(x^5+2x^2)^2}}$

32. ⓑ

$2x-(2y)\frac{dy}{dx} = 0$ 에서 $\frac{dy}{dx} = \frac{x}{y}$ 이고,

$\frac{d}{dx}\frac{dy}{dx} = \frac{d}{dx}(\frac{x}{y}) = \frac{y-(x)\frac{dy}{dx}}{y^2}$, $\frac{dy}{dx} = \frac{x}{y}$이므로 $\frac{d^2y}{dx^2} = \frac{y-\frac{x^2}{y}}{y^2}$, $x=2$, $y=1$을 대입하면
$\frac{d^2y}{dx^2} = -3$.

33. $6y^3+y$

$$\frac{d^2y}{dx^2}=\frac{d}{dx}\frac{dy}{dx}=\frac{d}{dx}(\sqrt{3y^4+y^2})=\frac{d}{dx}(3y^4+y^2)^{\frac{1}{2}}$$

$$=\frac{dy}{dx}\frac{d}{dy}(3y^4+y^2)^{\frac{1}{2}}=\frac{dy}{dx}\frac{1}{2}(3y^4+y^2)^{-\frac{1}{2}}(12y^3+2y)=\frac{dy}{dx}\frac{12y^3+2y}{2\sqrt{3y^4+y^2}}$$

$\frac{dy}{dx}=\sqrt{3y^4+y^2}$ 이므로 $\frac{d^2y}{dx^2}=\sqrt{3y^4+y^2}\,\frac{12y^3+2y}{2\sqrt{3y^4+y^2}}=6y^3+y$

34. (1) 0

양변에 ln을 취하면 $\ln f(x)=(3x)\ln(\sin 2x)$ 에서 $\frac{f'(x)}{f(x)}=3\ln(\sin 2x)+(3x)\frac{\cos 2x}{\sin 2x}2$,

$f(x)=(\sin 2x)^{3x}$ 이므로 $f'(x)=(\sin 2x)^{3x}3\ln(\sin 2x)+6x\frac{\cos 2x}{\sin 2x}$ 에서 $f'(\frac{\pi}{4})=0$

(2) $\frac{1}{2}\sec x\csc x$

양변에 ln을 취하면 $\ln(\tan x)=2y$ 에서 $y=\frac{1}{2}\ln(\tan x)$. $\frac{dy}{dx}=\frac{1}{2}\frac{1}{\tan x}\sec^2 x=\frac{\sec^2 x}{2\tan x}=\frac{1}{2}\sec x\csc x$

35. ⓓ

$y=x^{(x^2-2x)}$ 라고 하고 양변에 ln을 취하면 $\ln y=(x^2-2x)\ln x$ 에서

$\frac{y'}{y}=(2x-2)\ln x+(x^2-2x)\frac{1}{x}$, $y=x^{(x^2-2x)}$ 이므로 $y'=\frac{dy}{dx}=x^{(x^2-2x)}\{(2x-2)\ln x+(x-2)\}$

36. $\frac{e^{2t}}{t+1}$

$\frac{dx}{dt}=2t+2$, $\frac{dy}{dt}=2e^{2t}$ 이므로 $\frac{dy}{dx}=\frac{\frac{dy}{dt}}{\frac{dx}{dt}}=\frac{2e^{2t}}{2t+2}=\frac{e^{2t}}{t+1}$

37. ⓒ

$f'(t)=(-2\sin(2t), 5e^{5t})$ 이고 $f''(t)=(-4\cos(2t), 25e^{5t})$

읽을거리

심선생의 주절주절 잔소리 3

어느 학생들의 경우 Algebra2반에 갔더니 교사가 하는 수업내용이 너무 쉬워 그 시간에 본인 공부를 하고 수업도 안 듣는 학생들이 있었다. 이 학생들의 경우 학교의 모든 시험을 만점을 받았고 수학에 재능이 있다고 교사로부터 찬사를 받았다. 하지만 결과가 좋지 않았다면 왜일까? 과연 그 교사는 이 학생을 진심으로 좋아했을까?

절대로 아니라고 말씀드리고 싶다. 항상 겸손한 학생이 대우를 받는다. 제자 중에 소위 남들이 말하는 미국 최고의 대학에 진학한 한 학생은 뻔히 아는 내용을 수업을 하더라도 수업에 집중을 하였고 알면서도 잘 모르는 척 교사에게 기초적인 질문을 하면서 지냈고 나중에는 일부로 그 질문의 질을 높여가며 교사와 친분을 쌓았다. 물론 시험도 잘보고 과제도 잘했었다. 이런 학생이 교사가 봤을 때에는 정말로 가르친 보람이 있는 학생이 되는 것이고 높게 평가받는 학생이 된다. "아"다르고 "어"다르다고 하는 것처럼 교사의 멘트 또한 대학 진학에 크게 영향을 준다.

한국대학 입시도 많이 변하였다고는 하지만 아직도 점수가 우선시 되는 것이 사실이다. 하지만 미국의 경우 점수도 좋으면 좋겠지만 교사들로부터 좋은 평을 받는게 더 중요시 된다. 학교에서 대학으로 보내는 Recommendation을 학생들과 부모님들은 볼 수가 없다. 여기에 만약 안 좋은 말이라도 들어간다면 사실상 원하는 대학은 힘들다고 봐야한다.

예전에 지도했던 학생 중 학교 수학교사와 자주 다투는 학생이 있었다. 학생 말에 따르면 교사가 가끔 문제도 잘못 출제하고 내용을 잘못 설명할 때가 있다고 한다. 그때마다 이 학생은 그 교사에게 따졌었고 결국에는 큰 사건이 터지고 말았는데...파이널 시험지 답안에 "이 문제는 잘못 출제되었음"이라고 적어서 제출을 하였다고 한다. 나중에 학생이 가져온 문제를 봤을 때 필자의 눈에 문제에 오류가 있는 것이 확인되었다. 본인 이외에는 그 어떤 학생도 그 문제를 못 풀었다고 한다. 나중에 학생 성적표의 교사의 멘트가 심상치 않을 것이라는 불길한 예감이 들었는데....아니나 다를까..교사의 멘트가 상당히 적대적이었던 것이 기억이 난다. 당시 SAT 2360점으로 거의 만점에 가까웠고 전체적인 학점도 좋았으며 AP성적도 5개가 만점 이었던 학생이 진학했던 대학은 본인 생각에 완전 Safety학교인 대학에 진학을 하게 되었다. 본인이 원했던 모든 대학은 모두 Reject가 되었다. 과연 이것이 우연일까 싶다.

항상 겸손한 태도로 학교생활을 해야 한다는 말씀을 드리고 싶다.

03. (T, D, M, L)

1. Tangents and Normals
2. Derivative of Inverse Functions
3. Mean Value Theorem and Rolle's Theorem
4. L'Hopital's Rule

시작에 앞서서...

네 개의 주제들을 한 단원으로 묶어 보았다.
Derivative of Inverse Functions와 Mean Value Theorem and Rolle's Theorem 단원은 내용은 간단하면서도 은근히 문제를 보면 까다로운 부분이다. 반복해서 보도록 하자.

T, D, M, L

1. Tangents and Normals

I. Tangents and Normals

접선의 방정식(The equation of the tangent line)은 다음과 같이 구한다.

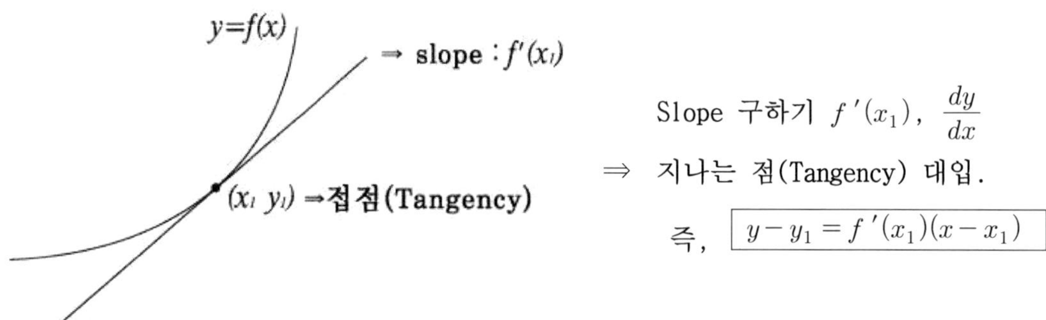

Slope 구하기 $f'(x_1)$, $\frac{dy}{dx}$

⇒ 지나는 점(Tangency) 대입.

즉, $\boxed{y-y_1=f'(x_1)(x-x_1)}$

II. Normals

Normal line 방정식은 다음과 같이 구한다.

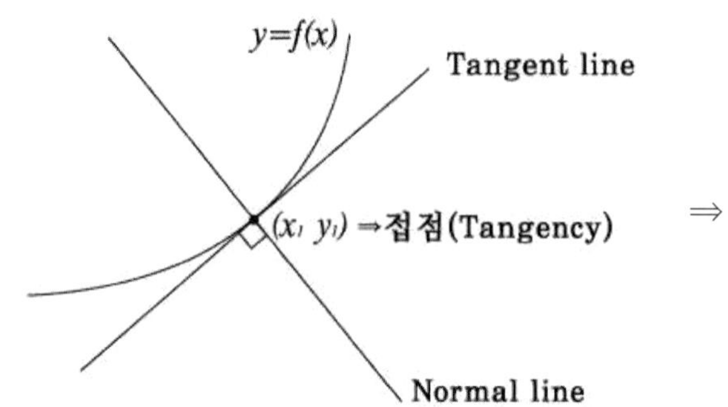

⇒

1. Tangent line Slope 구하기

$f'(x_1)$, $\frac{dy}{dx}$

2. Normal line Slope 구하기

$-\frac{1}{f'(x_1)}$, $-\frac{dx}{dy}$

(※두 직선이 수직(Perpendicular)이면 기울기 끼리 곱은 -1이다.)

3. 지나는 점(Tangency) 대입

즉, $\boxed{y-y_1=-\frac{1}{f'(x_1)}(x-x_1)}$

III. Tangent to Parametrically Defined Curve(BC)

1. Slope 구하기. $\dfrac{dy}{dx}=\dfrac{\frac{dy}{dt}}{\frac{dx}{dt}}=\dfrac{\frac{dy}{d\theta}}{\frac{dx}{d\theta}}$

2. 지나는 점(Tangency) 대입

IV. Slope

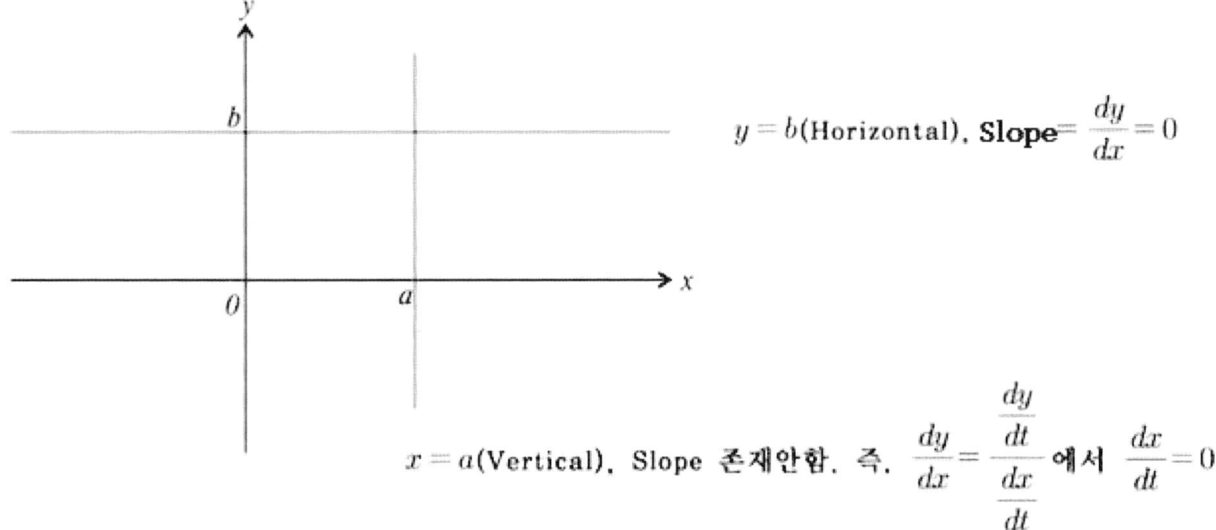

T, D, M, L

다음의 예제들을 풀어보자.

EX 1 Find the equation of the tangent line to the graph of $y=x^3+2$ at $x=2$

Solution

① Slope $f'(2)=3\cdot 2^2=12$

② Tangency는 $(2,10)$이므로 $y-10=12(x-2)$ 에서 $y=12x-14$

정답 $y=12x-14$

EX 2 Find the equation of the normal line to the graph of $y=\sqrt{2x}$ at $x=2$.

Solution

① Tangent line slope $f'(2)=\dfrac{1}{\sqrt{2\cdot 2}}=\dfrac{1}{2}$

② Normal line slope $\dfrac{1}{2}m=-1$ 에서 $m=-2$

③ Tangency 는 $(2,2)$이므로 $y-2=-2(x-2)$ 에서 $y=-2x+6$

정답 $y=-2x+6$

(BC) (EX 3) Find the equation of the tangent to $(5t+1, 4t-2)$ at the point where $t=0$.

Solution

$x=5t+1$, $y=4t-2$ 이므로 Slope는 $\dfrac{dy}{dx}=\dfrac{\frac{dy}{dt}}{\frac{dx}{dt}}=\dfrac{4}{5}$ 이고 tangency는 $(1, -2)$이므로

$y+2=\dfrac{4}{5}(x-1)$ 에서 $y=\dfrac{4}{5}x-\dfrac{14}{5}$

정답 $y=\dfrac{4}{5}x-\dfrac{14}{5}$

T, D, M, L

Problem 1

(1) Find the slope of the line tangent to the curve $y^3 + xy = 1$ at $(0, 1)$.

(2) Let f be a differentiable function with $f(-2) = 5$ and $f'(-2) = 3$, and let g be the function defined as $g(x) = x^2 f(x)$. Find the equation of the line tangent to the graph of g at the point where $x = -2$.

(3) At what point on the graph $y = x^2$ is the tangent line parallel to the line $2x - y = 5$?
ⓐ (0,0)　　ⓑ (0,-1)　　ⓒ (1,1)　　ⓓ (-1,2)

Solution

(1) $-\frac{1}{3}$

$3y^2\frac{dy}{dx} + y + x\frac{dy}{dx} = 0$ 에서 $(3y^2 + x)\frac{dy}{dx} = -y$. 그러므로, $\frac{dy}{dx} = -\frac{1}{3}$. 즉, Slope는 $-\frac{1}{3}$

(2) $y = -8x + 4$

Slope는 $g'(-2)$이고 $g'(x) = 2xf(x) + x^2 f'(x)$ 에서
$g'(-2) = -4f(-2) + 4f'(-2) = -20 + 12 = -8$
$g(-2) = 4f(-2) = 20$이므로 $(-2, 20)$을 지남.
그러므로, $y - 20 = -8(x+2)$ 에서 $y = -8x + 4$

(3) ⓒ

$y' = 2x$ 이고 평행이면 Slope가 같으므로 $y = 2x - 5$ 에서 $2x = 2$.
그러므로, $x = 1$이고 $y = 1$. 그러므로, 정답은 ⓒ

정답　(1) $-\frac{1}{3}$　　(2) $y = -8x + 4$　　(3) ⓒ

(BC) Problem 2

(1) Find the equation of the line tangent to $(\sin\theta, \cos\theta)$ at the point where $\theta = \frac{\pi}{3}$.

(2) A curve P is defined by the parametric equations $x = t^2 - 2t + 3$ and $y = t$.
Find the equation of the line tangent to the graph of P at the point $(2, 1)$.

(3) For what values of t does the curve given the parametric equations $x = \frac{1}{3}t^3 - \frac{1}{2}t^2 + 5$ and $y = t^4 + 3t^3 + 2t^2 + 5t - 3$ have a vertical tangent?

ⓐ 0　　ⓑ 0 and 1　　ⓒ 1　　ⓓ -1, 0 and 1

Solution

(1) $y = -\sqrt{3}x + 2$

$x = \sin\theta, y = \cos\theta$이므로 $\frac{dy}{dx} = \frac{\frac{dy}{d\theta}}{\frac{dx}{d\theta}} = -\frac{\sin\theta}{\cos\theta} = -\tan\theta$ 이고 $\theta = \frac{\pi}{3}$이면 $-\sqrt{3}$이고 $(\sin\frac{\pi}{3}, \cos\frac{\pi}{3})$ 즉, $(\frac{\sqrt{3}}{2}, \frac{1}{2})$을 지나므로 $y - \frac{1}{2} = -\sqrt{3}(x - \frac{\sqrt{3}}{2})$ 에서 $y = -\sqrt{3}x + \frac{3}{2} + \frac{1}{2}$ 에서 $y = -\sqrt{3}x + 2$

(2) $x = 2$

Slope를 구해보면, $\frac{dy}{dx} = \frac{\frac{dy}{dt}}{\frac{dx}{dt}} = \frac{1}{2t-2}$, $y = 1$이므로 $t = 1$. $t = 1$일 때 $\frac{dx}{dt} = 0$ 이므로 Slope가 존재하지 않는다. 즉, Vertical line. 그러므로, $x = 2$

(3) ⓑ

Vertical tangent는 $\frac{dx}{dt} = t^2 - t = 0$ 에서 $t = 0, 1$. 그러므로, 정답은 ⓑ

정답　(1) $y = -\sqrt{3}x + 2$　(2) $x = 2$　(3) ⓑ

2. Derivative of Inverse Functions

한 마디로 말해서 역함수(Inverse Function)의 미분(Differentiation)방법이다. 다음을 보자.

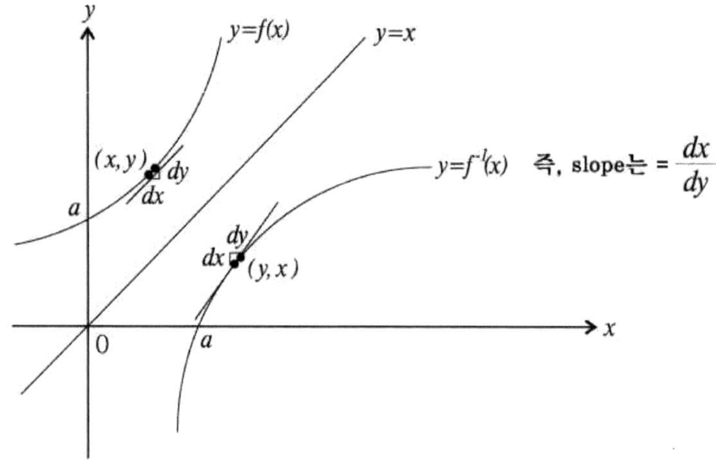

① Inverse function은 $y=x$에 대해 원래함수와 대칭이 된다. 또한 $y=f(x)$ 위의 한 점 (x,y)를 $y=x$에 대해 대칭시키면 (y,x)가 된다.

② $y=f(x)$의 Derivative는 $\dfrac{dy}{dx}$이지만 $y=f^{-1}(x)$의 Derivative는 $\dfrac{dx}{dy}$이다.

③ $y=f(x) \Rightarrow x=f^{-1}(y)$

위의 ①, ②, ③을 자세히 보면 다음과 같은 규칙이 나온다.

반드시 암기하자!

Derivative of Inverse Functions

$$(f^{-1})'(\bigcirc)=\frac{dx}{dy}=\frac{1}{\frac{dy}{dx}}=\frac{1}{f'(\triangle)}$$: ○은 y값, △은 x값을 나타낸다.

x값

: $y=f(x)$에서 y값으로부터 x값을 찾는다.

문제를 풀다보면 생각보다 많이 헷갈리는 부분이기도 하다. 필자는 이 부분과 관련하여 시험 전에 학생들에게 위의 내용을 필기하라고 하였다. "Derivative of Inverse Functions" 와 관련된 문제들은 위의 내용으로 모두 해결이 된다.

다음의 예제들을 통해서 앞의 설명들을 이해해 보자.

EX 4 If $f(x)=x+2$ and $g(x)=f^{-1}(x)$, then find $g'(3)$.

Solution

$g'(3)=(f^{-1})'(3)$ 에서 3은 y값 이므로 $x+2=3$ 에서 $x=1$. 그러므로, $g'(3)=\dfrac{1}{f'(1)}=1$

정답 1

EX 5 Suppose $f(1)=5$, $f'(1)=4$ and $f'(3)=2$, then find $(f^{-1})'(5)$.

Solution

$(f^{-1})'(5)$에서 5는 y값 이므로 $f(1)=5$에서 $y=5$ 일 때, $x=1$. 즉 $(f^{-1})'(5)\dfrac{1}{f'(1)}$ 이므로 $\dfrac{1}{4}$

정답 $\dfrac{1}{4}$

Problem 3

(1) If g is the inverse function of f and if $f(x)=x^3+1$, then $g'(9)=$

ⓐ 1　　ⓑ $\frac{1}{12}$　　ⓒ 12　　ⓓ $\frac{1}{243}$

x	$f(x)$	$f'(x)$
1	2	1
2	5	2
3	10	3

(2) The table above gives selected values for a differentiable function f and its derivative. If g is the inverse function of f, what is the value of $g'(5)$?

ⓐ $\frac{1}{10}$　　ⓑ $\frac{1}{3}$　　ⓒ $\frac{1}{2}$　　ⓓ 1

Solution

(1) ⓑ

y값

$g'(9)=(f^{-1})'(9)=\frac{1}{f'(2)}$ (※ $x^3+1=9$에서 $x=2$)

x값찾기

$f'(x)=3x^2$에서 $f'(2)=12$. 그러므로, $g'(9)=\frac{1}{f'(2)}=\frac{1}{12}$

(2) ⓒ

y값

$g'(5)=(f^{-1})'(5)=\frac{1}{f'(2)}=\frac{1}{2}$ (※ $f(2)=5$에서 $x=2$)

x값찾기

정답　(1) ⓑ　(2) ⓒ

3. Mean Value Theorem and Rolle's Theorem

I. Mean Value Theorem

$y=f(x)$의 그래프가 주어진 구간에서 반드시 연속(Continuous)이고 미분가능 (Differentiable)할 때, 다음의 이론이 성립한다.

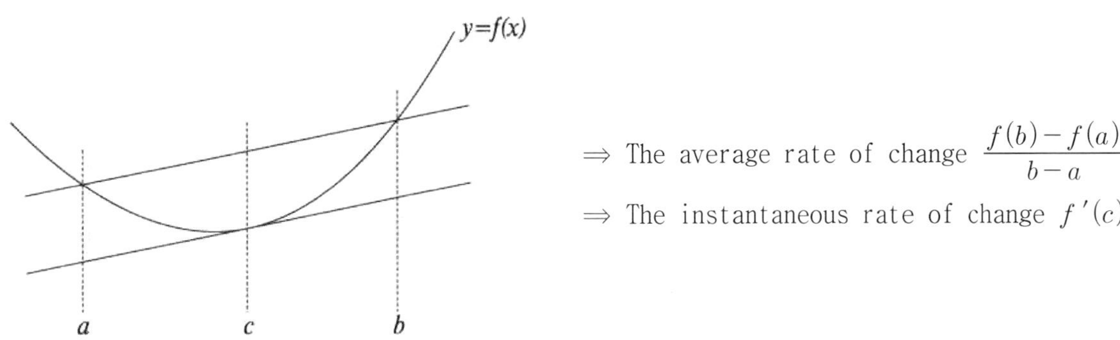

$\Rightarrow$ The average rate of change $\dfrac{f(b)-f(a)}{b-a}$

$\Rightarrow$ The instantaneous rate of change $f'(c)$

$y=f(x)$가 주어진 구간 $[a,b]$에서 연속 (Continuous)이고 미분가능(Differentiable)할 때, $\dfrac{f(b)-f(a)}{b-a}=f'(c)$을 만족하는 c값이 구간 (a,b)내에 **적어도 한 개(At least one) 존재한다.**

II. Rolle's Theorem

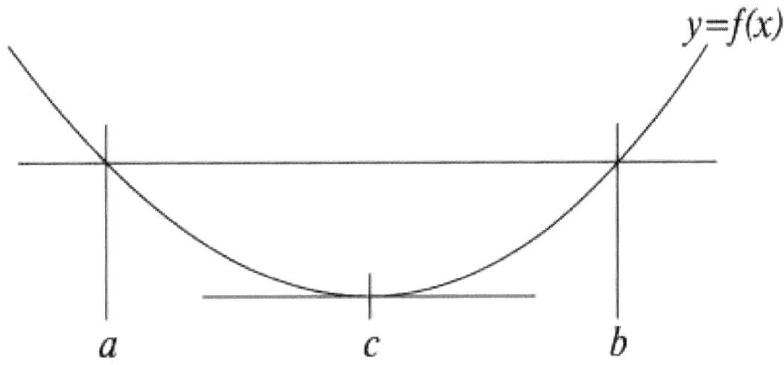

$y=f(x)$가 주어진 구간 $[a,b]$에서 **연속(Continuous)이고 미분가능(Differentiable)하고** $f(a)=f(b)$**일 때,** $f'(c)=0$**을 만족하는** c**값이 구간** (a,b)**내에 적어도 한 개(At least one) 존재한다.**

III. IVT, Extreme Value Theorem, MVT, Rolle's Theorem.

이 단원에서는 "Limit" 단원에서 설명했던 Intermediate Value Theorem(IVT), Extreme Value Theorem과 Mean Value Theorem(MVT), Rolle's Theorem에 대해 종합적으로 설명하고자 한다.
간단한 이론 같으면서도 실제 AP 시험에서는 은근히 까다롭게 느껴지는 내용들이다.

다음을 보자.

(1) Extreme Value Theorem
(2) Intermediate Value Theorem
→ 주어진 구간 내에서 연속(Continuous)이면 된다.

(3) Mean Value Theorem
(4) Rolle's Theorem
→ 주어진 구간 내에서 반드시 미분가능(Differentiable)이어야 한다.

(1) Extreme Value Theorem

주어진 닫힌 구간 내에서 $y=f(x)$가 연속(Continuous)이라면 반드시 Maximum value와 Minimum value가 구간 내에 존재.
구간 내에 $f'(x)$가 존재 할 수도 있고 안 할 수도 있다.
즉, $f'(x)$가 반드시 존재하는 것은 아니다.

다음의 경우를 보자.

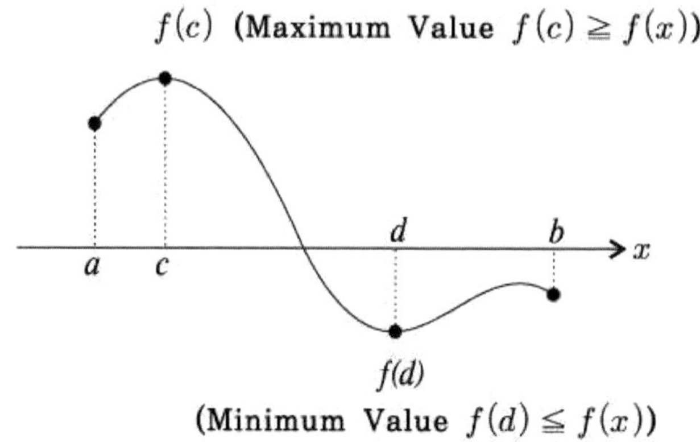

ⓐ 주어진 구간 내에 $f'(x)$ 존재.
ⓑ 주어진 구간 내에서 연속이기만 하면 반드시 Maximum Value와 Minimum Value 존재.

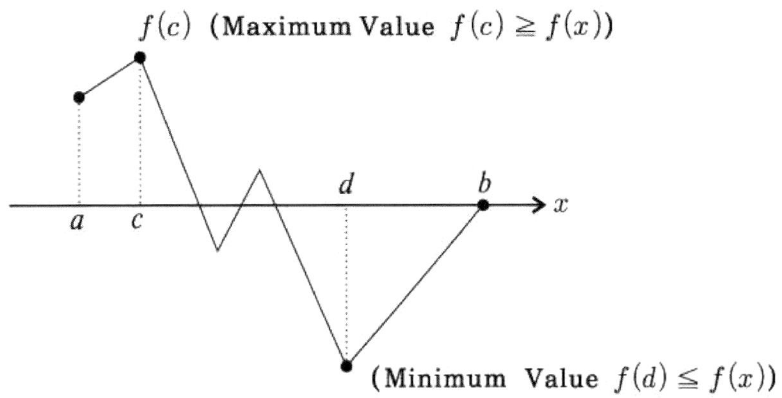

ⓐ 주어진 구간 내에 $f'(x)$ 존재 안함.
ⓑ 주어진 구간 내에서 연속(Continuous)이기만 하면 반드시 Maximum Value와 Minimum Value 존재.
ⓒ $\dfrac{f(b)-f(a)}{b-a}=f'(c)$인 c가 존재 안함.

(2) Intermediate Value Theorem(IVT)

- $y=f(x)$가 주어진 구간에서 연속(Continuous)이기만 하면 적용 가능한 이론.
- $y=f(x)$가 반드시 미분가능(Differentiable)일 필요는 없다.
- 구간 $[a, b]$가 주어진다면 반드시 $f(a)$와 $f(b)$를 알아야 적용이 가능한 이론.
- 구간 $[a, b]$가 주어졌을 때 반드시 $f(a)$와 $f(b)$가 Maximum Value 또는 Minimum Value가 되는 것은 아니다.

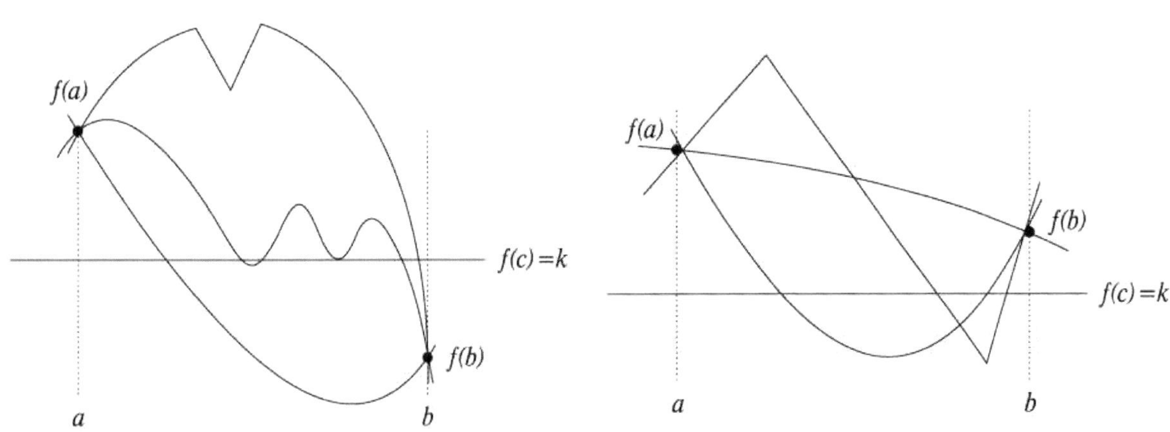

ⓐ $f(c)=k$인 c가 반드시 (a,b)내에 1개 이상(at least one)존재.
ⓑ $f'(c)$가 반드시 $[a,b]$내에 존재 하는 것은 아니다.
즉, $\frac{f(b)-f(a)}{b-a}=f'(c)$인 c가 존재 할 수도 있고 안 할 수도 있다.
ⓒ $f(a)$, $f(b)$가 반드시 Maximum Value 또는 Minimum Value는 아니다.

(3) Mean Value Theorem(MVT)

• $y=f(x)$가 주어진 구간 $[a,b]$내에서 미분가능(Differentiable) 일 때 적용가능.
(Differentiable 이면 반드시 Continuous 이다.)

• $\frac{f(b)-f(a)}{b-a}=f'(c)$인 c가 구간 내에 적어도 한 개(at least one)존재.

(4) Rolle's Theorem

• $y=f(x)$가 주어진 구간 $[a,b]$내에서 미분가능 (Differentiable)이고 반드시 $f(a)=f(b)$ 일 때 적용가능.

• $f'(c)=0$인 c가 구간 내에 적어도 한 개 (at least one) 존재.

• $f(a)$, $f(b)$ 값을 알아야만 Rolle's Theorem을 적용 시킬 수 있다.

Problem 4

(1) Find the value of c that satisfy the mean value theorem for $f(x)=3x^2+24x+2$ in the interval $[-2,2]$.

(2) Find the value of c that satisfy the Rolle's Theorem for $f(x)=2x^3-2x$ in the interval $[-1,1]$.

Solution

(1) 0

$f(x)=3x^2+24x+2$ 는 구간 $[-2,2]$에서 연속이고 미분 가능하므로 $\frac{f(2)-f(-2)}{2-(-2)}=f'(c)$에서 $24=6c+24$ 이므로 $c=0$이고 $c=0$은 구간 $[-2,2]$내에 포함되므로 OK.

(2) $\pm\frac{\sqrt{3}}{3}$

$f(x)=2x^3-2x$는 구간 $[-1,1]$에서 연속이고 미분 가능하고, $f(-1)=f(1)$ 이므로 $f'(0)=0$에서 $6c^2-2=0$ 에서 $c=\pm\frac{1}{\sqrt{3}}=\pm\frac{\sqrt{3}}{3}$. $\pm\frac{\sqrt{3}}{3}$은 모든 구간 $[-1,1]$내에 포함되므로 OK

정답 (1) 0 (2) $\pm\frac{\sqrt{3}}{3}$

Problem 5

If f is a continuous function on the closed interval $[1,5]$, which of the following must be true?

ⓐ There is a number c in the open interval $(1,5)$ such that $f'(c)=\dfrac{f(5)-f(1)}{4}$.

ⓑ There is a number c in the open interval $(1,5)$ such that $f'(c)=0$.

ⓒ There is a number c in the open interval $(1,5)$ such that $f(c)=0$.

ⓓ There is a number c in the open interval $[1,5]$ such that $f(c)\leqq f(x)$ for all x in $[1,5]$.

Solution

ⓐ MVT를 적용 시킬 수 없다. “Differentiable...” 조건이 없기 때문이다.

ⓑ “Differentiable” 조건도 없고 $f(1)$과 $f(5)$의 값을 몰라서 Rolle's Theorem을 적용 시킬 수 없다.

ⓒ $f(1)$과 $f(5)$의 값을 모르기 때문에 알 수 없다. (⇒Intermediate Value Theorem)

ⓓ f가 $[1,5]$에서 연속이기 때문에 구간 내에 반드시 Maximum Value, Minimum Value가 존재한다.

정답 ⓓ

Problem 6

If f is differentiable when $a \leqq x \leqq b$, which of the following could be false?

ⓐ f has a minimum value on $a \leqq x \leqq b$.
ⓑ There exists c, where $a < x < b$, such that $f(c) = 0$
ⓒ $f'(c) = \dfrac{f(b) - f(a)}{b - a}$ for some c such that $a < c < b$.
ⓓ If $f(a) = f(b)$, $f'(c) = 0$ for some c such that $a < c < b$.

Solution

ⓐ Differentiable 이면 당연히 Continuous 이므로 주어진 구간 내에서 Maximum value, Minimum Value가 존재한다.

ⓑ $f(a)$와 $f(b)$의 값을 알아야 Intermediate Value Theorem(IVT)를 적용시킬 수 있다.

ⓒ Differentiable이면 MVT 적용이 가능

ⓓ $f(a) = f(b)$이고 differentiable 이면 Rolle's Theorem 적용가능

정답 ⓑ

4. L'Hopital's Rule(로피탈 정리)

계산이 잘 안될 것 같은 limit 값을 미분(Differentiation)의 방법을 통해서 구하는 것이다.
한 마디로 limit 값을 쉽게 구하는 "limit 계산의 꼼수" 라고나 할까...^^*

다음과 같이 그냥 간단히 따라 하시면 되느니라~!

$\frac{\infty}{\infty}$, $\frac{0}{0}$ 꼴의 limit 값은 분모(Denominator), 분자(Numerator)를 따로 계속 미분(Differentiation)! 그럼 언제까지 미분(Derivative)하지? 보통 **분모(Denominator)나 분자(Numerator) 중에** 0 or ∞**이 벗어나는 값이 한 개라도 나오면 그만하도록** 한다.

위의 설명이 무슨 소리인지는 다음의 예제를 통해서 알아보도록 하자.

EX 6 Evaluate $\lim_{x\to\infty}\frac{2x^2-3}{5x^2+3x-1}$.

Solution

x 대신에 ∞를 대입시켜보면 $\frac{\infty}{\infty}$꼴이므로 분모, 분자를 따로 계속 미분해나가면

$$\lim_{x\to\infty}\frac{(2x^2-3)'}{(5x^2+3x-1)'}=\lim_{x\to\infty}\frac{(4x)'}{(10x+3)'}\Rightarrow\lim_{x\to\infty}\frac{4}{10}=\frac{2}{5}$$

정답 $\frac{2}{5}$

EX 7 Evaluate $\lim_{x\to 0}\frac{\sin 3x}{2x}$.

Solution

x대신에 0을 대입시켜보면 $\frac{0}{0}$꼴이므로 분모(Denominator), 분자(Numerator)를 따로 계속 미분(Differentiation)해나가면

$\lim_{x\to 0}\frac{(\sin 3x)'}{(2x)'} \Rightarrow \lim_{x\to 0}\frac{3\cos 3x}{2}$ ($\Rightarrow x$ 대신에 0을 대입! $\frac{0}{0}$꼴이 안되므로...) $= \frac{3}{2}$

정답 $\frac{3}{2}$

EX 8 Evaluate $\lim_{x\to\infty}\frac{x}{e^x}$.

Solution

x대신에 ∞을 대입시켜보면 $\frac{\infty}{\infty}$꼴이므로 분모(Denominator), 분자(Numerator)를 따로 계속 미분(Differentiation)해나가면

$\lim_{x\to\infty}\frac{(x)'}{(e^x)'} = \lim_{x\to\infty}\frac{1}{e^x} = 0$

정답 0

Problem 7

(1) Find $\lim_{x\to 0}\frac{5x+\sin 2x}{x}$

(2) Find $\lim_{x\to \frac{\pi}{2}}\frac{x-\frac{\pi}{2}}{\cos x}$

(3) Find $\lim_{x\to\infty} xe^{-2x}$

(4) Find $\lim_{x\to\infty} e^{-x}\ln x$

Solution

(1) 7

$\frac{0}{0}$꼴 이므로 로피탈 정리를 사용하면 $\lim_{x\to 0}\frac{(5x+\sin 2x)'}{(x)'}=\lim_{x\to 0}(5+2\cos 2x)=5+2=7$

(2) -1

$\frac{0}{0}$꼴 이므로 로피탈 정리를 사용하면 $\lim_{x\to \frac{\pi}{2}}\frac{(x-\frac{\pi}{2})'}{(\cos x)'}=\lim_{x\to \frac{\pi}{2}}\frac{1}{-\sin x}=-1$

(3) 0

$\frac{\infty}{\infty}$꼴 이므로 로피탈 정리를 사용하면 $\lim_{x\to\infty}\frac{(x)'}{(e^{2x})'}=\lim_{x\to\infty}\frac{1}{2e^{2x}}=0$

(4) 0

$\frac{\infty}{\infty}$꼴 이므로 로피탈 정리를 사용하면 $\lim_{x\to\infty}\frac{(\ln x)'}{(e^{x})'}=\lim_{x\to\infty}\frac{\frac{1}{x}}{e^{x}}=\frac{0}{\infty}=0$

정답 (1) 7 (2) -1 (3) 0 (4) 0

Problem 8

1. $\lim_{x \to 0} \frac{2\tan x}{e^{5x} - 1}$

2. $\lim_{x \to \infty} \frac{e^x + 5x}{3x}$

3. $\lim_{x \to 0} \frac{x^2}{3 - 3\cos x}$

4. $\lim_{x \to \infty} \frac{2x^2}{e^{2x}}$

05 T, D, M, L

Solution

1. $\frac{0}{0}$ 모양이므로 L'Hopital's Rule 적용!

$$\lim_{x\to 0}\frac{(2\tan x)'}{(e^{5x}-1)'}=\lim_{x\to 0}\frac{2\sec^2 x}{5e^x}=\frac{2}{5}$$

2. $\frac{\infty}{\infty}$ 모양이므로 L'Hopital's Rule 적용!

$$\lim_{x\to \infty}\frac{(e^x+5x)'}{(3x)'}\Rightarrow \lim_{x\to \infty}\frac{e^x+5}{3}=\frac{\infty}{3}=\infty$$

3. $\frac{0}{0}$ 모양이므로 L'Hopital's Rule 적용!

$$\lim_{x\to 0}\frac{(x^2)'}{(3-3\cos x)'}\Rightarrow \lim_{x\to 0}\frac{(2x)'}{(3\sin x)'}\Rightarrow \lim_{x\to 0}\frac{2}{3\cos x}=\frac{2}{3}$$

4. $\frac{\infty}{\infty}$ 모양이므로 L'Hopital's Rule 적용!

$$\lim_{x\to \infty}\frac{(2x^2)'}{(e^{2x})'}\Rightarrow \lim_{x\to \infty}\frac{(4x)'}{(2e^{2x})'}\Rightarrow \lim_{x\to \infty}\frac{4}{4e^{2x}}=\frac{4}{\infty}=0$$

정답 1) $\frac{2}{5}$ 2) ∞ 3) $\frac{2}{3}$ 4) 0

07 EXERCISE

Explanation & Answer : ☞p.173

1. Find the equation of the tangent line to the graph of $y=\sqrt{x^2+5}$ at $(2, 3)$.

2. Find the equation of the normal line to the graph of $y=(x^2-2)^3$ at $x=1$.

3. Find the values of x where the tangent line to the graph of $y=x^3-5x$ has a slope equal to the slope of $y=x$.

4. A curve in the plane is defined parametrically by the equations $x=2t^2+t$ and
(BC) $y=5t^4$. Find the equation of the line tangent to the curve at $t=1$.

Exercise

5. (BC) A curve P is defined by the parametric equations $x = t^2 - 6t$ and $y = t^2$. Find the equation of the line tangent to the graph of P at the point $(-9, 9)$.

6. Find the slope of the line tangent to the graph of $\ln(x^2y^3) = 2y$ at the point where $x = e$ and $y = 1$.

7. If g is the inverse function of f and if $f(x) = -x^3$, then $g'(1) =$

ⓐ $-\frac{1}{3}$ ⓑ -3 ⓒ 1 ⓓ $\frac{1}{3}$

8.

x	$f(x)$	$f'(x)$
1	0	1
2	1	2
3	3	5

The table above gives selected values for a differentiable ~~and~~ function f and its derivative. If g is the inverse function of f, what is the value of $g'(1)$?

ⓐ -5 ⓑ -1 ⓒ 0 ⓓ $\frac{1}{2}$

9. If g is the inverse function of f and if $f(x)=x^3+x$, then find the slope of the line tangent to the curve $y=g(x)$ at $(2,1)$.

10. Find the values of c that satisfy the mean value theorem for $f(x)=x^2+1$ in the interval $[-1,2]$.

11. Find the values of c that satisfy the Rolle' s Theorem for $f(x)=x^4+x^2$ in the interval $[-1,1]$.

12.

x	1	2	3	4	5	6
$f(x)$	5	1	-1	0	-3	5

The function f is continuous and differentiable on the closed interval $[1,6]$. The table above gives values of f on this interval. Which of the following statements must be true?

ⓐ f have three inflection points.

ⓑ The maximum value of f on $[1,6]$ is 5.

ⓒ There is a number c in the open interval $(1,6)$ such that $f'(c)=0$.

ⓓ $f(x)>0$ for $1<x<2$.

Exercise

13. The function f is continuous for $1 \leq x \leq 4$ and differentiable for $1 < x < 4$. If $f(1) = -1$ and $f(4) = 8$, which of the following statements could be false?

ⓐ There exists c, where $1 < c < 4$, such that $f(c) = 0$.

ⓑ There exists c, where $1 \leq c \leq 4$, such that $f(c) \leq f(x)$ for all x on the closed interval $1 \leq x \leq 4$.

ⓒ There exists c, where $1 < c < 4$, such that $f'(c) = 3$.

ⓓ There exists c, where $1 < c < 4$, such that $f'(c) = 0$.

14. $\lim_{x \to 0} \frac{e^x + \cos x - 2}{x^2 - x}$ is

ⓐ -2　　ⓑ -1　　ⓒ 0　　ⓓ $\frac{1}{2}$

15. $\lim_{x \to 0} \frac{2\tan x}{e^{5x} - 1}$ is

ⓐ 0　　ⓑ $\frac{2}{5}$　　ⓒ $\frac{4}{5}$　　ⓓ 2

Exercise 7

1. $y=\frac{2}{3}x+\frac{5}{3}$

$y'=\frac{1}{2}(x^2+5)^{-\frac{1}{2}}2x=\frac{x}{\sqrt{x^2+5}}$ 에서 $x=2$ 이므로

slope= $\frac{2}{3}$이고 tangency는 $(2,3)$이므로 $y-3=\frac{2}{3}(x-2)$에서 $y=\frac{2}{3}x+\frac{5}{3}$

2. $y=-\frac{1}{6}x-\frac{5}{6}$

$y'=3(x^2-2)^2 2x=6x(x^2-2)^2$ 에서 $x=1$이므로 The Slope of The Tangent Line은 6이고

The Slope of The Normal Line 은 $-\frac{1}{6}$. Tangency는 $(1,-1)$이므로

$y+1=-\frac{1}{6}(x-1)$ 에서 $y=-\frac{1}{6}x-\frac{5}{6}$

3. $\pm\sqrt{2}$

$y'=3x^2-5$의 slope가 $y=x$의 slope인 1과 같아야 하므로 $3x^2-5=1$ 에서 $x^2=2$

그러므로, $x=\pm\sqrt{2}$

4. $y=4x-7$

- $\frac{\frac{dy}{dt}}{\frac{dx}{dt}}=\frac{20t^3}{4t+1}$에서 $t=1$일 때, $\frac{dy}{dx}=\frac{\frac{dy}{dt}}{\frac{dx}{dt}}=4$
- Tangency는 $(3,5)$이므로 $y-5=4(x-3)$ 에서 $y=4x-7$

5. $x=-9$

- $\frac{dy}{dx}=\frac{\frac{dy}{dt}}{\frac{dx}{dt}}=\frac{2t}{2t-6}$, $x=-9$ 이므로 $t^2-6t=-9$ 에서 $t=3$
- $t=3$ 일때는 $\frac{dy}{dx}$가 존재 안함. 즉, Slope가 존재 안 하므로 Vertical Line.
- $t=3$ 대입하면 $x=9-18=-9$. 즉, $x=-9$

6. $-\frac{2}{e}$

$\frac{1}{x^2y^3}(2xy^3+3x^2y^2\frac{dy}{dx})=2\frac{dy}{dx}$ 에서 $x=e$, $y=1$을 대입하면 $\frac{1}{e^2}(2e+3e^2\frac{dy}{dx})=2\frac{dy}{dx}$.

그러므로, $\frac{dy}{dx}=-\frac{2}{e}$

7. ⓐ

$g'(1)=\frac{1}{f'(-1)}=-\frac{1}{3}$

8. ⓓ

$g'(1)=(f^{-1})'(1)=\frac{1}{f'(2)}=\frac{1}{2}$

9. $\frac{1}{4}$

$(f^{-1})'(2)=\frac{1}{f'(1)}$ 에서 $f'(x)=3x^2+1$ 이고 $f'(1)=4$이므로 $(f^{-1})'(2)=\frac{1}{f'(1)}=\frac{1}{4}$

10. $\frac{1}{2}$

Mean Value Theorem에 의해 $\frac{5-2}{2-(-1)}=f'(c)=2c$ 이므로, $1=2c$에서 $c=\frac{1}{2}$이고 $\frac{1}{2}$은 $[-1,2]$에 포함되므로 OK

11. 0

$f(1)=f(-1)=2$ 이므로 $f'(c)=0$에서 $f'(c)=4c^3+2c=0$ 에서 $2c(2c^2+1)$ 이므로 $c=0$이고 0은 $[-1,1]$에 포함되므로 OK

12. ⓒ

$f(1)=f(6)$이고 주어진 구간에서 미분가능(Differentiable)이므로 *Rolle's Theorem* 적용 가능!

13. ⓓ

주어진 구간에서 미분가능(Differentiable)이지만 $f(a)=f(b)$인 값이 존재하는지는 알 수 없으므로 Rolle's Theorem 적용이 불가능!

14. ⓑ

$\frac{0}{0}$꼴 이므로 $\lim_{x\to0}\frac{(e^x+\cos x-2)'}{(x^2-x)'}\lim_{x\to0}\frac{(e^x-\sin x)}{2x-1}=-1$

15. ⓑ

$\frac{0}{0}$꼴 이므로 $\lim_{x\to0}\frac{(2\tan x)'}{(e^{5x}-1)'}=\lim_{x\to0}\frac{(2\sec^2 x)}{5e^{5x}}=\frac{2}{5}$

읽을거리

심선생의 주절주절 잔소리 4

"미국의 명문 대학은 어떤 학생들이 진학하는 것일까?" 대학 결과가 나오고 나면 필자는 부모님들로부터 여러 말들을 듣게 된다. "저 아이는 우리아이보다 성적이 별루인데...아마 빽이 있었을 거야..." 라던가.." 저 아이가 어떻게 그 대학에? 우리 아이보다 SAT점수도 100점이나 낮고 AP도 별로 없는데 말이야...뭔가..수상해.." 물론 수상하거나 빽이 있었을 수도 있다. 하지만 필자가 봐 왔던 학생들은 절대 그런 학생들이 아니었다. 예전 SAT가 2400만점일 때 2100점이 안 되는 학생이 한 아이비리그에 입학을 한 반면 2300점이 넘는 학생이 그 대학으로부터 Reject를 받았다.

한국 사람들에게는 뭐든지 점수로 등급을 매기는 버릇이 있는 것 같다. 실제로 SAT가 1600점이 만점이 되면서 1550밑으로는 명문대는 꿈도 꾸지 말라는 말들도 많이 들려오곤 한다. 과연 그럴까?

물론 SAT성적이 우수하면 어느 정도 유리한 것은 사실이지만 SAT성적이 대학 입시결과에 절대적이지가 않다. 한국 수능시험의 경우 하루에 결판이 나고 점수가 좋을수록 좋은 대학에 진학을 하지만 미국 대학의 경우 학생의 그 동안의 과정을 중요시 한다. SAT점수가 안 좋더라도 꾸준히 여러 대회에 참가를 했었고 본인의 재능도 기부했었으며 미국의 명문 Summer Camp에도 다녀왔던 학생이 입시 결과가 좋았다. 물론 GPA가 좋고 학교생활이 성실했다는 것은 기본이다. 꾸준히 컴퓨터를 공부하면서 본인만의 작품을 만들고 여러 경쟁력 있는 캠프에 도전을 했었으며 교내에서 Math Tutor활동을 하며 여러 친구들과 후배들을 도왔던 학생이 결과가 좋았다. 단지 점수만으로 원하는 대학에 진학할 수 있다는 생각은 버려야 한다.

많은 학생들이 SAT나 ACT성적이 만족스럽지 못하면 매 방학 때마다 모든 일을 놔두고 성적향상에만 몰두를 한다. 다행인 것은 그렇게 공부를 한 대부분의 학생들이 원하는 SAT나 ACT성적이 나온다는 점이다. 이는 유능한 SAT ACT강사들이 많다는 점도 큰 영향이 있다. 하지만 대학 원서를 쓸 때가 되면 상당히 난감해지는 일이 벌어진다. 성적 말고는 원서에 쓸 것이 없기 때문이다.

필자는 항상 이런 점을 강조해왔고 앞으로도 강조하고 싶다. 성공하는 자는 시간을 아껴서 쓸 줄 알아야 한다는 것이다. 단어를 하루에 몇 백 개 외운다고 아침부터 밤까지 학원에 앉아 있다면 과연 그 시간동안 그 만큼의 공부를 하는 것일까 싶다. SAT나 ACT성적이 쉽게 나오는 학생들의 경우 평소 책 읽기가 습관화 되어 있거나 그것이 아니라면 공부시간을 세세하게 잘 짜서 버려지는 시간을 최소화 시키는 학생들이 대부분 이었다. 남들은 12시간 동안 SAT나 ACT하나에 올인할 때 시간을 잘 쓰는 학생은 그 시간 안에 SAT, ACT 공부뿐만 아니라 본인의 프로젝트(논문, 컴퓨터 프로젝트...등등) 그리고 운동 봉사활동까지 해나간다. SAT ACT 때문에 시간이 없어서 다른 것을 못한다는 것은 본인의 나태함을 감싸기 위한 변명일 뿐이다.
명문 대학 진학을 원한다면 시간 관리를 철저하게 해야 된다는 점을 명심하자.

04. Graph 해석

1. Graph 그리기.
2. Graph의 추정
3.
   - $y=f(x) \Rightarrow y=f'(x)$ Graph 추정하기.
   - $y=f'(x) \Rightarrow y=f(x)$ Graph 추정하기.

사실 수많은 Graph가 존재하는데 문제는 그 Graph 들을 정확하게 그리기가 어렵다는 점이다. 어차피 계산기를 이용하여 Graph를 그려도 정확한 Graph가 그려지지는 않는다. 대략 어느 정도만 맞게 그려지는 것이다.

Graph 단원에서는 크게 두 단원으로 구분된다.

Graph 그리기

Graph 추정

AP Calculus 시험에서는 2. Graph의 추정만 출제가 되지만 학교에서는 Graph 그리기도 수업은 하므로 두 가지 모두 자세히 공부하여야 한다.

시작에 앞서서...

Calculus를 공부하는데 있어서 너무나 중요한 단원이다. 필자가 강조하는 부분은 숙달 될 때까지 반복하기 바란다. 학교 시험에서도 그렇고 5월 AP Calculus 시험에서도 비중이 상당히 높은 단원이다.

04 Graph 해석

1. Graph 그리기

I. Polynomial function이란?

$y = ax^n + bx^{n-1} + cx^{n-2} + \cdots + z$ 와 같이 생긴 function이며 Polynomial function은 그 모양이 어느 정도 정해져 있다.

다음과 같이 알아두자.

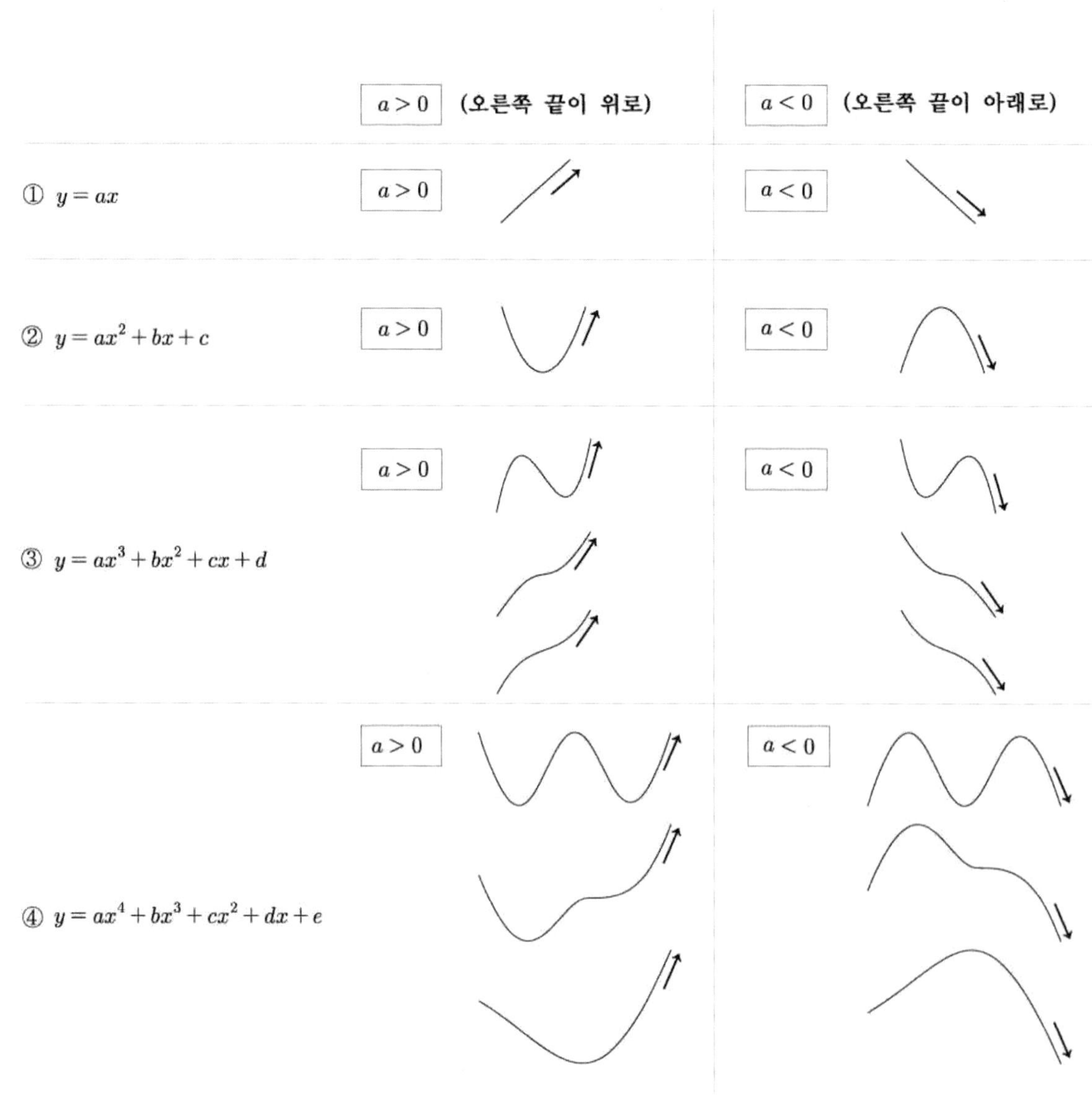

$a>0$ (오른쪽 끝이 위로)
$a<0$ (오른쪽 끝이 아래로)
① $y=ax$
$a>0$
$a<0$
② $y=ax^2+bx+c$
$a>0$
$a<0$
③ $y=ax^3+bx^2+cx+d$
$a>0$
$a<0$
④ $y=ax^4+bx^3+cx^2+dx+e$
$a>0$
$a<0$

Shim's Tip

Polynomial Function Graph 그리기

1. 앞에서 설명한 대로 그래프의 개형을 대략적으로 그리기.
2. $f'(x)=0$이 되게 하는 x값 찾기.

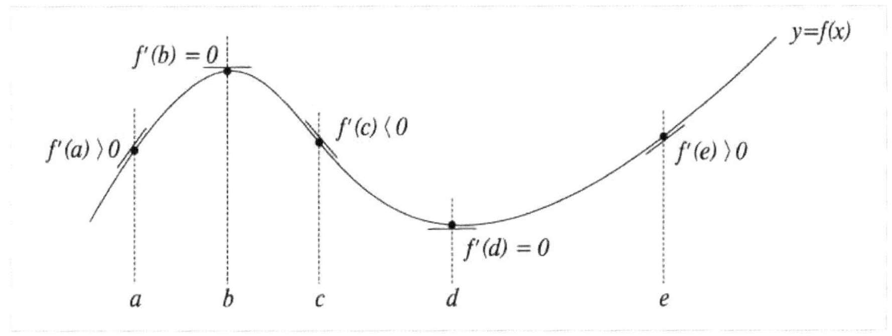

3. $y-$ intercept 찾기 ($x=0$ 대입).

다음의 예제들을 통해서 Polynomial Function Graph들을 대략적으로 그려보자.

EX 1 Graph of $y=x^3-6x^2+9x-4$

Solution

①

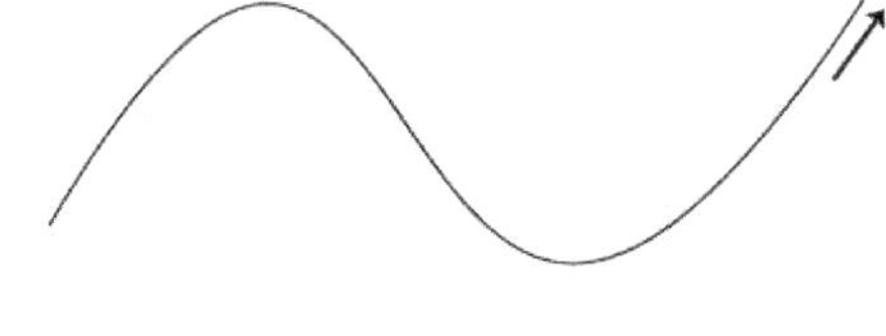

x^3의 Coefficient가 (+)이므로 오른쪽 끝이 위로 올라간다.
일단 다음과 같이 그린다.

②

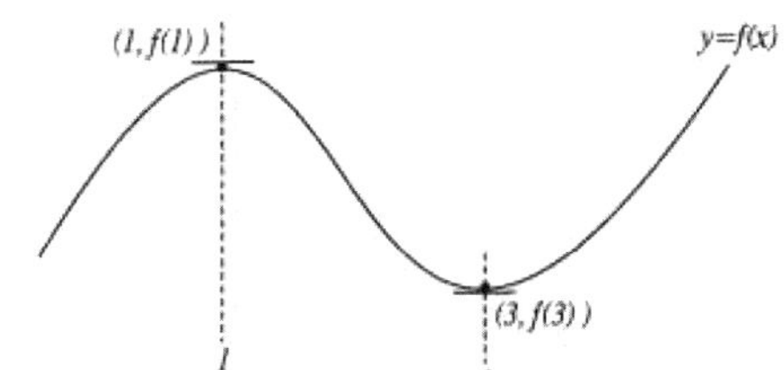

$f'(x)=0$인 x값을 찾는다. $3x^2-12x+9=0$에서 $x=1, 3$
그러므로, 이 그래프는 그림과 같이 그려진다.

04 Graph 해석

EX 2 Graph of $y=-\frac{1}{3}x^3+x^2-x+1$

Solution

① x^3의 Coefficient가 (-)이므로 오른쪽 끝이 밑으로 간다. 일단 다음과 같이 그린다.

② $f'(x)=0$인 x값을 찾는다.
$y'=-x^2+2x-1$ 에서 $(x-1)^2=0$ 에서 $x=1$
즉, x값이 하나만 나오므로 위의 그래프 형태가 아닌 그림과 같은 형태가 된다.

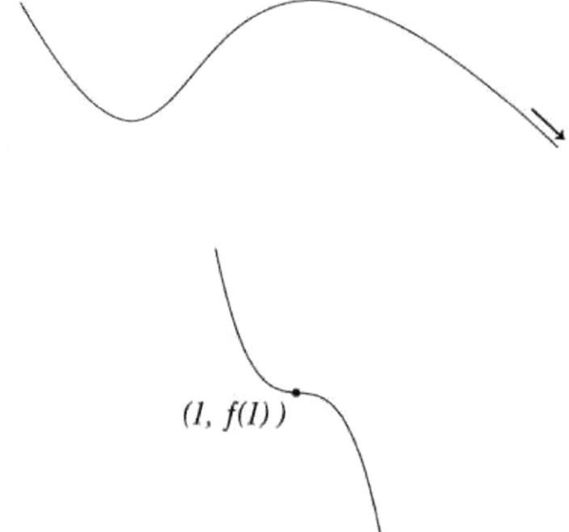

EX 3 Graph of $y=\frac{1}{3}x^3+\frac{1}{2}x^2+2x+1$

Solution

① x^3의 Coefficient가 (+)이므로 오른쪽 끝이 위로 간다. 일단 다음과 같이 그린다.

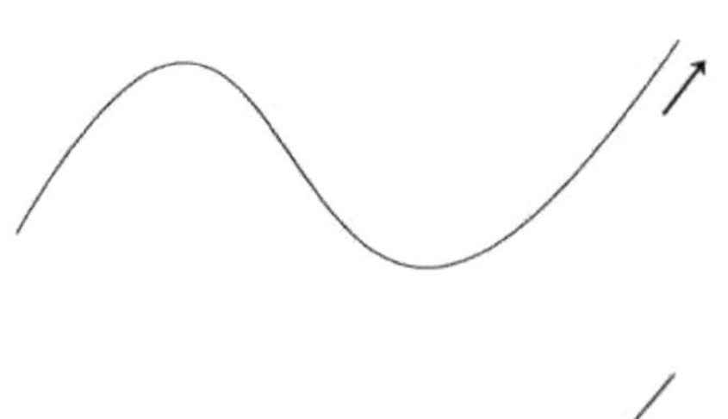

② $f'(x)=0$인 x값을 찾는다.
$y'=x^2+x+2$, $x^2+x+2=0$ 에서 x값은 허수(Imaginary Number)가 된다.
즉, $f'(x)=0$을 만족하는 실수(Real Number)가 없다.
따라서, $y=f(x)$의 Graph는 단조롭게 증가(Monotone Increasing)하는 모양을 나타내게 된다.

(EX 4) Graph of $y=-x^2+3x+4$

Solution

① x^2의 Coefficient가 (-)이므로 오른쪽 끝이 밑으로 향한다. 일단 다음과 같이 그린다.

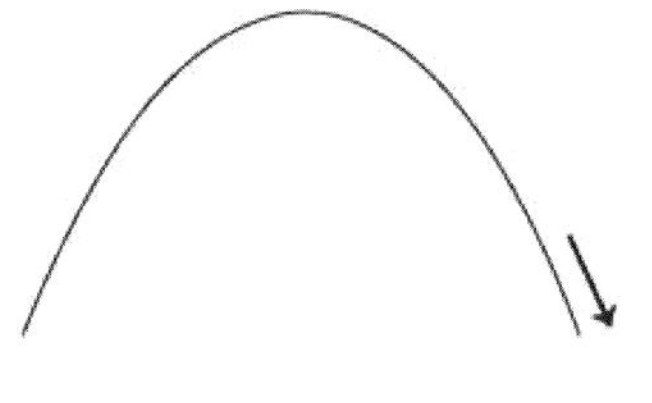

② $f'(x)=0$인 x값을 찾는다.
$y'=-2x+3$ 에서 $x=1.5$

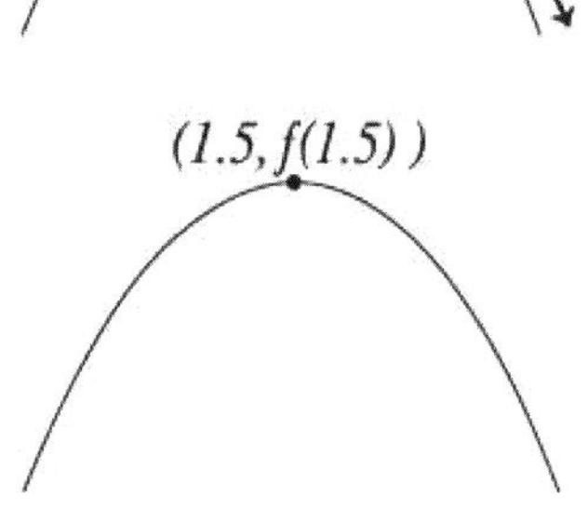

Quadratic Function들의 Graph들은 이처럼 미분(Differentiation)을 이용하면 보다 쉽게 그릴 수 있다.

II. Polynomial Function Graph 그리기

예를 들어, $f(x)=(x-1)(x-2)^2(x-3)^3(x-4)^4$ 의 개형을 그려서 부분적으로 자세히 확대해서 보면 다음과 같다.

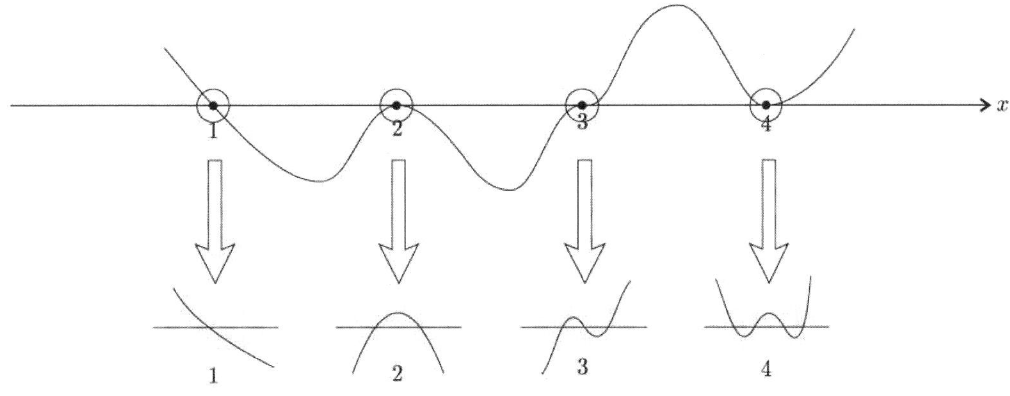

위의 그림에서 보는 것처럼 $f(x)=(\ \ )^n$에서 n이 even이면 x축에 접하고(tangent) n이 odd이면 x축을 지난다.

04 Graph 해석

III. Transcendental Function Graph 그리기

예를 들어, Polynomial Function 이나 Rational Function이 아닌 Exponential Function, Logarithmic Function, Trigonometric Function, Inverse Trigonometric Function 등을 말한다.

Polynomial Function Graph는 앞에서 설명한 것처럼 규칙이 있지만 Transcendental Function Graph들은 그러한 규칙이 없다. 필자 나름대로의 방법을 소개하고자 한다.

Transcendental Function Graph 그리기

① $f'(x)=0$이 되는 x값을 찾고 표시하기.
② 각 구간에서 $f'(c)$의 부호를 조사하여 $f'(c)>0$이면 ↗(Increasing), $f'(c)<0$이면 ↘(Decreasing) 모양으로 그린다.
③ Domain이 주어지지 않은 경우에는 $\lim_{x\to\infty} f(x)$와 $\lim_{x\to-\infty} f(x)$를 조사한다.
단, $\log x$ 또는 $\ln x$ 등은 $\lim_{x\to-\infty} f(x)$ 대신 $\lim_{x\to0^+} f(x)$를 조사한다.

다음 두 개의 예제를 통해서 Transcendental Function Graph을 대략적으로 그려보도록 하자.

EX 5 Graph of $y = x + 2\sin x\ (0 < x < 2\pi)$

Solution

① $y' = 1 + 2\cos x$ 에서 $1 + 2\cos x = 0$, $x = \frac{2}{3}\pi, \frac{4}{3}\pi$

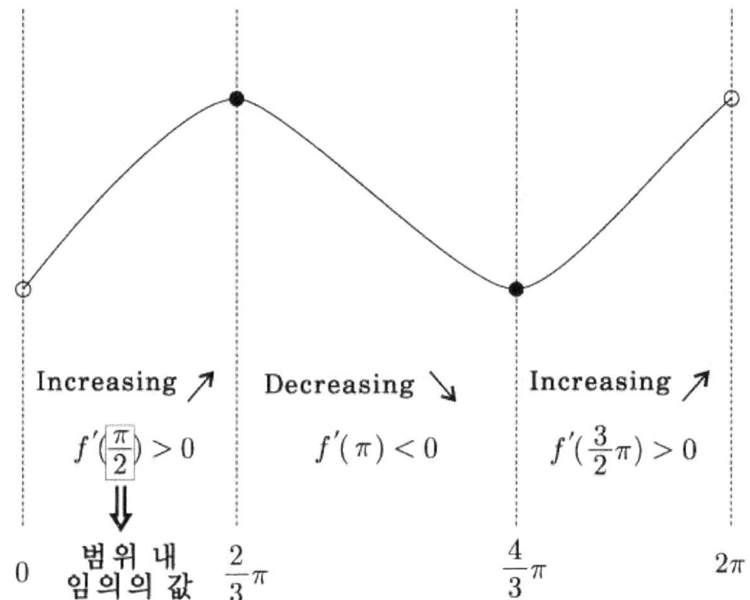

② y'에 각 구간 임의의 값을 대입하여 Increasing 또는 Decreasing을 조사한 후 위와 같이 그렸다.

③ $0 < x < 2\pi$ 로 범위가 정해져 있으므로 $\lim_{x\to\infty} f(x)$ 또는 $\lim_{x\to-\infty} f(x)$ 는 조사하지 않는다.

04 Graph 해석

(EX 6) Graph of $y = xe^{-x}$

Solution

① $y' = -(x-1)e^{-x}$ 에서 $-(x-1)e^{-x} = 0$, $x = 1$

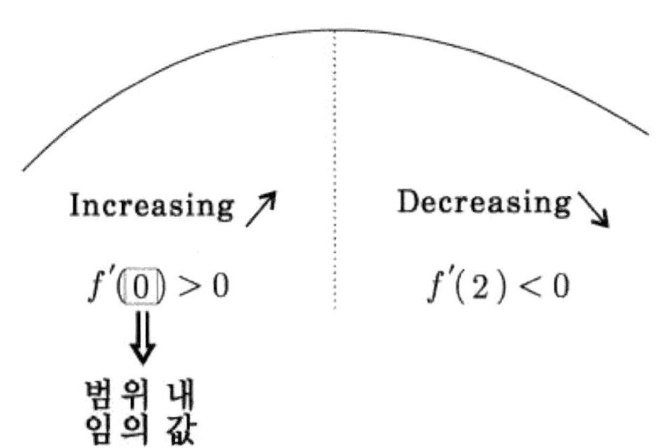

② y'에 각 구간 임의의 값을 대입하여 Increasing 또는 Decreasing을 조사한 후 위와 같이 그렸다.

③ Domain이 주어지지 않았으므로 $\lim_{x\to\infty} f(x)$와 $\lim_{x\to-\infty} f(x)$를 조사한다.

- $\lim_{x\to\infty} \frac{x}{e^x}$ ⇒ L'Hopital's Rule ⇒ $\lim_{x\to\infty} \frac{1}{e^x} = 0$
- $\lim_{x\to-\infty} \frac{x}{e^{-x}} = -\infty$

그러므로, 다시 그려보면 대략 다음과 같다.

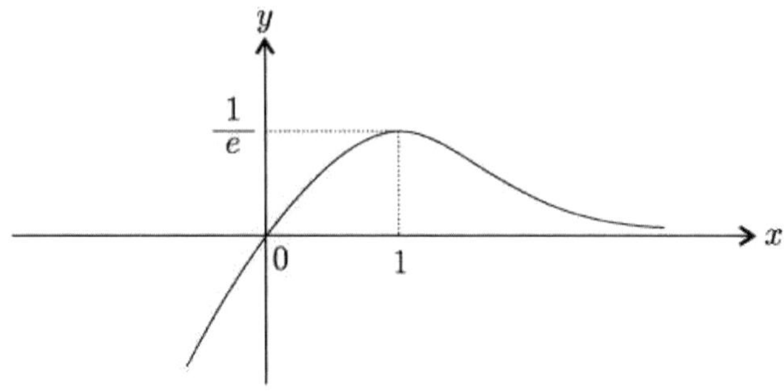

y''을 구하여 Concavity까지 조사하면 더욱 정확한 Graph를 그릴 수 있다.

2. Graph의 추정

다음 그림과 함께 용어들을 익혀두자.

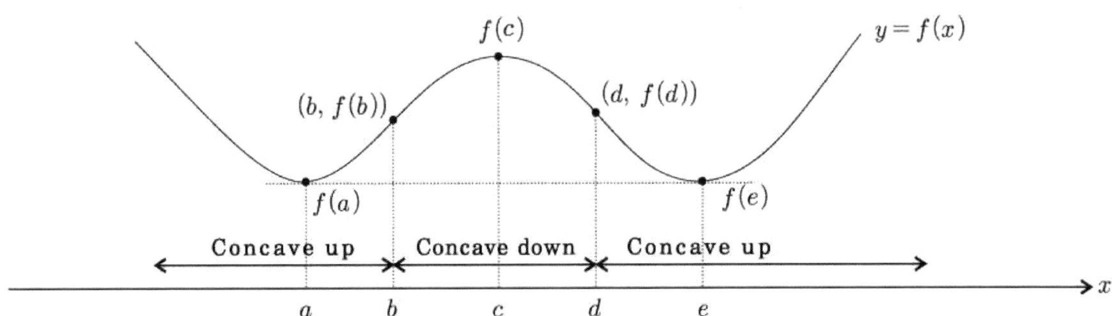

⇒ ① Relative(Local) Maximum : $f(c)$

② Relative(Local) Minimum : $f(a)$, $f(e)$

③ Inflection point : $(b, f(b))$, $(d, f(d))$

④ Extreme Value : $f(a)$, $f(c)$, $f(e)$

※ • Relative(Local) Maximum 또는 Relative(Local) Minimum은 $y = f(x)$ Graph의 가장 크거나 작은 값을 의미하는 것은 아니다.

• Inflection Point는 Concave Downward와 Concave Upward가 교차하는 점을 말하며 이점에서 변화율은 빠르게 나타난다.

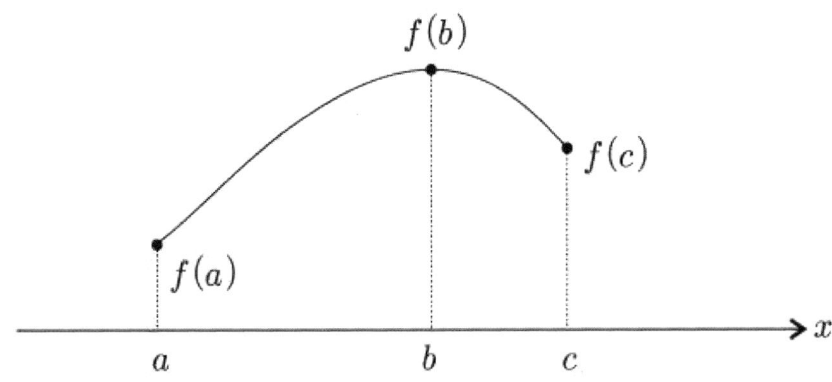

⇒ ① Absolute Maximum : $f(b)$

② Absolute Minimum : $f(a)$

※ Absolute Maximum 또는 Absolute Minimum은 정의역(Domain)내에서 가장 높거나 낮은 점을 말한다.

04 Graph 해석

$y=f(x)$의 Graph가 Increasing인 구간에서는 $f'(x)>0$이고 $y=f(x)$의 Graph가 Decreasing인 구간에서는 $f'(x)<0$ 이다.

$f(x)$	$f'(x)$
Increasing ↗	(+)
Decreasing ↘	(-)

즉, $y=f(x)$ Graph에서는 Increasing, Decreasing만을, $y=f'(x)$에서는 부호(Sign)만 따지면 된다.

I. $y=f(x) \Rightarrow y=f'(x)$ 추정하기　　Increasing INC ⇒ Positive
Decreasing DEC ⇒ Negative

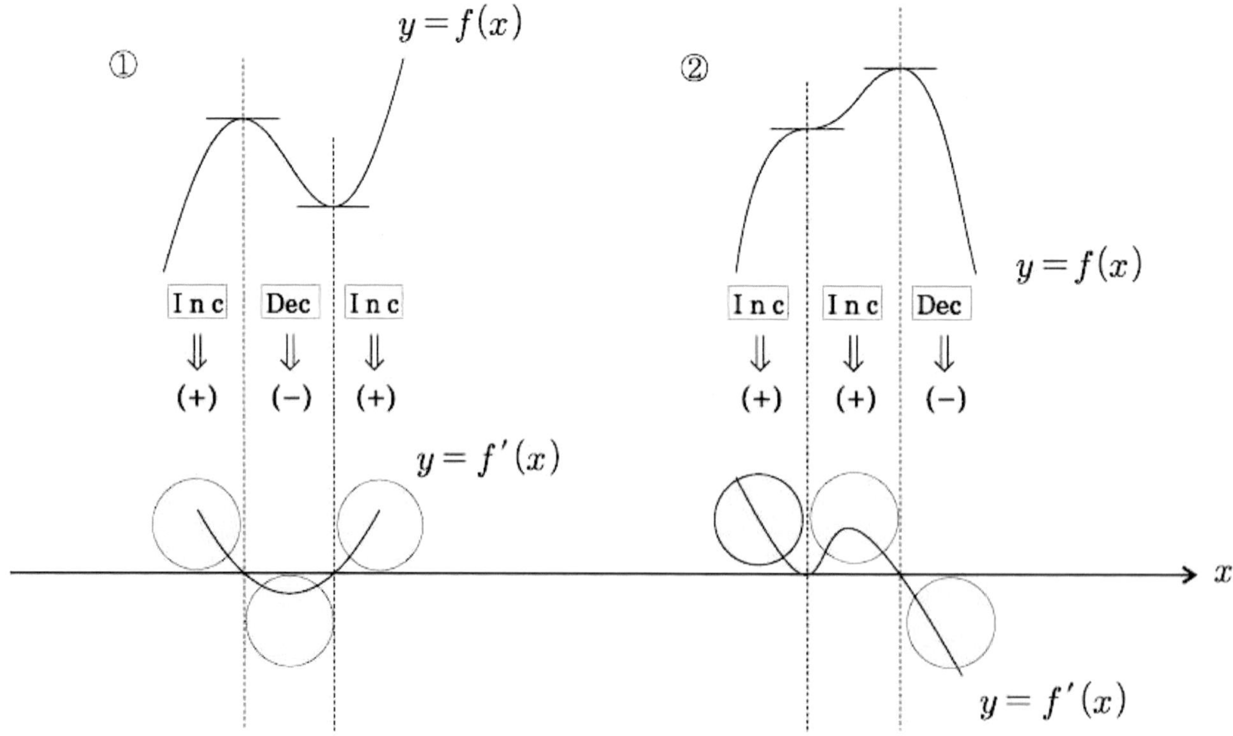

③

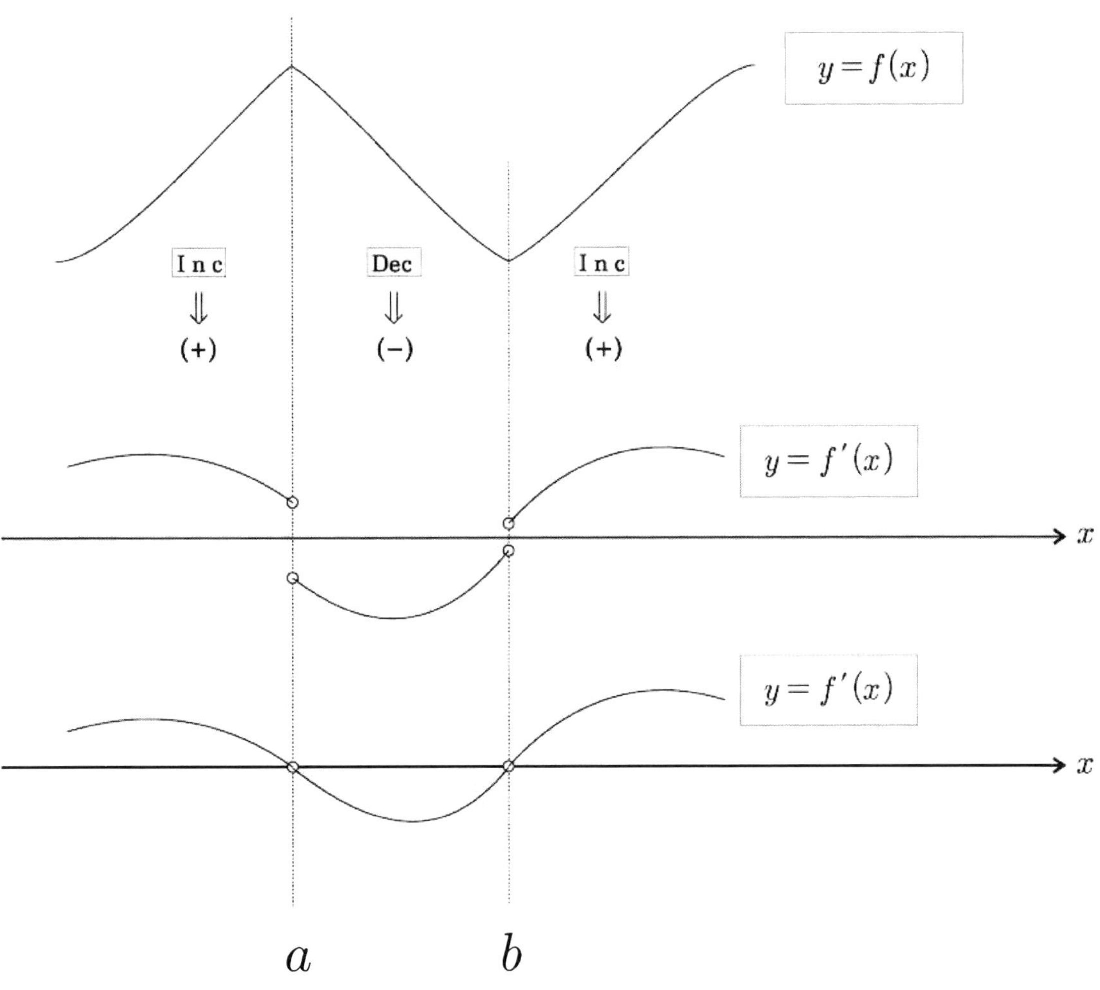

위의 Graph들을 정리해 보면 ...

①, ② 번 Graph에서 보면 $y=f(x)$가 Increasing 하는 구간에서 $y=f'(x)$는 x축 위 (Positive)를 지나고 $y=f(x)$가 Decreasing 하는 구간에서 $y=f'(x)$는 x축 아래(Negative)를 지난다.

③ 번 Graph에서 a, b점에서는 $y=f(x)$가 Cusp이므로 미분 불가능 (Not Differentiable).
그러므로, $f'(a)$, $f'(b)$는 존재하지 않는다.

04 Graph 해석

II. $y=f'(x) \Rightarrow y=f(x)$ 추정하기　　Positive ⇒ Increasing **INC**

Negative ⇒ Decreasing **DEC**

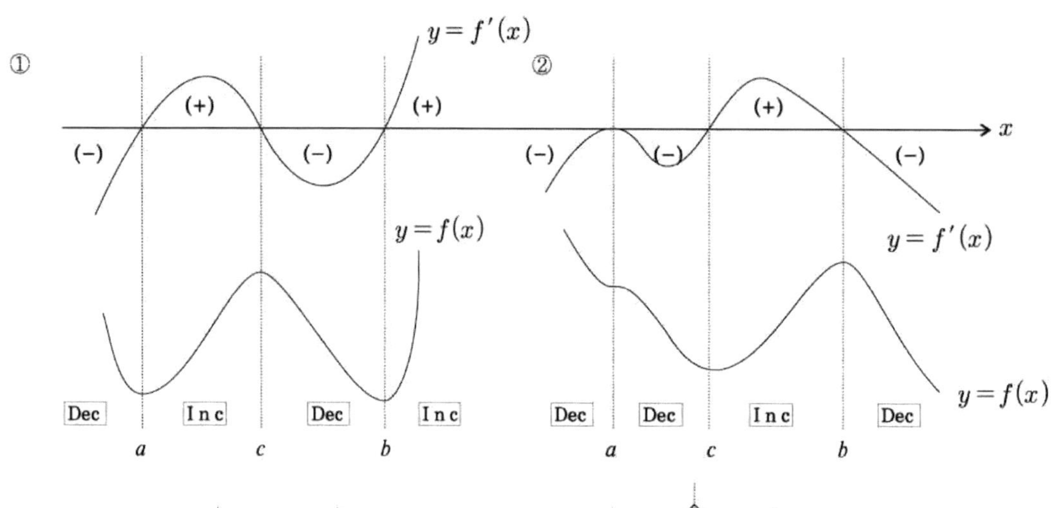

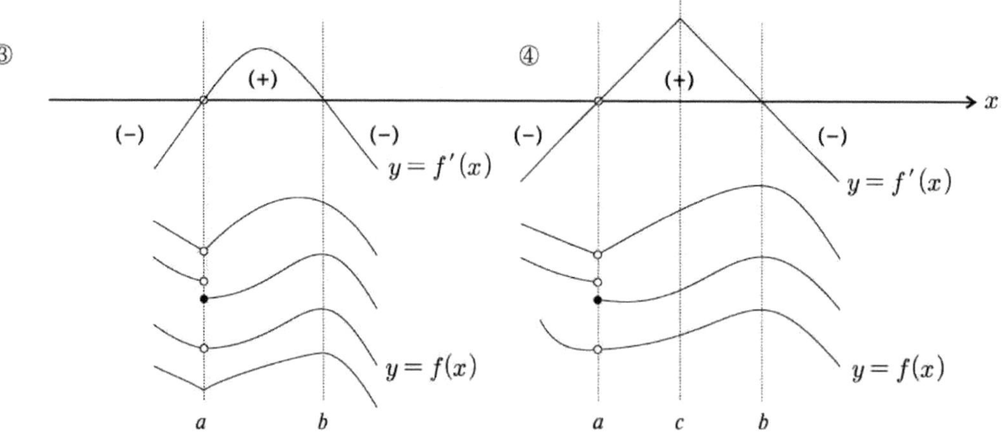

위의 Graph들을 정리해 보면...

③, ④번 Graph에서 $f'(a)$가 존재하지 않으므로 $y=f(x)$ Graph는 $x=a$에서 미분불가능(Not Differentiable)이므로 Cusp, Discontinuity, $f(a)$ does not exist, $\lim_{x\to a}f(x)$ does not exist 중 하나이다.

④번 Graph에서 $x=c$에서 $f'(x)$가 Cusp인 것이지 $f(x)$가 Cusp인 것이 아니다. 즉, $f'(c)$는 존재하므로 $x=c$에서 $y=f(x)$는 미분가능(Differentiable)이다. $f'(x)$가 Positive일 때는 $f(x)$는 Increasing하고 $f'(x)$가 Negative일 때는 $f(x)$가 Decreasing 한다.

III. $y=f(x)$, $y=f'(x)$, $y=f''(x)$ Graphs 총정리

다음의 설명은 너무나 중요하다. 1000번을 강조해도 지나치지 않는다!

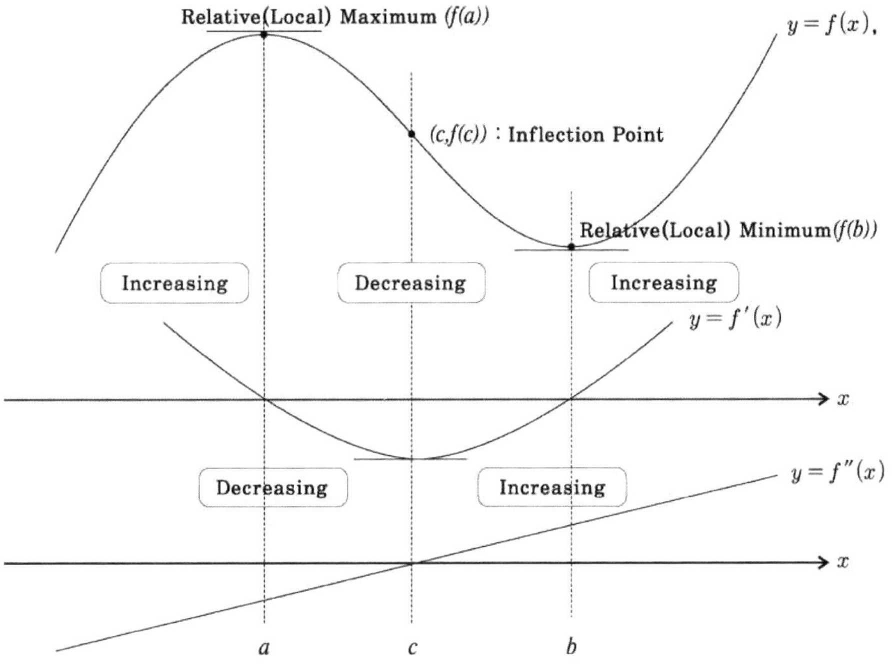

$y=f(x)$, $y=f'(x)$, $y=f''(x)$의 Graph를 보면서 알 수 있는 것들을 정리해 보면 다음과 같다. 너무나 중요한 내용이니 그림과 함께 숙달 될 때까지 여러 번 써보자. 필자는 수업시간에 이 부분과 관련하여 쪽지 시험을 자주 보곤 한다. 위의 그림과 다음의 내용을 여러 번 비교해 보면서 읽어보자.

다음의 내용은 너무나 중요하다!

Graph 해석의 모든것!

(1) Relative Maximum $f(a)$

① $f'(x)$가 Positive에서 Negative로 바뀌는 점.

② $f'(x)=0$ 이면서 $f''(x)<0$인 점.

(2) Relative Minimum $f(b)$

① $f'(x)$가 Negative에서 Positive로 바뀌는 점.

② $f'(x)=0$ 이면서 $f''(x)>0$인 점.

04 Graph 해석

(3) Inflection Point $(c, f(c))$

- $y=f(x)$의 Graph의 Concavity가 바뀌는 점.
- The slope of the tangent line의 변화가 급격하게 일어나는 점.

① $f'(x)$가 Decreasing에서 Increasing으로 바뀌는 점.
또는 Increasing에서 Decreasing으로 바뀌는 점.
② $f''(x)$의 부호가 바뀌는 점

(EX) f has a inflection point at $x=$

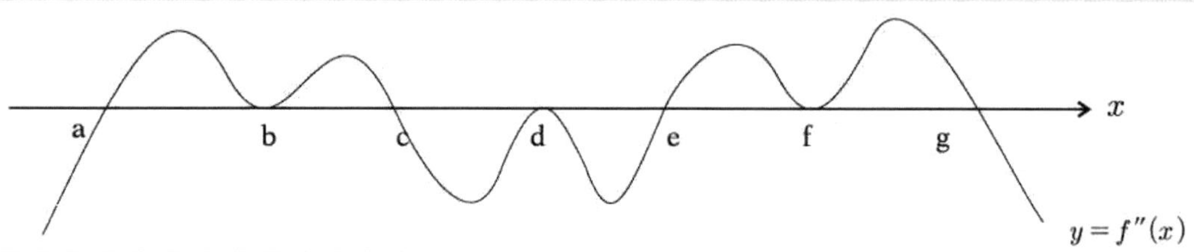

Solution

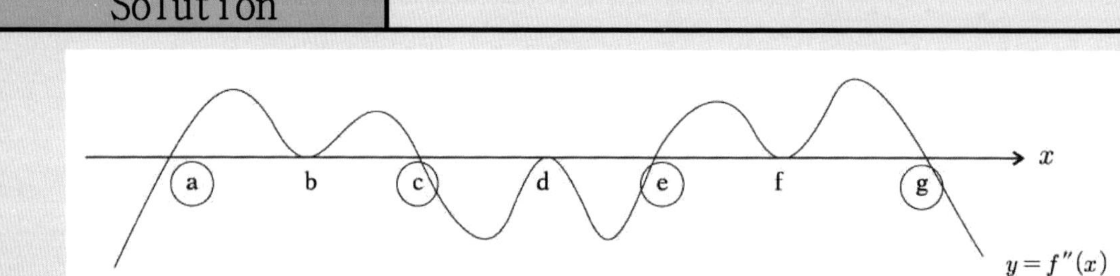

정답 $x=a, c, e, g$

(4) Concave upward

① $f'(x)$이 Increasing하는 구간 ② $f''(x)>0$인 구간, 즉, x값의 범위.

(5) Concave downward

① $f'(x)$이 Decreasing하는 구간 ② $f''(x)<0$인 구간, 즉, x값의 범위.

(6) $y=f(x)$가 Increasing 하는 구간

① $f'(x)>0$ 인 구간.

(7) $y=f(x)$가 Decreasing 하는 구간

① $f'(x)<0$ 인 구간.

(8) Critical point

① $f'(x)=0$ 이 되게 하는 x값, 또는 $f'(x)$가 정의가 안 되는 x값,
여기서는 $x=a, b$

IV. Relative Maximum, Relative Minimum, Critical point 보충

(1) Relative Maximum, Relative Minimum

$y=f(x)$의 Relative Maximum, Relative Minimum 이 항상 $f'(x)=0$이면서 $f'(x)$의 부호가 바뀌는 점에서만 생기는 것은 아니다. 다음의 경우를 보자.

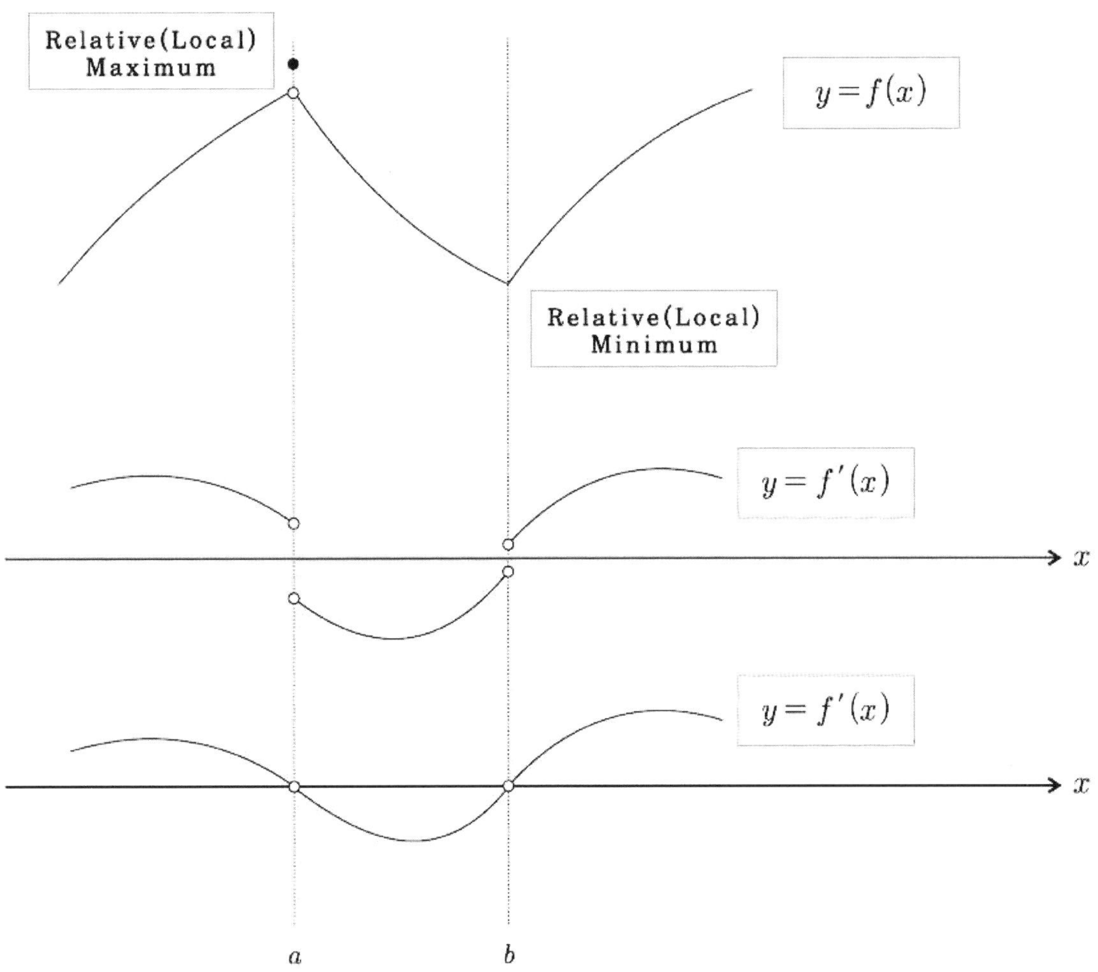

그림에서 보는 것처럼 $f'(x)$가 존재하지 않는 점에서도 Relative Maximum이나 Relative Minimum을 가질 수 있다. 즉, $f'(x)$가 Undefined 이면서 $f'(x)$가 Positive에서 Negative로 바뀌는 점에서 $y=f(x)$는 Relative Maximum을 $f'(x)$가 Undefined 이면서 Negative에서 Positive로 바뀌는 점에서 Relative Minimum을 가질 수 있다.

04 Graph 해석

(2) Critical Point

Critical Point란 $f'(a)=0$인 a값 이거나 $f'(a)$가 정의가 안 되는 a값을 Critical Point라고 한다.

다음의 Example들을 통해서 자세히 알아보도록 하자.

(EX 1) $f(x)=3x^3-9x$ 에서 $f'(x)=9x^2-9$ 이므로 $9x^2-9=0$ 에서 $x=\pm 1$
즉, Critical Point는 $x=\pm 1$

(EX 2) $f(x)=3x^3+x$ 에서 $f'(x)=9x^2+1$이므로 $f'(x)=0$인 x값은 존재 안함
그러므로, Critical Point는 존재 안함

(EX 3) $f(x)=\sqrt{x-2}$에서 $f'(x)=\frac{1}{2}(x-2)^{-\frac{1}{2}}=\frac{1}{2\sqrt{x-2}}$ 이므로 $x=2$에서 $f'(x)$는 존재하지 않으므로 Critical Point는 $x=2$

즉, $x=c$ 에서

① $f'(c)=0$이면 Critical Point는 $x=c$

② $f'(c)\neq 0$이면 Critical Point는 존재 안함

③ $f'(c)$가 정의되지 않으면 Critical Point $x=c$

앞의 내용 정도만 알고 있어도 AP 시험이나 학교 시험에서는 문제될 것이 없다.
많은 학생들의 요구가 있어서 Critical Point에 대해서 좀 더 자세히 설명 하고자 한다. 다음을 보자.

① Stationary Points

② Singular Points

Critical Points ① Stationary Points ($f'(c)=0$인 c값)
② Singular Points ($f'(c)$ does not exist)

즉, $y=f(x)$의 Domain 내에서 ① Stationary Points ② Singular Points 들을 모두 Critical Points 라고 한다.

Extreme Value는 $f'(x)=0$인 x값 또는 $f'(x)$가 존재하지 않는 점에서 생긴다. 하지만, $f'(x)=0$인 x값에서 모두 Extreme Value가 생기는 것은 아니다.

다음의 그림을 보자.

①

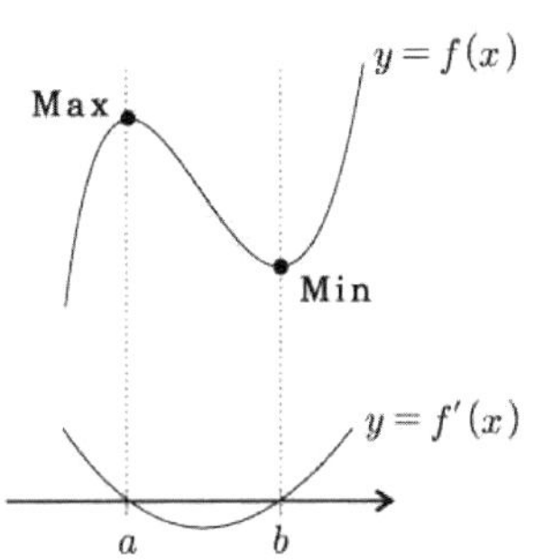

②

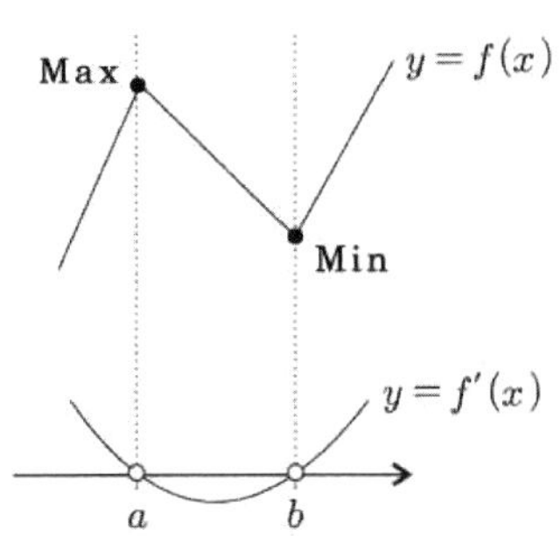

③

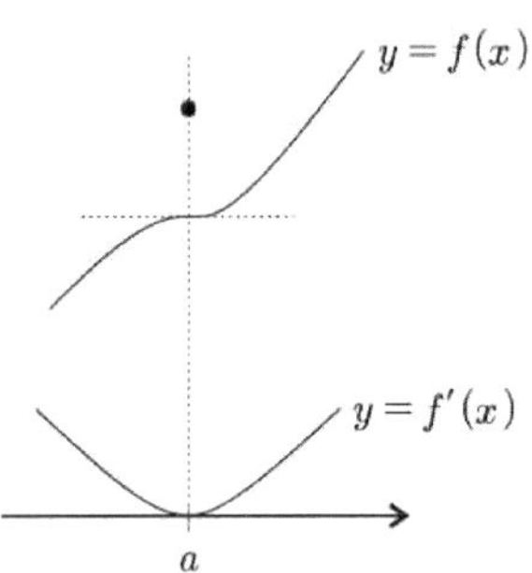

위의 그림에서 a, b는 모두 Critical Point 이다. 다시 말하자면,
"$f'(x)=0$ 또는 $f'(x)$ does not exist" 인 x값은 모두 Critical Points이다.

04 Graph 해석

지금까지의 내용을 정리해 보면 다음과 같다.

Critical Points에 대해서...

① $f'(x)=0$ 인 x값이 Critical Points이다.

② $f'(x)\neq 0$ 이면 Critical Point 존재 안한다.

③ $f'(x)$가 정의되지 않는 x값이 Critical Point이다.

※ 참고사항

$y=f(x)$의 Graph모양을 추정하는데 f'과 f''까지만 활용을 한다. f'''은 f Graph모양을 추정하는데 도움이 되지 않기 때문에 Graph모양을 추정하는데 사용이 되지 않는다.

Problem 1

Sketch the Graph

1) $f(x) = x^3 - 3x - 2$

2) $f(x) = x^3 - 3x^2 + 3x + 1$

Solution

1) ① 대략적으로 그려본다.

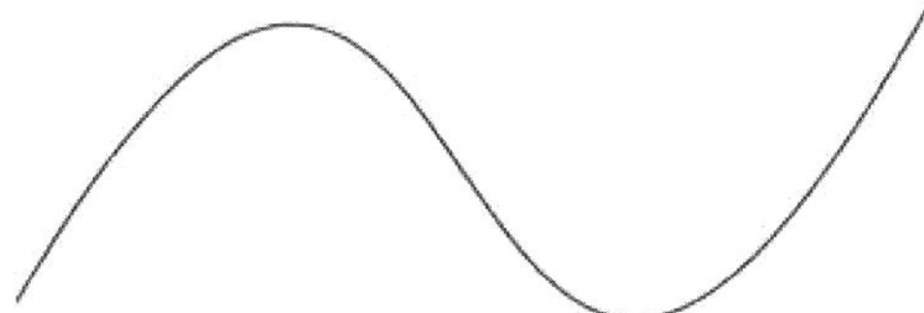

② $f'(x) = 0$ 인 x값을 찾아본다.

$f'(x) = 3x^2 - 3 = 0$ 에서 $x = \pm 1$

③ $f(1) = -4$, $f(-1) = 0$

④ $y-$intercept를 찾는다.

$f(0) = -2$

⑤ 좌표에 옮긴다.

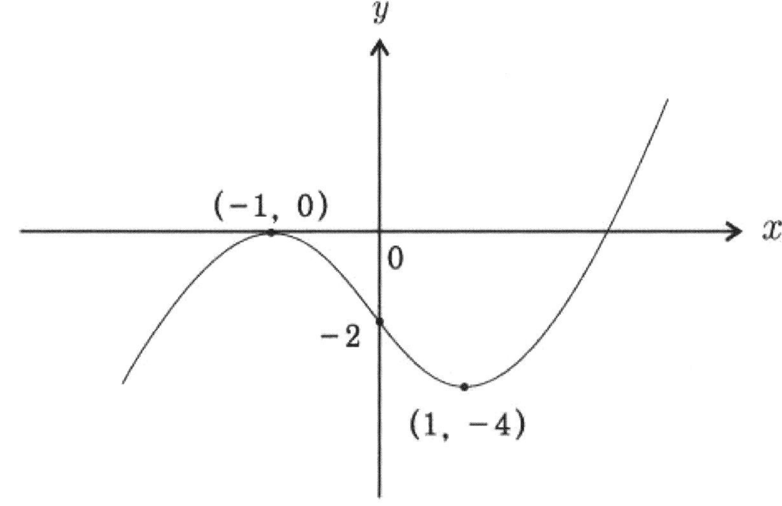

Solution

2)

① 대략적으로 그려본다.

② $f'(x)=0$ 인 x값을 찾아본다.

$f'(x)=3x^2-6x+3=0$ 에서 $x=1$

③ $f(1)=2$

④ $y-$ intercept를 찾는다.

$f(0)=1$

⑤ 좌표에 옮긴다.

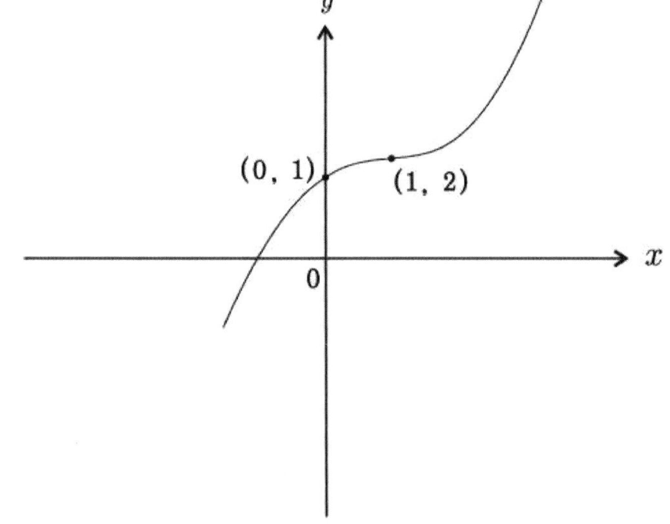

Problem 2

Sketch the Graphs.

1. $f(x) = e^{-x^2}$

2. $f(x) = \dfrac{x}{e^x}$

Solution

1. $f(x) = e^{-x^2}$

① $f'(x) = 0$인 x값을 찾고 각 구간에서 $f'(x)$의 부호(Sign)를 조사한다.

$f'(x) = -2xe^{-x^2} = 0$ 에서 $x = 0$

$\left[\begin{array}{l} f'(-1) > 0 \\ f \nearrow \end{array}\right.$ | $x = 0$ | $\left[\begin{array}{l} f'(1) > 0 \\ f \searrow \end{array}\right.$ — 0보다 큰 아무값이나 대입

② $\lim_{x \to \infty} e^{-x^2} = 0$ $\quad\quad$ $\lim_{x \to -\infty} e^{-x^2} = 0$

③ $y-$ intercept를 찾는다.

$f(0) = 1$

④ 좌표에 옮긴다.

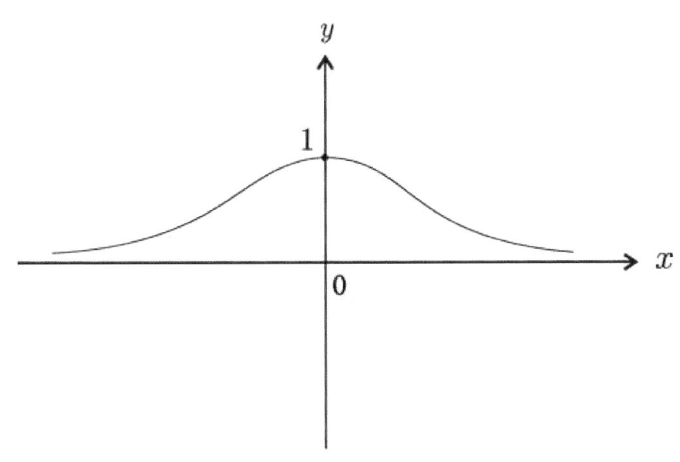

04 Graph 해석

Solution

2. $f(x)=\dfrac{x}{e^x}$

① $f'(x)=0$인 x값을 찾고 각 구간에서 $f'(x)$의 부호(Sign)를 조사한다.

$$f'(x)=\frac{x'\times e^x - x(e^x)'}{(e^x)^2} \Rightarrow f'(x)=\frac{e^x - xe^x}{e^{2x}}=0 \Rightarrow f'(x)=\frac{e^x(1-x)}{e^{2x}}=0$$ 에서 $x=1$

$\left[\begin{array}{l} f'(0)>0 \\ f'(0) \nearrow \end{array}\right.$ | $\left[\begin{array}{l} f'(2)<0 \\ f \searrow \end{array}\right.$ — 1보다 큰 아무값이나 대입

1

② $\displaystyle\lim_{x\to\infty}\frac{x}{e^x} \Rightarrow \frac{\infty}{\infty}$ 모양 이므로 L'Hopital's Rule 적용!

$$\lim_{x\to\infty}\frac{(x)'}{(e^x)'} \Rightarrow \frac{1}{e^x}=\frac{1}{\infty}=0$$

• $\displaystyle\lim_{x\to-\infty}\frac{x}{e^x} \Rightarrow \frac{\infty}{\infty}$ 모양이 아니므로 x대신 $-\infty$ 대입!

$$\lim_{x\to-\infty}\frac{x}{e^x} \Rightarrow \frac{-\infty}{e^{-\infty}}=-\infty\times e^{\infty}=-\infty$$

③ $y-$ intercept를 찾는다.

$f(0)=0$

④ 좌표에 옮긴다.

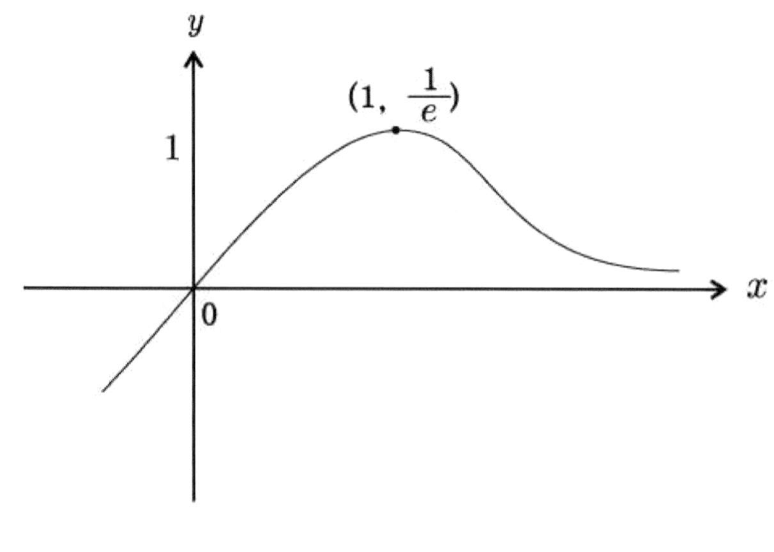

Problem 3

Sketch the Graphs.

$f(x) = x - 2\cos x \ (0 \leq x < 2\pi)$

Solution

x값의 범위가 정해져 있으므로 $\lim_{x \to \pm\infty} f(x)$는 구하지 않아도 된다.

① $f'(x) = 0$인 x값을 찾고 각 구간에서 $f'(x)$의 부호(Sign)를 조사한다.

$f'(x) = 1 + 2\sin x = 0$ 에서 $\sin x = -\frac{1}{2}$이므로 $x = \frac{7}{6}\pi, \frac{11}{6}\pi$

②

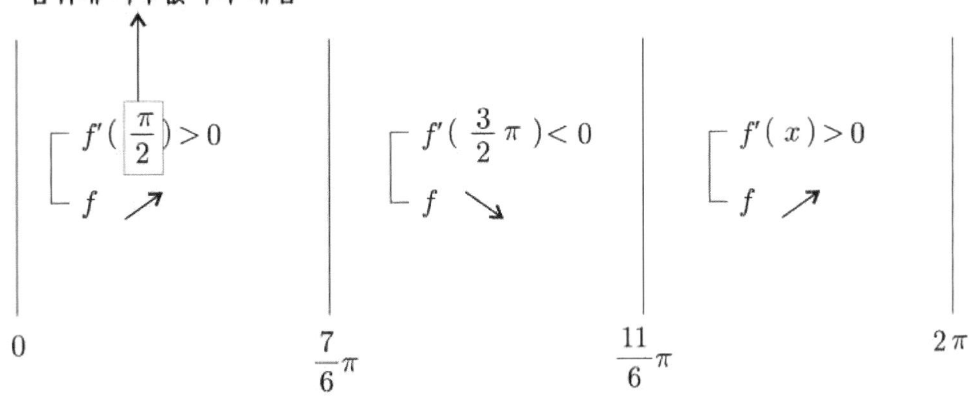

Graph 해석

Solution

③ $f(0)=-2$, $f(\frac{7}{6}\pi)=\frac{7}{6}\pi+\sqrt{3}$, $f(\frac{11}{6}\pi)=\frac{11}{6}\pi-\sqrt{3}$, $f(2\pi)=2\pi-2$

④ 좌표에 옮긴다.

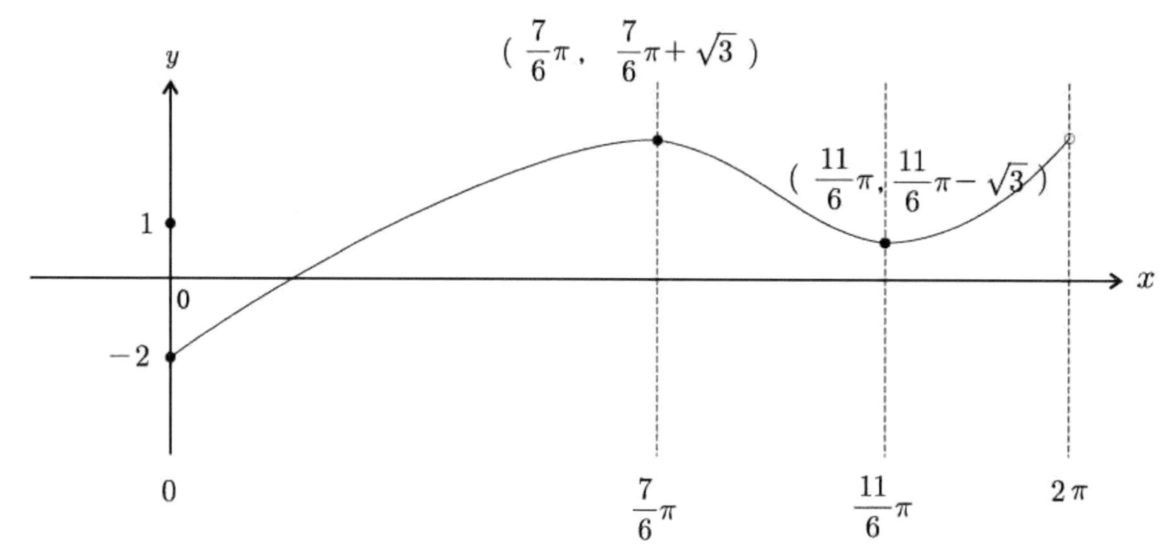

Problem 4

Graph of

(1) $f(x)=(x-1)^2(x+1)(x+2)^3$ (2) $f(x)=-2(x-1)^3(x+3)^2$

(1)

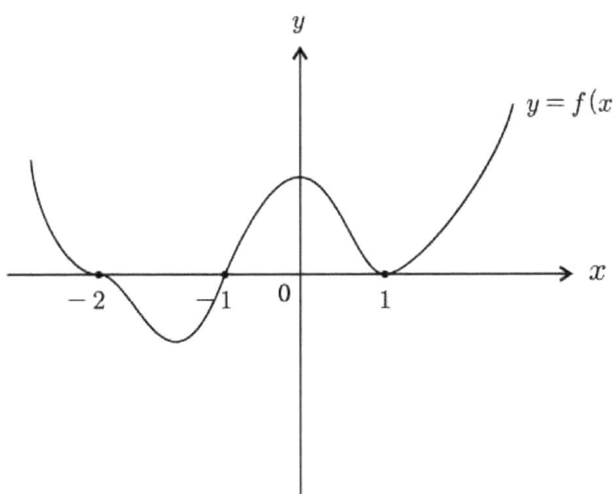

(2)

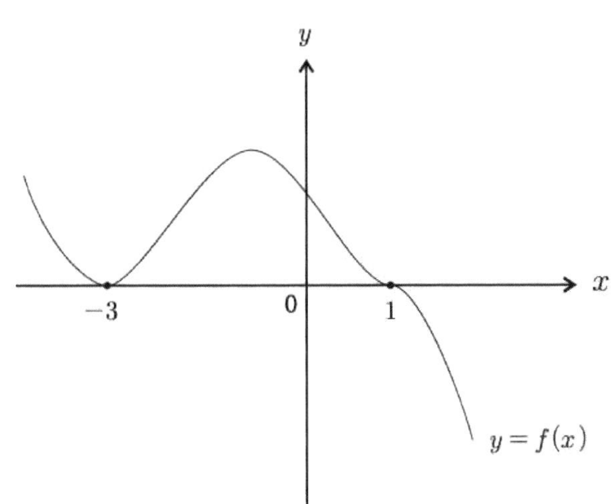

04 Graph 해석

Problem 5

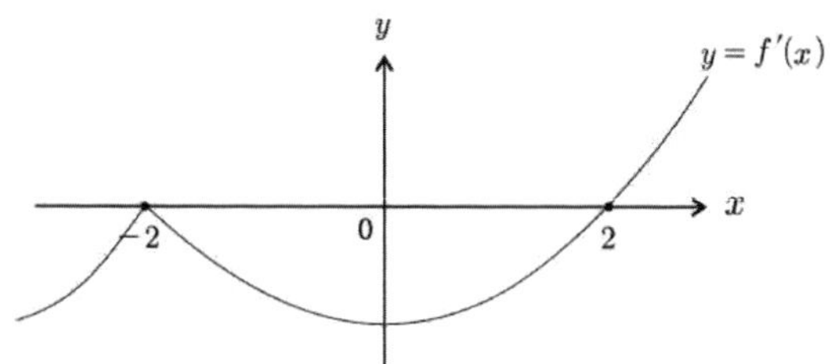

The graph of the derivative of f is shown in the figure above.
Which of the following could be the graph of f?

ⓐ 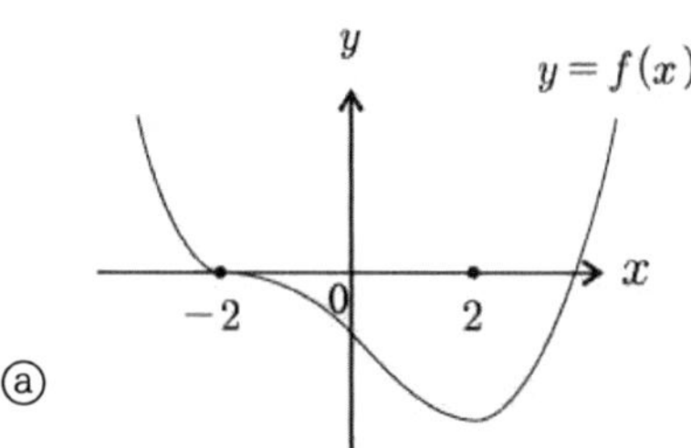

ⓑ 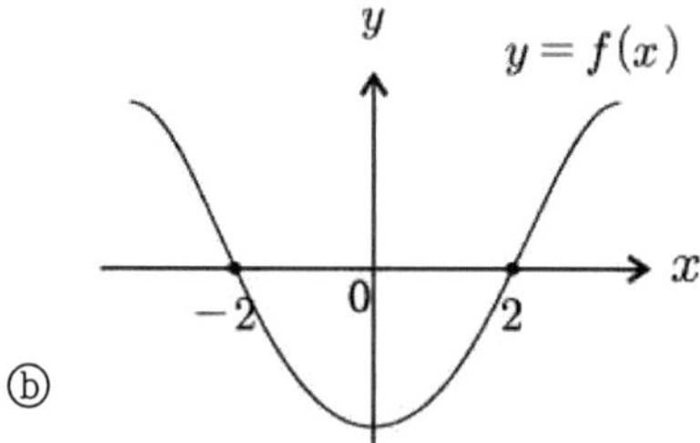

ⓒ 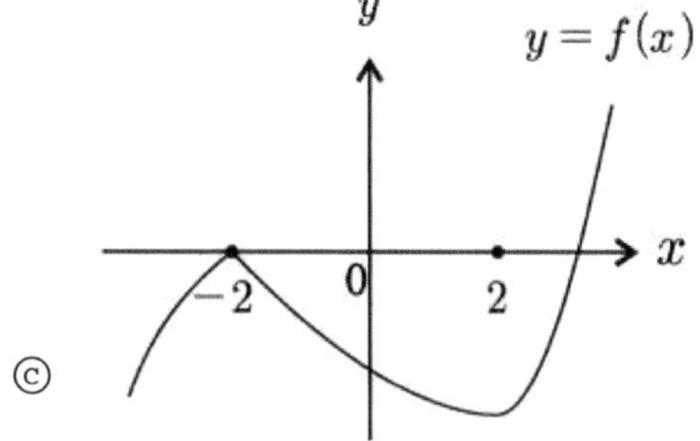

ⓓ 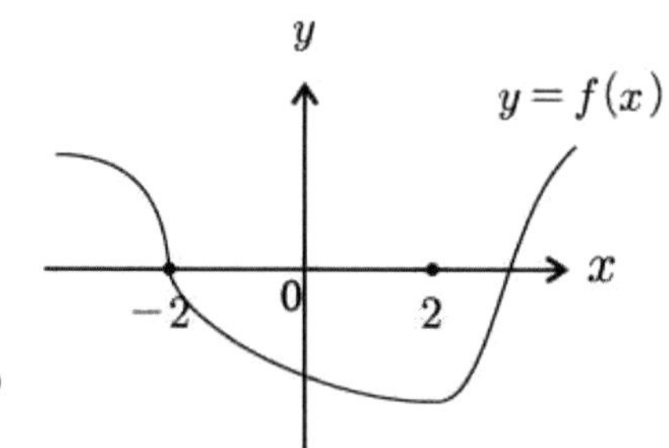

Solution

$x < -2$ 에서 $f'(x) < 0$ 이므로 $f(x)$는 Decreasing
$-2 \leqq x < 2$ 에서 $f'(x) < 0$ 이므로 $f(x)$는 Decreasing
$x \geqq 2$ 에서 $f'(x) > 0$ 이므로 $f(x)$는 Increasing. 여기까지 보면 답이 될 수 있는 것은 ⓐ, ⓓ
$x < -2$ 에서 $f'(x)$은 Increasing하므로 $f(x)$는 Concave up
$-2 \leqq x < 0$ 에서 $f'(x)$은 Decreasing하므로 $f(x)$는 Concave down
$x \geqq 0$ 에서 $f'(x)$은 Increasing하므로 $f(x)$는 Concave up. 그러므로, 정답은 ⓐ

정답 ⓐ

Problem 6

(1) If $f''(x)=(x-1)^2(x+1)(x+3)^3$, then the graph of $f(x)$ has inflection point(s) when $x=$

ⓐ -3　　ⓑ -1　　ⓒ 1　　ⓓ $-3, -1$

(2) The graph of the function $y=\frac{1}{3}x^3+3x^2+3$ changes concavity at $x=$

ⓐ -3　　ⓑ -2　　ⓒ 0　　ⓓ 1

(3) The function f has second derivative given by $f''(x)=\sqrt{x}\cos x-e^x+3$, what is the $x-$coordinate of the inflection poit of the graph of f?

ⓐ 0.87　　ⓑ 0.98　　ⓒ 1.22　　ⓓ 1.38

Solution

(1) f'' Graph가 0이 되면서 부호가 바뀌는 점에서 Inflection Point를 가져오므로 $x=-3, -1$

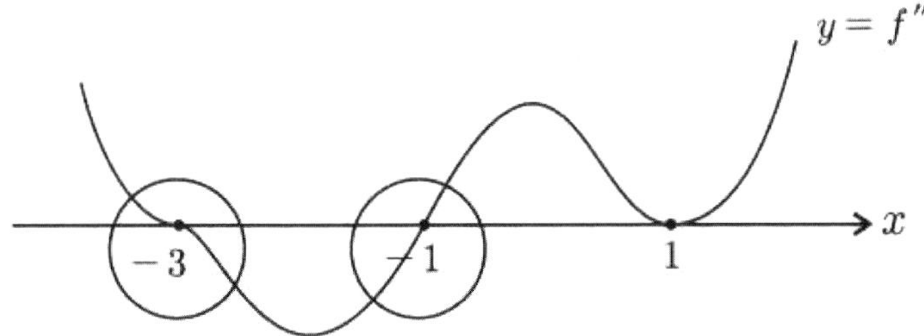

그러므로, 정답은 ⓓ

(2) Change concavity ⇒ Inflection Point!

$y'=x^2+6x$, $y''=2x+6$ 에서 $x=-3$. $y'=x^2+6x$ Graph를 그려보면 $x=-3$ 에서 부호가 바뀌므로 정답은 ⓐ

(3) $y=f''(x)$ Graph를 그려보면 $x=1.22$을 지나감. 즉, $x=1.22$에서 $f''(x)=0$이면서 부호가 바뀌므로 $x=1.22$ 에서 Inflection Point를 갖는다. 그러므로, 정답은 ⓒ

정답　(1) ⓓ　(2) ⓐ　(3) ⓒ

04 Graph 해석

Problem 7

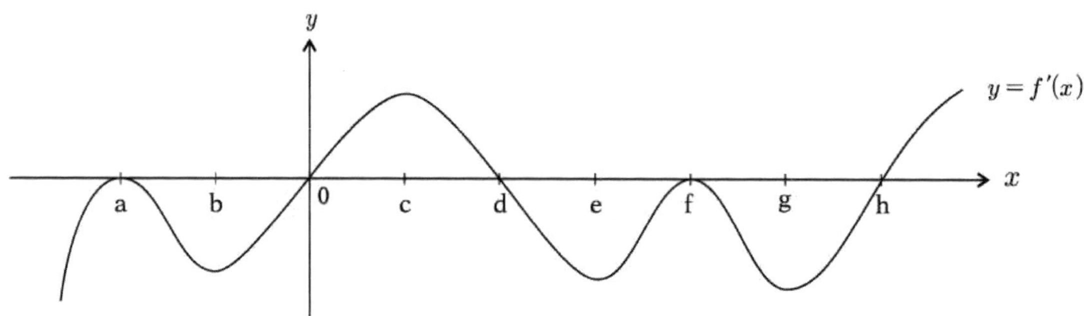

The graph of the derivative of f is shown in the figure above. For what values of x does the graph of f have a point of inflection?

ⓐ $a, 0, d, f, h$　　ⓑ b, c, e, f　　ⓒ a, b, c, e, f, g　　ⓓ $a, 0, h$

Solution

f' Graph가 Increasing에서 Decreasing으로 바뀌는 점, 또는 Decreasing에서 Increasing으로 바뀌는 점에서 $y = f(x)$는 Inflection Point를 갖는다. 그러므로, 정답은 ⓒ

정답　ⓒ

Problem 8

(1) The function f given by $f(x) = -2x^3 + 9x^2 - 12x + 6$ has a relative maximum at $x =$

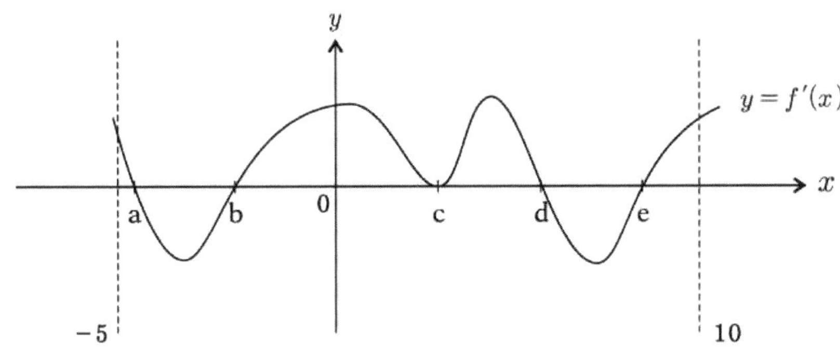

(2) The graph of f', the derivative of f, is shown in the figure above. Which of the following describe all relative extremes of f on the open interval $(-5, 10)$?

ⓐ f has relative maxima at $x = a, c$

ⓑ f has two relative maxima and three relative minima.

ⓒ f has two relative maxima and two relative minima.

ⓓ f has three critical points.

Solution

(1) • $f'(x) = -6x^2 + 18x - 12$ 에서 $-6x^2 + 18x - 12 = 0$ 을 만족하는 x는 1, 2

• $f''(x) = -12x + 18$ 에서 $f''(1) = 6 > 0$, $f''(2) = -6 < 0$ 이므로 $x = 2$에서 $f(x)$는 Relative Maximum을 갖는다. 그러므로, 정답은 $x = 2$

(2) f' Graph가 Positive에서 Negative로 바뀌는 점에서 Relative Maximum $(x = a, d)$을 Negative에서 Positive로 바뀌는 점에서 Relative Minimum $(x = b, c)$을 갖는다.
그러므로, 정답은 ⓒ

정답 (1) $x = 2$ (2) ⓒ

04 Graph 해석

Problem 9

(1) The function f is given by $f(x) = x^3 - 3x - 2$. On which of the following intervals is f decreasing?

ⓐ $(-1,1)$ ⓑ $(-1,2)$ ⓒ $(1,2)$ ⓓ $(-\infty,\infty)$

(2)

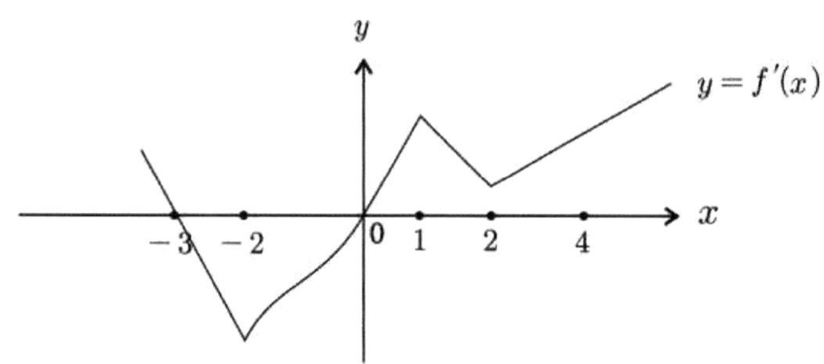

The graph of f', the derivative of the function f, is shown above.

Which of the following statements is true about f?

ⓐ f has a relative maximum at $x=1$. ⓑ f is decreasing for $1 \leq x \leq 2$.

ⓒ f is increasing for $0 \leq x \leq 4$. ⓓ f is not differentiable at $x = -2, 1$, and 2.

Solution

(1) $f'(x) < 0$ 인 x값의 범위를 찾는다.

$f'(x) = 3x^2 - 3 < 0$ 에서 $x^2 - 1 < 0$. 즉, $(x-1)(x+1) < 0$ 에서 $-1 < x < 1$ 이므로 정답은 ⓐ

(2) $f'(x) > 0$ 인 구간에서 f는 Increasing하므로 정답은 ⓒ

$f'(-2)$, $f'(1)$, $f'(2)$ 모두 존재 하므로 ⓓ는 틀린 설명. 만약 f Graph가 위와 같았다면 ⓓ는 옳은 답이 되었을 것이다.

f는 $x = -3$ 에서 Relative maximum을 $x=0$에서 Relative minimum을 갖는다.

그러므로, ⓐ는 틀린 답이다. 정답은 ⓒ

정답 (1) ⓐ (2) ⓒ

Problem 10

(1) The graph of $y = \frac{1}{12}x^4 - \frac{1}{3}x^3 - \frac{3}{2}x^2 + 5x + 1$ is concave downwards for

ⓐ $-1 < x < 0$ ⓑ $0 < x < 3$ ⓒ $-3 < x < 1$ ⓓ $-1 < x < 3$

(2)

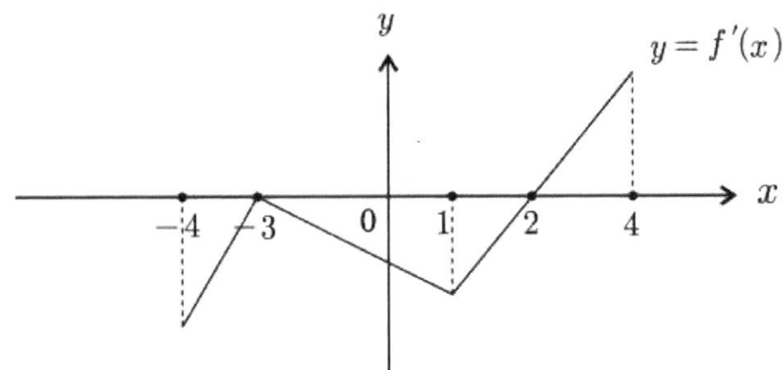

The graph of f', the derivative of the function f, is shown above.
Which of the following statements about f are true?

I. f is concave down for $-3 < x < 1$.
II. f is concave up for $1 < x < 4$.
III. f is increasing for $1 < x < 4$.

ⓐ *I* ⓑ *II* ⓒ *I, II* ⓓ *I, III*

Solution

(1) $y'' < 0$ 인 x값의 범위를 찾는다.

$y' = \frac{1}{3}x^3 - x^2 - 3x + 5$, $y'' = x^2 - 2x - 3$ 이므로 $x^2 - 2x - 3 < 0$ 에서 $(x-3)(x+1) < 0$ 이므로 $-1 < x < 3$. 그러므로, 정답은 ⓓ

(2) $f'(x)$가 Increasing 하는 구간에서 f는 Concave up이고 $f'(x)$가 Decreasing하는 구간에서 f는 Concave down 이므로 보기 중 옳은 것은 *I*, *II*. 그러므로, 정답은 ⓒ

정답 (1) ⓓ (2) ⓒ

04 Graph 해석

Problem 11

The function f has the property that $f(x)>0$, $f'(x)<0$, and $f''(x)>0$ for all real values x. Which of the following could be graph of f?

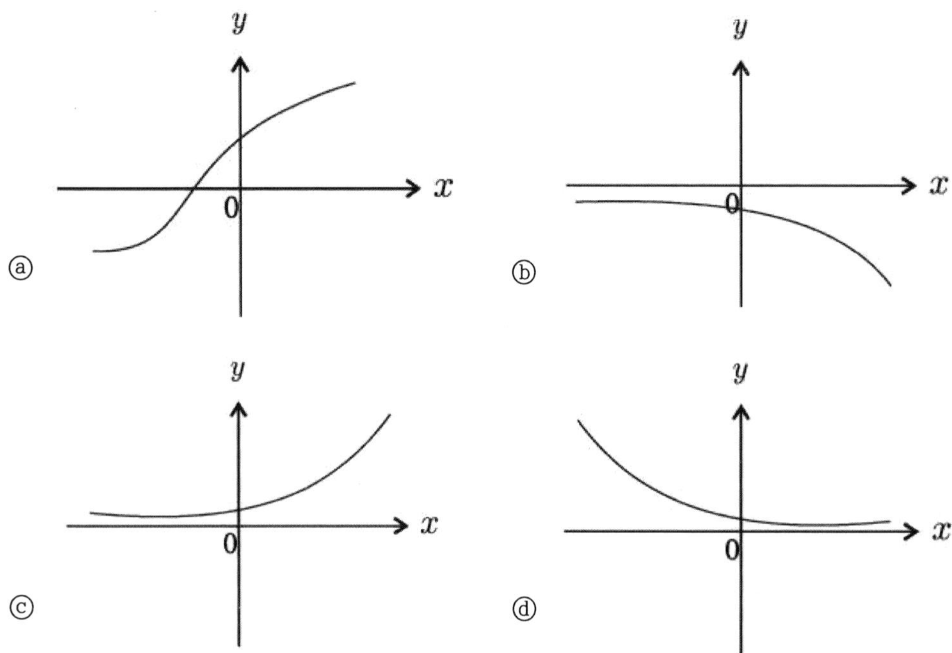

Solution

$f(x)>0$인 것은 x축 보다 위에 있으며 $f'(x)>0$인 모든 실수 구간에서 (All real values for x) Increasing이며, $f''(x)>0$인 것은 Concave up이다. 그러므로 정답은 ⓓ

정답 ⓓ

Problem 12

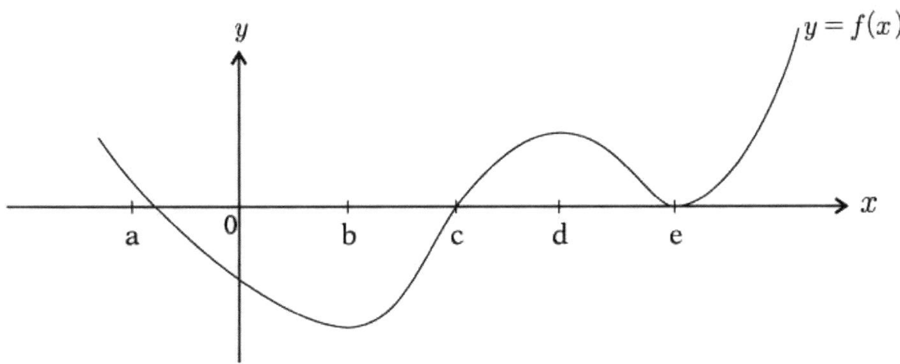

The graph of a twice-differentiable function f is shown in the figure above.
Which of the following is true?

ⓐ $f''(a) < f(a) < f'(a)$
ⓑ $f(b) < f'(b) < f''(b)$
ⓒ $f'(c) < f(c) < f''(c)$
ⓓ $f''(d) < f(d) < f'(d)$

Solution

임의의 constant k에 대해서
① $f(k) > 0$이면 x축보다 위에, $f(k) = 0$이면 x축 위에, $f(k) < 0$ 이면 x축 보다 아래에 있다.
② $f'(k) > 0$ 이면 $x = k$에서 $f(x)$는 Increasing, $f'(k) < 0$ 이면 Decreasing
③ $f''(k) > 0$ 이면 $x = k$에서 Concave Up, $f''(k) < 0$ 이면 $x = k$에서 Concave Down

ⓐ $f'(a) < f(a) < f''(a)$ or $f'(a) < f''(a) < f(a)$. 즉, $f''(a)$와 $f(a)$의 크기는 비교 할 수 없다.
ⓑ $f(b) < f'(b) < f''(b)$
ⓒ $f''(c) = 0$, $f'(c) > 0$, $f(c) = 0$이므로 어느 값이 더 큰 값인지는 알 수 없다.
ⓓ $f''(d) < f'(d) < f(d)$

정답 ⓑ

04 Graph 해석

Problem 13

The function f has the property that $f'(x)<0$ and $f''(x)>0$ for all x in the closed interval $[1,4]$. Which of the following could be a table of values for f?

ⓐ

x	$f(x)$
1	10
2	5
3	3
4	2

ⓑ

x	$f(x)$
1	10
2	9
3	7
4	2

ⓒ

x	$f(x)$
1	10
2	11
3	12
4	13

ⓓ

x	$f(x)$
1	2
2	7
3	9
4	10

Solution

$f'(x)<0$인 것은 $[1,4]$에서 Decreasing. $f''(x)>0$인 것은 $[1,4]$에서 Concave up이므로 $f(x)$ Graph는 다음과 같은 형태가 된다.

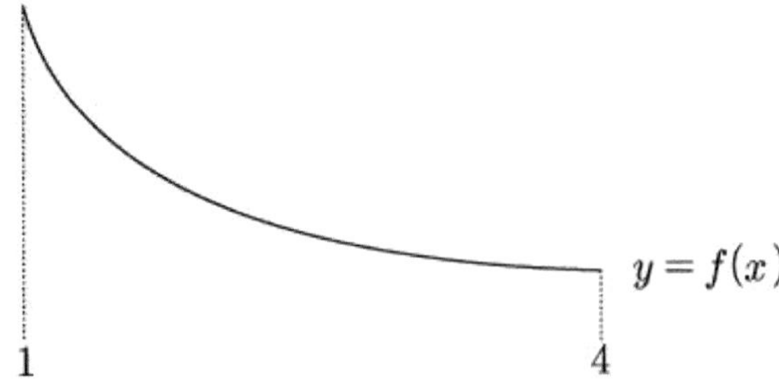

즉, 처음에는 급격하게 감소하다가 나중에는 감소하는 폭이 작아진다.
이를 만족하는 Table은 보기 중 ⓐ. 그러므로, 정답은 ⓐ

정답 ⓐ

Problem 14 

(1) Let f be the function with derivative given by $f'(x)=\cos(2x^2)$.
How many relative extreme does f have on the interval $0<x<3$?
ⓐ Three ⓑ Four ⓒ Five ⓓ Six

(2) Let f be the function with derivative given by $f'(x)=\sin(x^2)$ on the interval $0<x<4$.
How many points of inflection does the graph of f have on this interval?
ⓐ Two ⓑ Three ⓒ Four ⓓ Five

(3) The first derivative of the function f is given by $f'(x)=\ln(2x)+\cos^2(5x)-2$.
How many critical value does f have on the open interval $(3,7)$?
ⓐ One ⓑ Two ⓒ Three ⓓ Four

Solution

(1) ⓓ
$f'(x)$ graph를 계산기로 그려보면 $(0,3)$에서 x축을 6번 지난다. 즉, $f'(x)$ 의 부호가 6번 바뀌므로 Relative maximum or Relative minimum은 주어진 구간 내에서 6개이다.
그러므로, 정답은 ⓓ

(2) ⓓ
$f'(x)=\sin(x^2)$ 을 계산기로 그려보면 주어진 구간 $(0,4)$에서 Increasing에서 Decreasing 또는 Decreasing에서 Increasing으로 바뀌는 점이 5개 있다. 그러므로, 정답은 ⓓ

(3) ⓑ
$f'(x)$ graph를 계산기로 그려보면, $f'(x)=0$인 점은 주어진 구간 내에서 두 개다.
그러므로, 정답은 ⓑ (※ $f'(x)=0$) 인 x값 or $f'(x)$가 정의되지 않는 x값이 Critical Value이다.)

정답 (1) ⓓ (2) ⓓ (3) ⓑ

Problem 15

(1) What are all values of x for which the function f defined by $f(x)=(2x^2+3)e^x$ is increasing?

ⓐ $(2, \infty)$ ⓑ $(-2, 1)$ ⓒ $(-1, 3)$ ⓓ $(-\infty, \infty)$

(2) Let f be the function given by $f(x)=4xe^{-x}$. The graph of f is concave down when

ⓐ $x<-2$ ⓑ $x<2$ ⓒ $0<x<2$ ⓓ $-2<x<0$

Solution

(1) ⓓ

$f'(x)=(4x)e^x+(2x^2+3)e^x=e^x(2x^2+4x+3)$ 에서 $e^x>0$ 이고 $2x^2+4x+3>0$

그림을 그려보면

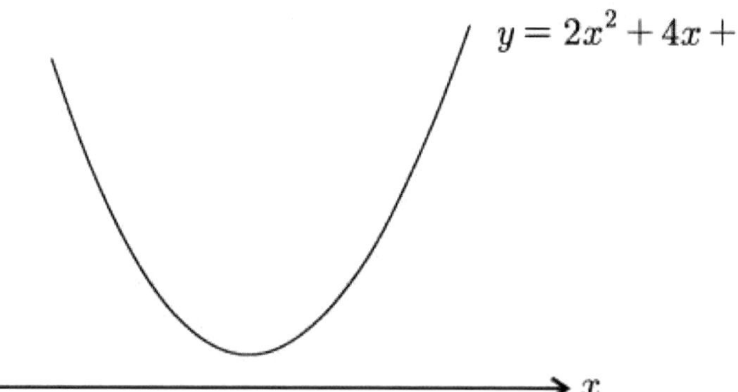

그러므로, 모든 실수 구간에서 Increasing 이므로 정답은 $(-\infty, \infty)$. 정답 ⓓ

(2) ⓑ

$f''(x)<0$인 x값 범위에서 $f(x)$는 Concave Down!

$f'(x)=4e^{-x}-4xe^{-x}=(4-4x)e^{-x}$, $f''(x)=-4e^{-x}-(4-4x)e^{-x}=e^{-x}(-8+4x)$ 에서

$e^{-x}>0$이므로 $-8+4x<0$. 그러므로, $x<2$. 정답 ⓑ

정답 (1) ⓓ (2) ⓑ

Problem 16

Let f be the function defined by $f(x)=-\frac{1}{3}x^3+\frac{7}{2}x^2-10x+1$. Find intervals of f both increasing and concave down.

Solution

① $f'(x)>0 \Rightarrow -x^2+7x-10>0 \Rightarrow x^2-7x+10<0$ 그러므로, Increasing 구간은 $2<x<5$

② $f''<0 \Rightarrow -2x+7<0 \Rightarrow x>\frac{7}{2}$ 그러므로, Concave down 구간은 $x>\frac{7}{2}$ 그러므로, $\frac{7}{2}<x<5$

정답 $\frac{7}{2}<x<5$

Problem 17

x	1	2	3	4	5
$f'(x)$	2	-3	0	2	-2

A polynomial function f has selected values of its first derivative f' given in the table above. Which of the following statements must be true?

ⓐ f has relative maximum at $x=4$ ⓑ f has a point of inflection at $x=3$

ⓒ f has at least one local maximum on the interval $(1,2)$

ⓓ f is decreasing on the interval $(4,5)$

Solution

f'은 $(1,2)$에서 반드시 한번 이상 Positive에서 Negative로 바뀌므로 정답은 ⓒ

정답 ⓒ

04 Graph 해석

Problem 18

The function f is continuos on the closed interval $[1, 3]$ and differentiable on the open interval $(1, 3)$. If $f'(2) = -1$ and $f''(x) > 0$ on the open interval $(1, 3)$, which of the following could be a table of values for f? (※f has no inflection points.)

ⓐ

x	$f(x)$
1	3
2	2
3	1.5

ⓑ

x	$f(x)$
1	3.5
2	2
3	1.5

ⓒ

x	$f(x)$
1	4
2	2
3	1

ⓓ

x	$f(x)$
1	2
2	2.5
3	3.5

Solution

$f'(2) = -1 < 0$, $f''(x) > 0$이고 Inflection Point가 없으므로 f는 $x = 2$에서 Decreasing 하면서 Concave Up이다.(※ Inflection Point가 없어서 Concavity Change가 발생하지 않는다. 즉, Concave Down으로 바뀔 일이 없다.)

다음의 그림을 보자.

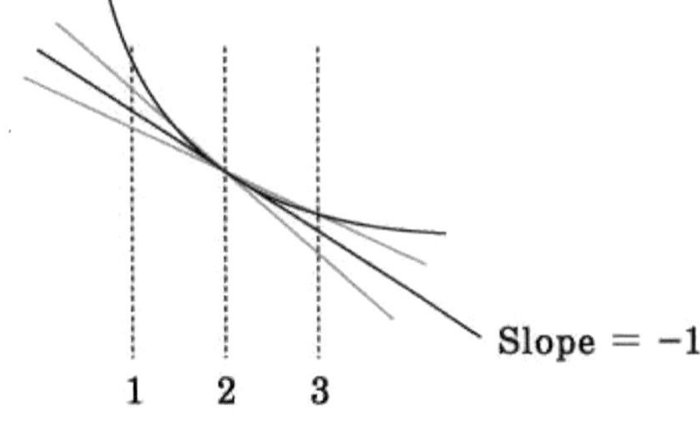

그러므로, 1과 2사이의 Slope는 -1보다 작고 2와 3사이의 Slope는 -1보다 크게 된다.
이를 만족하는 Table은 보기 중 ⓑ

정답 ⓑ

Problem 19

The function f is twice differentiable, and the graph of f has no points of inflection. If $f(2)=2$, $f'(2)=-1$, and $f''(2)=-3$, which of the following could be the value of $f(3)$?

ⓐ 4　　ⓑ 3　　ⓒ 2　　ⓓ 0.5

Solution

$f'(2) = -1 < 0 \Rightarrow$ Decreasing!

$f''(2) = -3 < 0 \Rightarrow$ Concave Down!

"... has no points of inflection… " ⇒ concavity doesn't change!

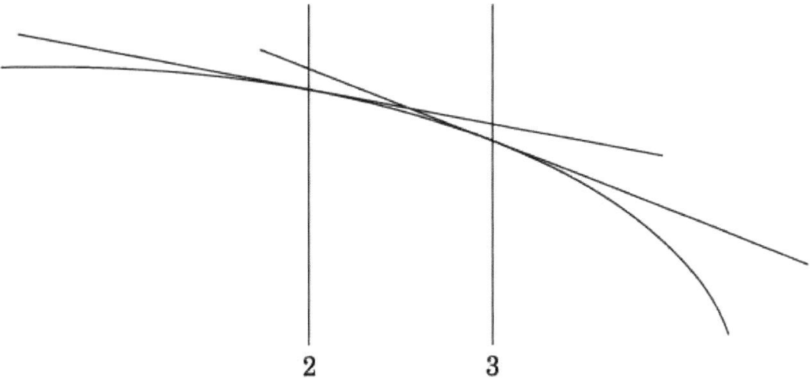

위의 그림에서 2와 3사이의 Slope는 1보다 작다. ⇒ Use the Mean Value Theorem! 그러므로, 보기 중 정답이 될 수 있는 것은 ⓓ

정답　ⓓ

Graph 해석

Problem 20

The function f given by $f(x)=3x^{\frac{2}{3}}+x-1$ has a relative minimum at $x=$

ⓐ -8 ⓑ -4 ⓒ -21 ⓓ 0

Solution

$f'(x)=3\times\frac{2}{3}x^{-\frac{1}{3}}+1=0 \Rightarrow x=-8$ and $f''(-8)<0$.

그러므로, $f(-8)$은 Relative minimum이 아니다.

$f'(0)$ is undefined and f' changes from negative to positive at $x=0$.

그러므로.. $f(0)$이 Relative minimum이 된다.

(※ $\lim_{x\to 0-} f'(x)<0$ and $\lim_{x\to 0+} f'(x)>0$)

정답 ⓓ

08 EXERCISE

Explanation & Answer : ☞p.230

1. Graph of $y=-\frac{1}{3}x^3+x^2-x+1$

2. Graph of

(1) $y=-x^2+3x+4$

(2) $y=\frac{2x}{x^2+1}$

3. Graph of $y=(x-1)^2(x+1)(x+3)^4$

Exercise

4.

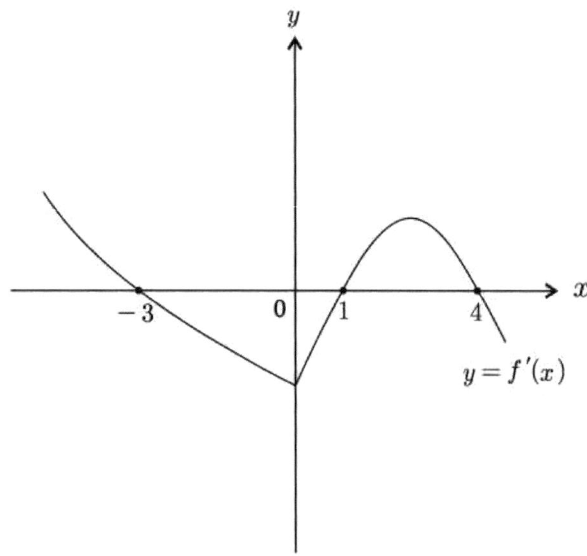

The graph of the derivative of f is shown in the figure above.
Which of the following could be the graph of f?

ⓐ

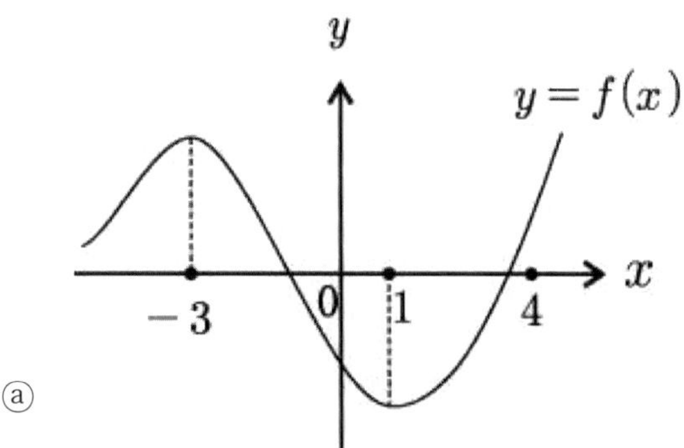

ⓑ

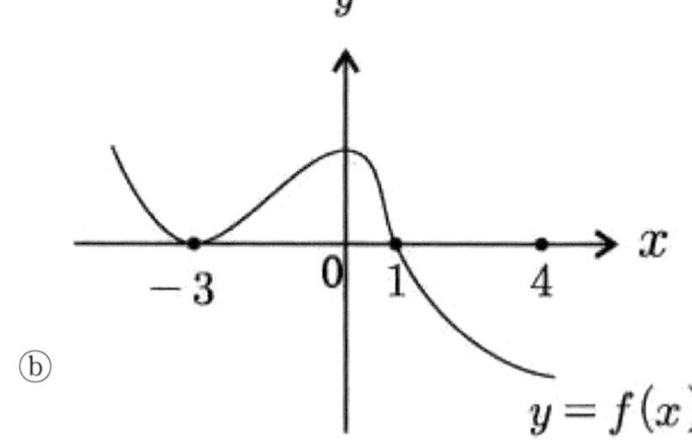

ⓒ

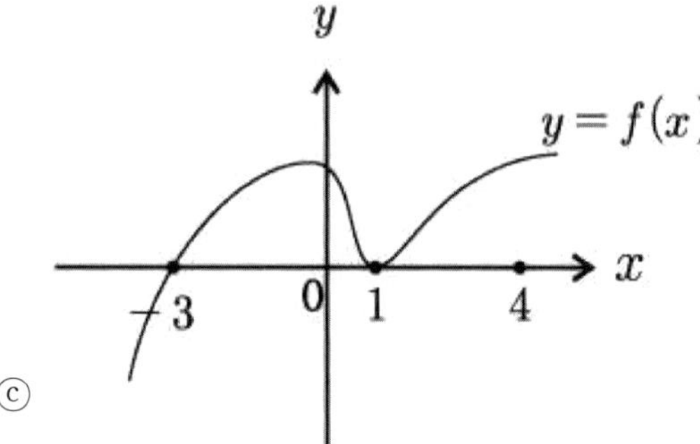

ⓓ

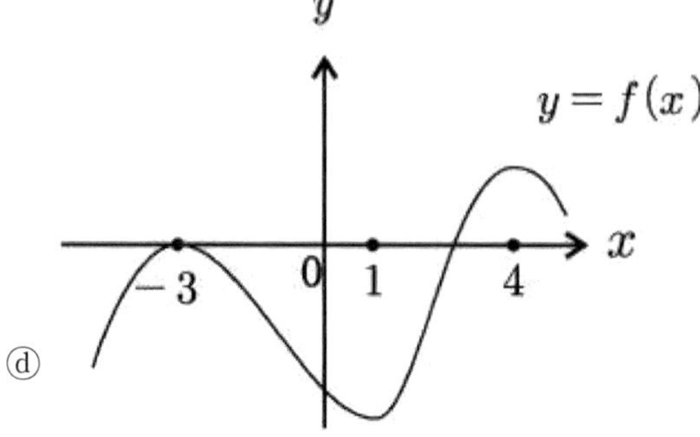

5. If $f''(x)=(x+1)^2(x+2)^4(x+3)^5$, then the graph of $f(x)$ has inflection point(s) when $x=$

ⓐ -3 ⓑ -2 ⓒ -1 ⓓ $-3, -1$

6. What is the $x-$coordinate of the point of inflection on the graph of $y=\frac{1}{3}x^3-3x^2+1$?

ⓐ -3 ⓑ -2 ⓒ 0 ⓓ 3

7. The function f has second derivative given by $f''(x)=(x-1)\sin(2x)$, $\frac{\pi}{4}\leqq x\leq\frac{3\pi}{4}$.

What is the $x-$coordinate(s) of the inflection point of f?

ⓐ $-1, -1.57$ ⓑ -1 ⓒ 1.57 ⓓ $1, 1.57$

8.

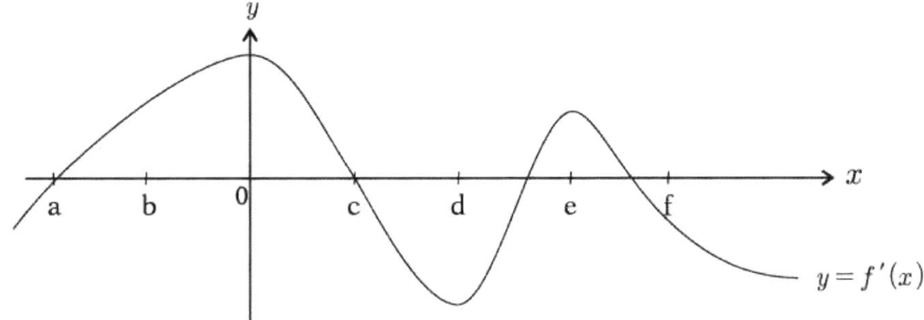

The graph of $y=f'(x)$ is shown above. Find all the $x-$coordinates of points of inflection for the graph of f.

Exercise

9.

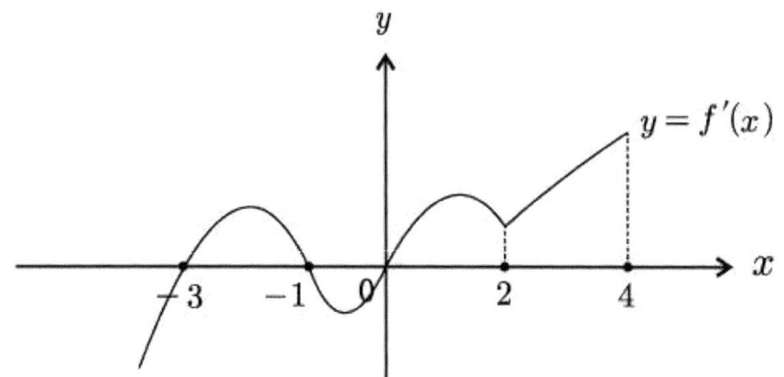

The graph of f', the derivative of the function f, is shown above.
Which of the following statements is true about f?

ⓐ f is increasing for $-3 \leqq x \leqq 0$ and $2 \leqq x \leqq 4$.

ⓑ f has three inflection points.

ⓒ f has relative minimum at $x = -1$.

ⓓ f is decreasing for $-1 \leqq x \leqq 0$.

10. The graph of $y = x^3 - 4x^2 + 3x + 2$ is concave up for

ⓐ $x > \frac{4}{3}$　　ⓑ $x < \frac{4}{3}$　　ⓒ $0 < x < \frac{4}{3}$　　ⓓ $x > -\frac{4}{3}$

11.

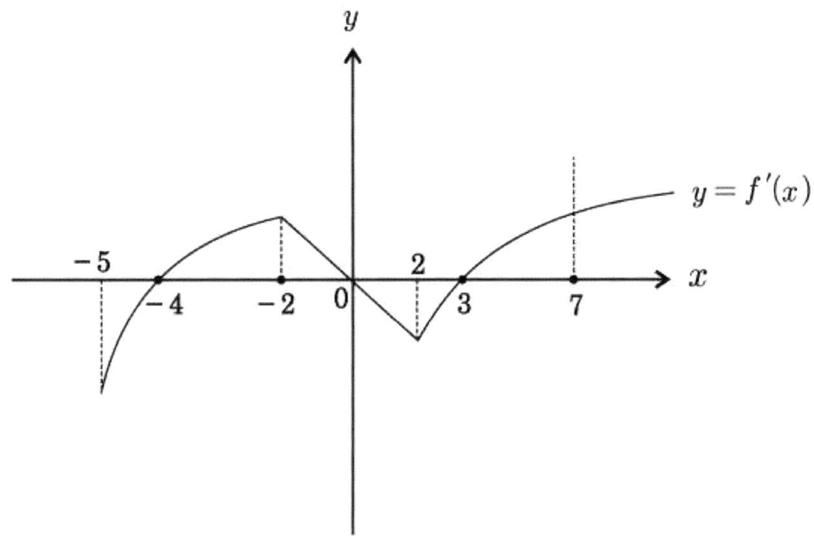

The graph of f', the derivative of the function f, is shown above. Which of the following statements about f are true?

I. f is concave up for $-4<x<0$ *II*. f is concave down for $-2<x<2$ *III*. f has a relative maximum at $x=3$ *IV*. f has two inflection points

ⓐ *I*, *III* ⓑ *II*, *IV* ⓒ *II*, *III*, *IV* ⓓ *I*, *II*, and *III*

Exercise

12.

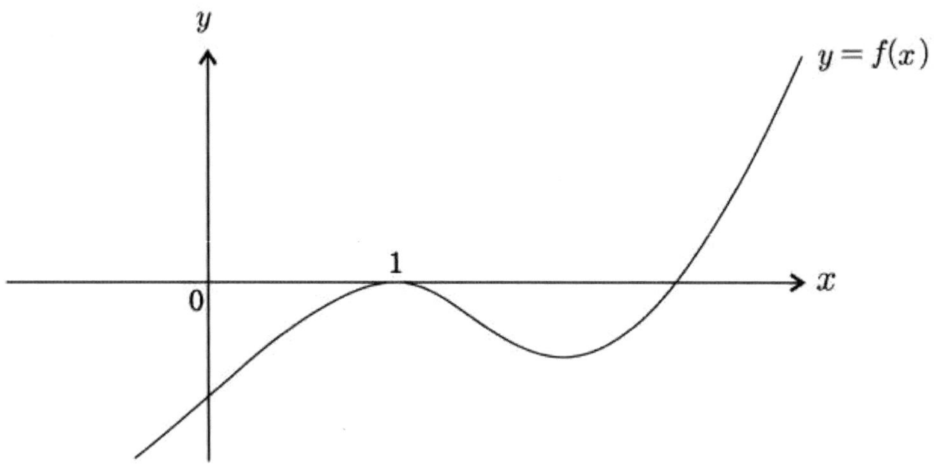

The graph of a twice-differentiable function f is shown in the figure above, which of the following is true?

ⓐ $f(1) < f'(1) < f''(1)$ ⓑ $f''(1) < f'(1) = f(1)$
ⓒ $f'(1) = f''(1) < f(1)$ ⓓ $f(1) < f''(1) < f'(1)$

13. The function f has the property that $f'(x) > 0$ and $f''(x) < 0$ for all x in the closed interval $[1, 4]$. Which of the following could be a table of values for f?

ⓐ

x	$f(x)$
1	10
2	5
3	3
4	2

ⓑ

x	$f(x)$
1	10
2	9
3	7
4	2

ⓒ

x	$f(x)$
1	10
2	11
3	12
4	13

ⓓ

x	$f(x)$
1	2
2	7
3	9
4	10

(※ 14 ~ 16)

Let f be the function with derivative given by $f'(x) = \sin(2x+1)$ on the interval $\frac{1}{2} < x < 7$.

14. How many relative extrema does f have on this interval?

ⓐ Three　　ⓑ Four　　ⓒ Five　　ⓓ Six

Exercise

15. How many points of inflection does the graph of f have on this interval?

ⓐ Three ⓑ Four ⓒ Five ⓓ Six

16. How many critical value does f have on this interval?

ⓐ Three ⓑ Four ⓒ Five ⓓ Six

(※ 17 ~ 18)

Let f be the function given by $f(x) = x + 2\sin x$ on the interval $0 < x < 2\pi$.

17. What are all values of x for which the function f is decreasing?

ⓐ $\frac{2}{3}\pi < x < \frac{4}{3}\pi$ ⓑ $\pi < x < 2\pi$

ⓒ $\frac{2}{3}\pi < x < 2\pi$ ⓓ $0 < x < \pi$

18. What are all value of x for which the function f is concave up?

ⓐ $\frac{2}{3}\pi < x < \frac{4}{3}\pi$ ⓑ $\pi < x < 2\pi$

ⓒ $\frac{2}{3}\pi < x < 2\pi$ ⓓ $0 < x < \pi$

(※ 19 ~ 21)

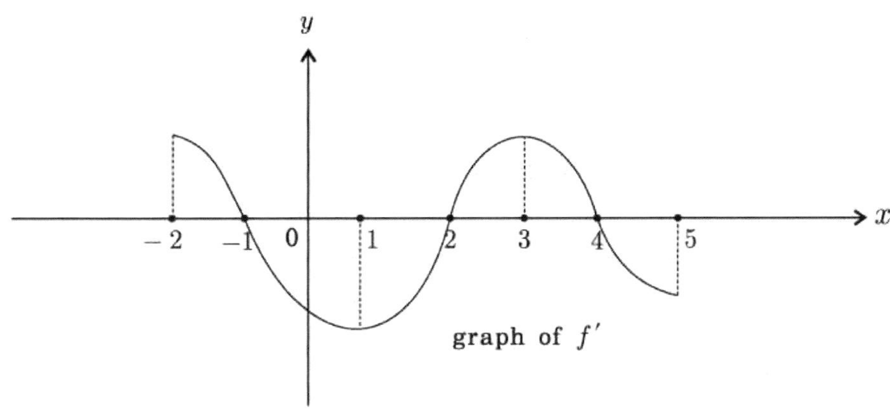

The graph of f', the derivative of f, is shown above.
Let g be the function given by $g(x) = e^{-f(x)}$.

19. For $-2 < x < 5$, find all values of x at which g has a relative minimum. Justify your answer.

Exercise

20. For $-2 < x < 5$, find all values of x at which f has an inflection point. Justify your answer.

21. For $-2 < x < 5$, find all values of critical.

22. Given f' as graphed, which could be the graph of f?

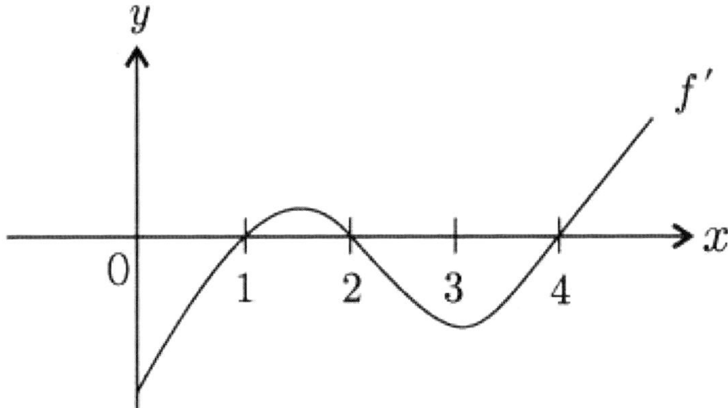

ⓐ

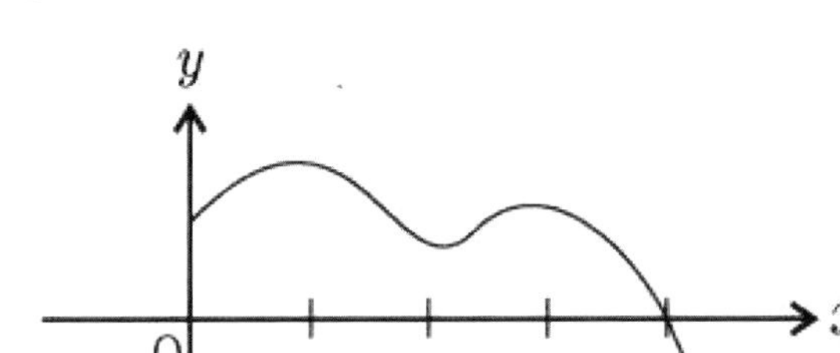

ⓑ

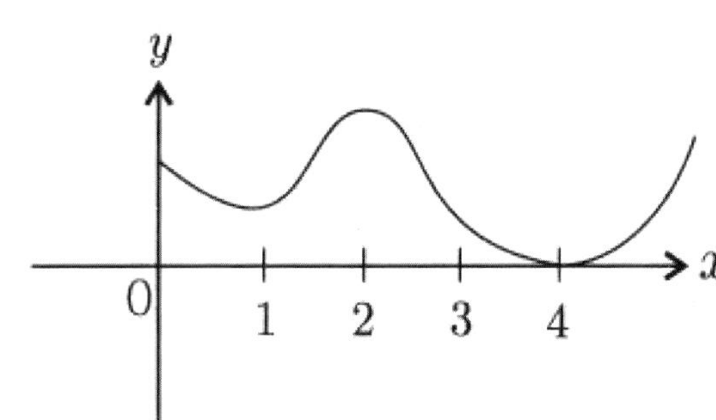

ⓒ

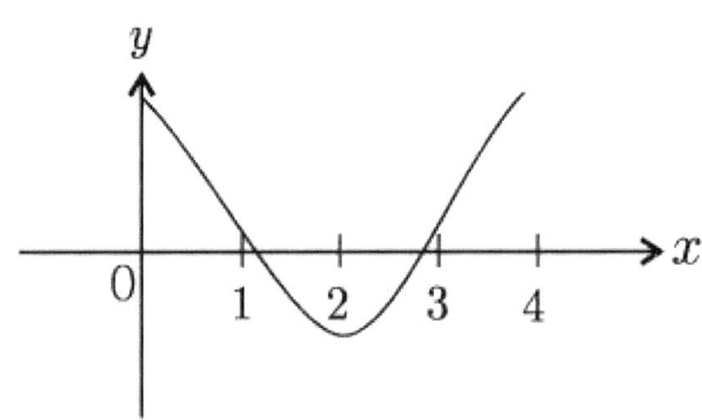

ⓓ

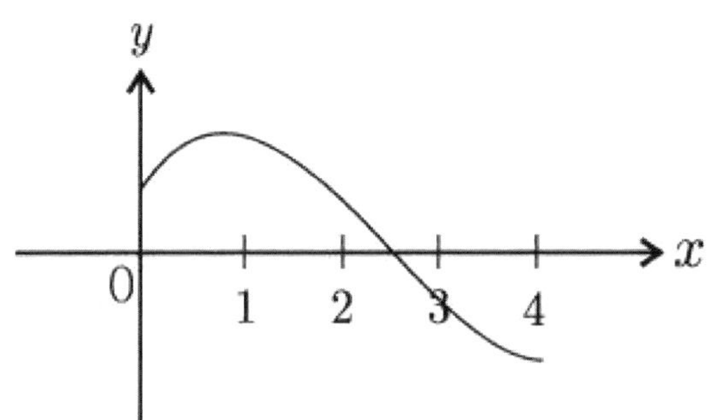

Exercise

23. Let f be the function defined by $f(x)=2x^3-27x^2+48x+4$. Find intervals of x where f is both decreasing and concave down.

24. A polynomial function f has selected values of its second derivative f'' given in the table below. Which of the following statements must be true?

x	1	2	3	4	5
$f''(x)$	2	1	-1	5	2

ⓐ f has local maximum at $x=4$

ⓑ f has local minimum at $x=3$

ⓒ f is concave upward on the interval $(1,2)$

ⓓ f has at least one inflection point on the interval $(3,4)$

25. The function f is continuous on the closed interval $[2,4]$ and differentiable on the open interval $(2,4)$. If $f'(3)=2$ and $f''(x)<0$ on the open interval $(2,4)$, which of the following could be a table of values for f? (f has no inflection points)

ⓐ

x	$f(x)$
2	0
3	2
4	4

ⓑ

x	$f(x)$
2	3
3	2
4	0

ⓒ

x	$f(x)$
2	1
3	2
4	4

ⓓ

x	$f(x)$
2	-2
3	3
4	4

26. The function f given by $f(x)=6x^{\frac{2}{3}}+2x+2$ has relative minimum at $x=$

ⓐ -8

ⓑ -4

ⓒ -2

ⓓ 0

Explanations and Answers for Exercises

Exercise 8

1.

① x^3의 Coefficient가 (−)이므로 오른쪽 끝이 밑으로 간다.
일단 다음과 같이 그린다.

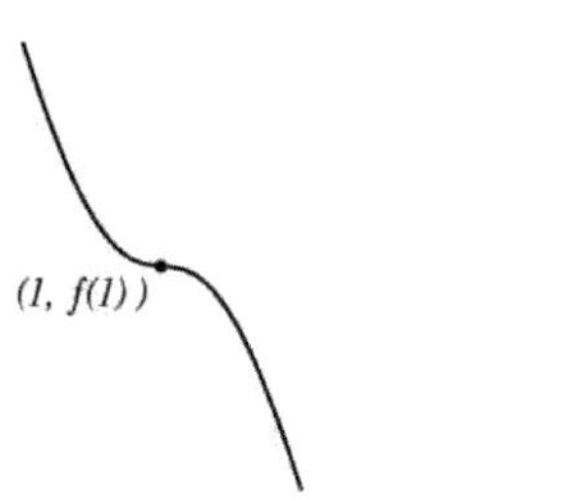

② $f'(x)=0$인 값을 찾는다.
$y'=-x^2+2x-1$ 에서 $(x-1)^2=0$ 에서 $x=1$.
즉, x값이 하나만 나오므로 그림과 같은 형태가 된다.

2.

(1) ① x^2의 Coefficient가 (−)이므로 오른쪽 밑으로 간다.
일단 다음과 같이 그린다.

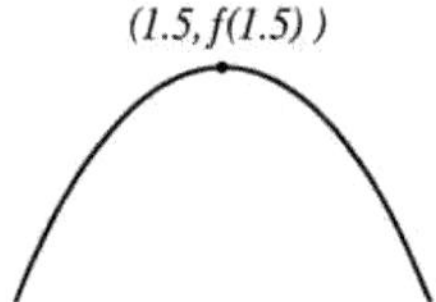

② $f'(x)=0$인 x값을 찾는다. $y'=-2x+3$ 에서 $x=1.5$

(2) ① $y'=\dfrac{-2(x+1)(x-1)}{(x^2+1)^2}$ 에서 $y'=0$ 인 x는 $-1, 1$

② $f'(-2)<0$, $f'(0)>0$, $f'(2)<0$

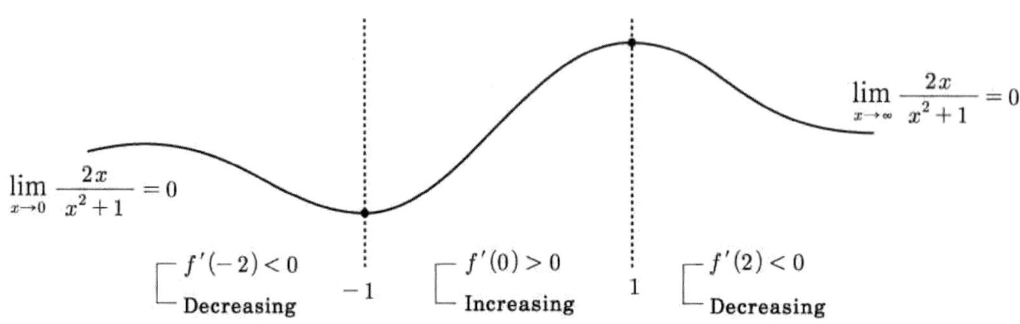

3.

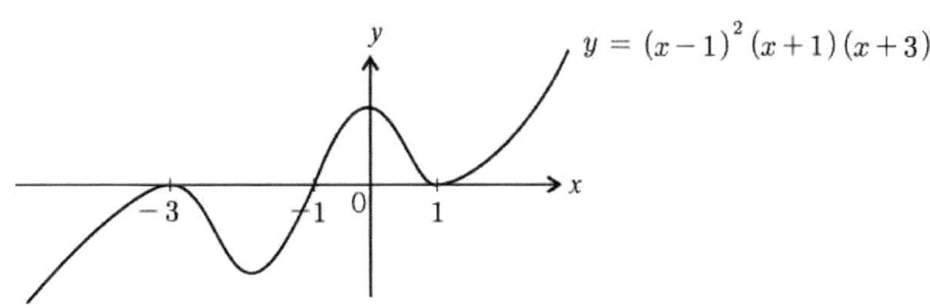

4. ⓓ

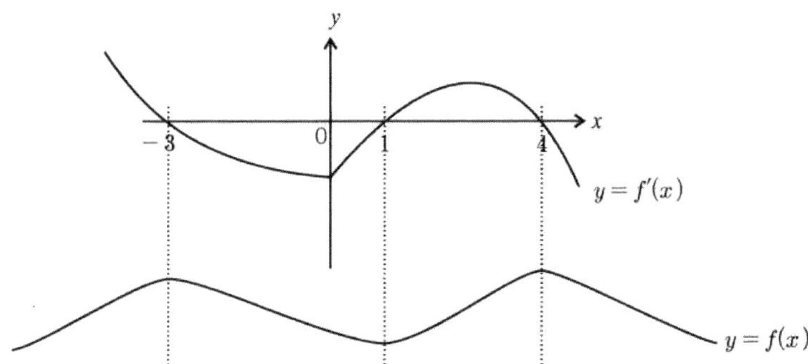

5. ⓐ

$y = f''(x)$의 Graph를 추정해보면...

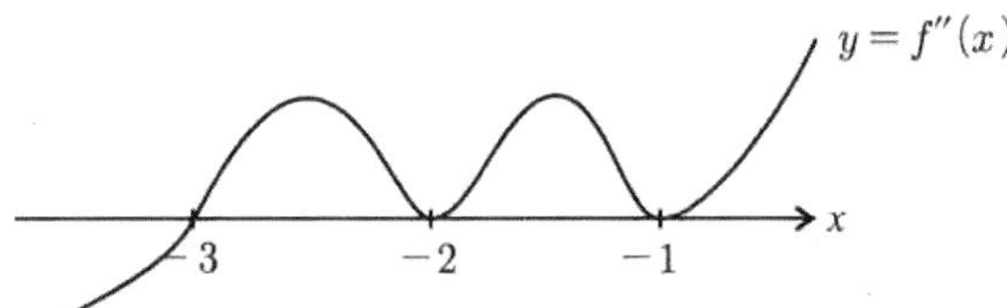

즉, $x = -3$ 에서 f''의 값이 0이 되면서 부호가 바뀐다.

6. ⓓ $y' = x^2 - 6x$, $y'' = 2x - 6$

즉,

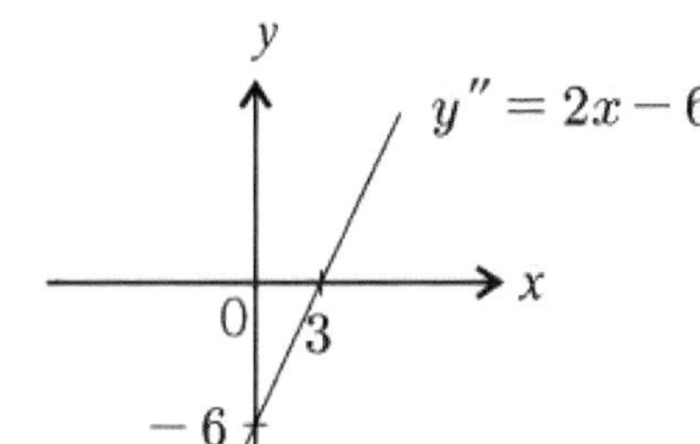

y''은 $x = 3$에서 0이 되면서 부호가 바뀌므로 $x = 3$ 에서 Inflection Point를 갖는다.

Explanations and Answers for Exercises

7. ⓓ

계산기로 $f''(x)=(x-1)\sin(2x)$ 의 Graph를 그려보면, $x=1$과 $x=1.57$ 에서 x축을 지나는 것을 알 수 있다. 즉, $f''(x)=0$이면서 $f''(x)$의 부호가 바뀌는 점에서 Inflection point을 가지며 그 값은 1과 1.57이다.

8. 0, d, e

$f'(x)$의 Graph가 Increasing에서 Decreasing, Decreasing에서 Increasing으로 바뀌는 점에서 Inflection Point를 찾는다.

9. ⓓ

$f'(x) \leq 0$인 구간에서 $f(x)$는 Decreasing하므로 정답은 ⓓ

10. ⓐ

$y'=3x^2-8x+3$, $y''=6x-8$. $y''>0$인 구간에서 Concave Up이므로 $6x-8>0$

즉, $x>\dfrac{4}{3}$

11. ⓑ

$f'(x)$가 Decreasing 하는 구간에서 $f(x)$는 Concave Down. Increasing 하는 구간에서 $f(x)$는 Concave Up이고 $f'(x)$가 Increasing에서 Decreasing으로 바뀌는 점 또는 Decreasing에서 Increasing으로 바뀌는 점에서 Inflection Point가 생기므로 $-2<x<2$ 에서 f는 Concave Down이고 $x=-2$와 $x=2$에서 Inflection Point를 갖는다.

12. ⓑ

$f(1)=0$, $f'(1)=0$, $f''(1)<0$ 이므로 정답은 ⓑ.

13. ⓓ

$f'(x)>0$ 이고 $f''(x)<0$ 인 것은 $f(x)$가 Increasing 하면서 Concave Down인 것.
즉, 다음 그림과 같다.

처음에는 증가 폭이 크다가 점점 증가폭이 작아지는 것을 찾으면 된다.

14. ⓑ

계산기로 $f'(x)=\sin(2x+1)$ Graph를 그려보면 주어진 구간 내에서 x축을 4번 지나는 것을 알 수 있다. 즉, $f'(x)$의 부호가 4번 바뀌므로 Extreme Value도 4개 갖는다.

15. ⓒ

Increasing에서 Decreasing, Decreasing에서 Increasing으로 바뀌는 점이 주어진 구간 내에 5개 존재하므로 Inflection Point도 5개 존재한다.

16. ⓑ

$f'(c)=0$이거나 $f'(c)$가 존재하지 않을 때, c를 Critical value라고 한다. 주어진 구간 내에 $f'(c)=0$인 c가 4개 존재한다. 즉, Critical value는 4개.

17. ⓐ

$f'(x)=1+2\cos x$, $1+2\cos x<0$ 에서 $\cos x< -\frac{1}{2}$ 이므로 $\frac{2}{3}\pi<x<\frac{4}{3}\pi$

18. ⓑ

$f''(x) = -2\sin x$ 이고 $f''(x) > 0$인 구간에서 Concave Up 이므로 $-2\sin x > 0$ 에서 $\sin x < 0$. $\sin x < 0$인 구간은 $\pi < x < 2\pi$

19. $x = -1, 4$. The function g change from negative to positive at $x = -1, 4$.

$g'(x) = -f'(x)e^{-f(x)}$ 이고 $x = -1, 2, 4$ 에서 $g'(x)$는 0이 된다. $g'(x)$가 Negative에서 Positive로 바뀌는 점에서 Relative Minimum을 갖는다. $e^{-f(x)} > 0$ 이므로 $-f'(x)$ 는 $x = -1$ 과 $x = 4$에서 Relative Minimum 갖는다.

20. $x = 1, 3$. The function f' changes from decreasing to increasing at $x = 1$, and changes from increasing to decreasing at $x = 3$.

f' Graph가 Increasing에서 Decreasing으로, Decreasing에서 Increasing으로 바뀌는 점에서 f는 Inflection point를 갖는다.

21. $x = -1, 2,$ and 4

$f'(c) = 0$ 이거나 $f'(c)$가 존재하지 않는 c가 Critical Value이다. 이 그래프 에서는 $f'(c) = 0$ 인 c가 $-1, 2, 4$ 이므로 Critical Value는 $-1, 2,$ and 4

22. ⓑ

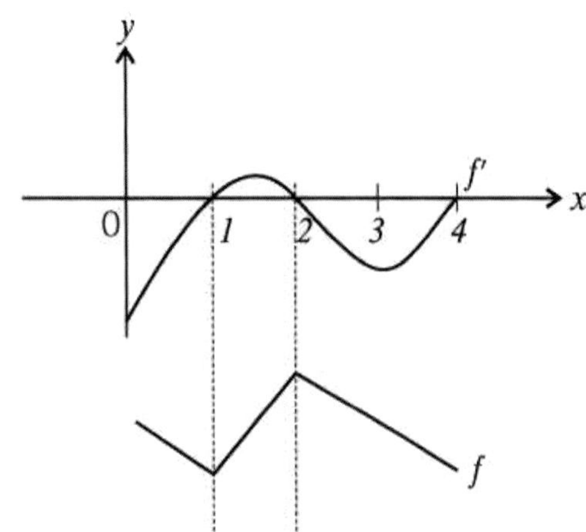

23. $1 < x < \frac{9}{2}$

- f is decreasing $\Rightarrow f' < 0$
- f is concave down $\Rightarrow f'' < 0$

$\Rightarrow f'(x) = 6x^2 - 54x + 48 < 0$ 에서 $x^2 - 9x + 8 < 0$ 이므로 $1 < x < 8$

$\Rightarrow f''(x) = 12x - 54 < 0$ 에서 $x < \frac{54}{12}$ 이므로 $x < \frac{9}{2}$. 그러므로 $1 < x < \frac{9}{2}$

24. ⓓ

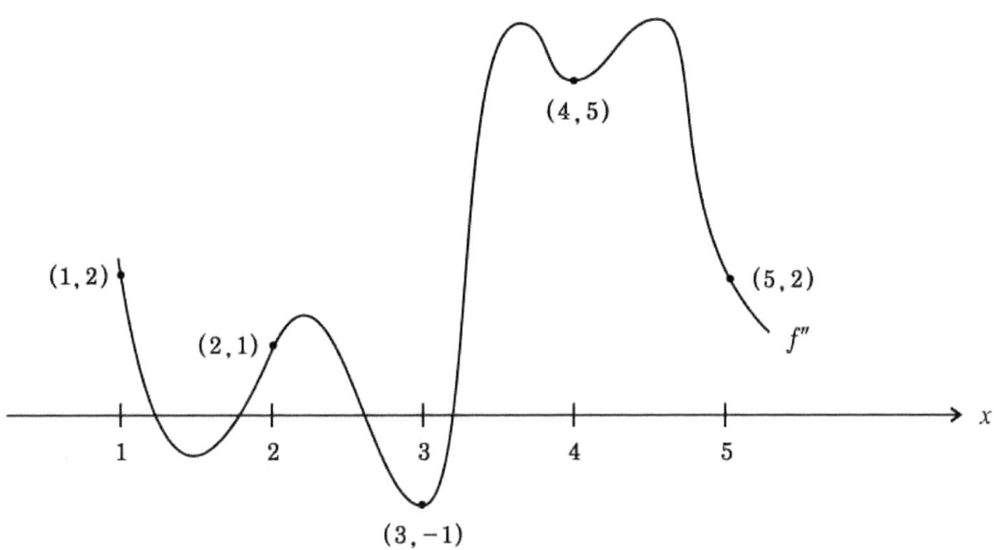

주어진 Table을 그려보면 여러 상황이 발생할 수 있다. 위의 Graph는 여러 상황 중 한 가지 예를 들은 것이다. 주어진 Table을 그려보면 어떠한 상황이 발생하더라도 (3, 4)에서 f''의 부호(Sign)은 반드시 바뀌게 되어있으므로 f는 적어도 하나 이상의 inflection point를 갖는다.

25. ⓓ

Inflection Point가 없으므로 f는 Concavity Change가 생기지 않는다. $f'(3)=2>0$ 이므로 f는 Increasing 하고 $f''(x)<0$ 이므로 Concave Down 이다.

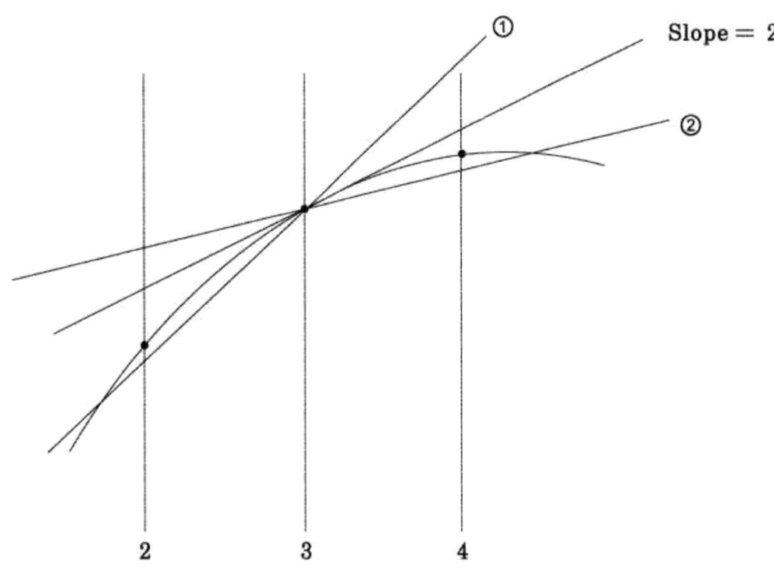

즉, ①번 Slope는 2 보다 커야하고 ②번 Slope는 2보다 작아야 한다. 이를 만족하는 Table은 Choice 중 ⓓ번이다.

26. ⓓ

$f'(x)=4x^{-\frac{1}{3}}+2=\dfrac{4}{\sqrt[3]{x}}+2$ 에서 $x=-8$ 일 때 $f'(x)=0$ 이 되는데 $f''(x)=-\dfrac{4}{3}x^{-\frac{4}{3}}$ 에 x대신 -8을 대입하면 $f''=-\dfrac{4}{3}\dfrac{1}{\sqrt[3]{(-8)^4}}<0$. 그러므로, $x=-8$ 에서는 Relative Maximum을 갖는다.

$x=0$ 에서 $f'(x)$는 존재하지 않는다.

그리고, $\lim\limits_{x\to0^-}f'(x)=\lim\limits_{x\to0^-}(\dfrac{4}{\sqrt[3]{x}}+2)<0$ 이고 $\lim\limits_{x\to0^+}f'(x)=\lim\limits_{x\to0^+}(\dfrac{4}{\sqrt[3]{x}}+2)>0$ 이므로 $x=0$에서 f'은 Negative에서 Positive로 바뀌므로 f는 $x=0$에서 Relative Minimum을 갖는다.

05. The Slope of a Polar Curve (BC)

많은 학생들이 어려워하는 단원이다. 하지만, 간단한 원리만 알면 쉽게 해결되는 내용이니 필자가 설명하는 것을 꼼꼼히 공부하기 바란다.

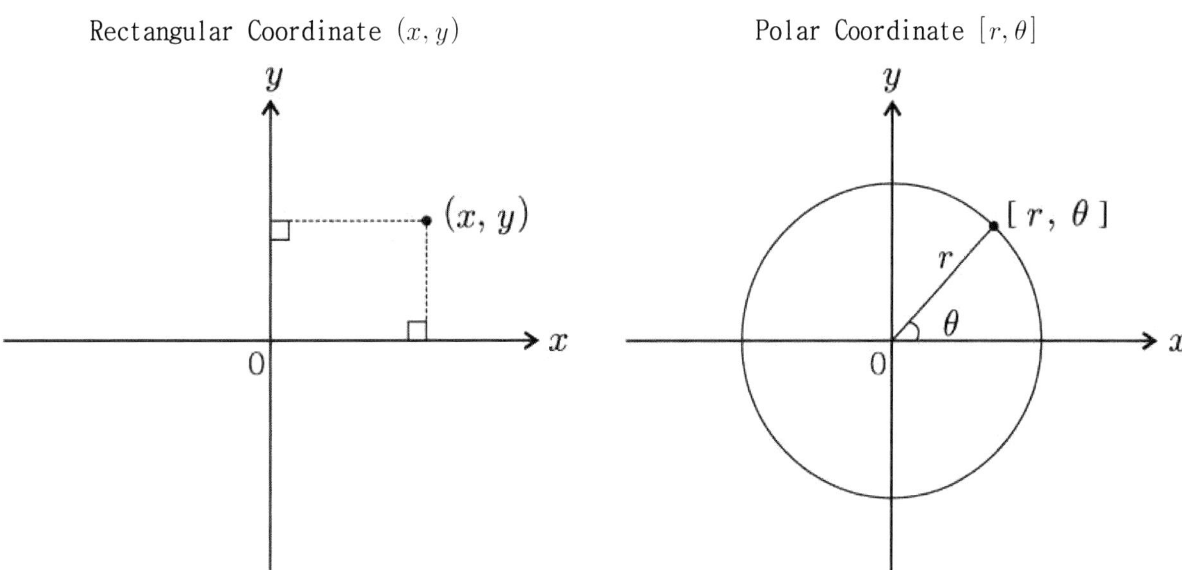

위의 두 그림을 하나로 합쳐서 그려보면

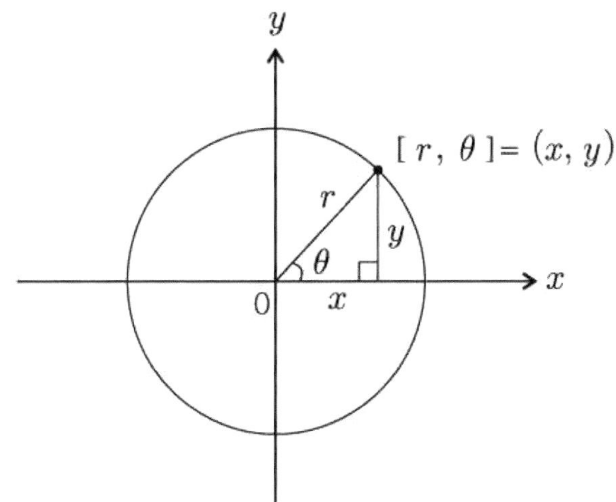

$\Leftarrow$ $\frac{y}{r} = \sin\theta$에서 $y = r\sin\theta$

$\frac{x}{r} = \cos\theta$에서 $x = r\cos\theta$

$x = r\cos\theta$, $y = r\sin\theta$ 이므로 Slope는 $\frac{dy}{dx} = \frac{\frac{dy}{d\theta}}{\frac{dx}{d\theta}}$

05 The Slope of a Polar Curve (BC)

Problem 1

Find the slope of the tangent to the curve $r=1+2\sin\theta$.

Solution

Slope $=\dfrac{dy}{dx}=\dfrac{\frac{dy}{d\theta}}{\frac{dx}{d\theta}}$에서 $y=r\sin\theta \Rightarrow y=(1+2\sin\theta)\sin\theta$ 이므로

$$\frac{dy}{d\theta}=2\cos\theta\sin\theta+(1+2\sin\theta)\cos\theta=4\sin\theta\cos\theta+\cos\theta$$

$x=r\cos\theta=(1+2\sin\theta)\cos\theta$ 이므로

$$\frac{dx}{d\theta}=2\cos\theta\cos\theta+(1+2\sin\theta)(-\sin\theta)=2\cos^2\theta-2\sin^2\theta-\sin\theta$$

$$\frac{dy}{dx}=\frac{\frac{dy}{d\theta}}{\frac{dx}{d\theta}}=\frac{4\sin\theta\cos\theta+\cos\theta}{2(\cos^2\theta-\sin^2\theta)-\sin\theta} \quad \Leftarrow \sin\theta\cos\theta=\sin2\theta,\ \cos^2\theta-\sin^2\theta=\cos2\theta$$

$$\therefore \frac{dy}{dx}=\frac{2\sin2\theta+\cos\theta}{2\cos2\theta-\sin\theta}$$

정답 $\dfrac{dy}{dx}=\dfrac{2\sin2\theta+\cos\theta}{2\cos2\theta-\sin\theta}$

09 EXERCISE

Explanation & Answer : ☞p.240

1. Find the slope of the curve $r = \cos\theta$.

2. Find the slope of the curve $r = 1 - 2\sin\theta$ at $[1, \pi]$.

Explanations and Answers for Exercises

Exercise 9

1. $-\cot 2\theta$

$x=r\cos\theta$, $y=r\sin\theta$ 에서 $r=\cos\theta$ 이므로 $x=\cos^2\theta$, $y=\cos\theta\sin\theta$ 이므로

$$\frac{dy}{dx}=\frac{\frac{dy}{d\theta}}{\frac{dx}{d\theta}}=\frac{-\sin\theta\sin\theta+\cos\theta\cos\theta}{-2\cos\theta\sin\theta}=\frac{\cos2\theta}{=\sin2\theta}=-\cot2\theta.$$

2. $-\frac{1}{2}$

$x=r\cos\theta$, $y=r\sin\theta$ 에서 $r=1-2\sin\theta$ 이므로 $x=(1-2\sin\theta)\cos\theta$, $y=(1-2\sin\theta)\sin\theta$ 에서

$$\frac{dy}{dx}=\frac{\frac{dy}{d\theta}}{\frac{dx}{d\theta}}=\frac{-2\cos\theta\sin\theta+(1-2\sin\theta)\cos\theta}{-2\cos\theta\cos\theta-(1-2\sin\theta)\sin\theta}.$$ $\theta=\pi$ 이므로 $\frac{dy}{dx}=\frac{1}{-2}=-\frac{1}{2}$.

06. Related Rates

보통 변화율을 구하는 단원이다. 비교적 문장이 긴 문제들을 풀어야 하는 경우가 많은데 알고 보면 생각보다 쉽다.

변화율이란?
"짧은 시간동안 일어나는 미세한 부피(Volume), 길이(Length), 반지름(Radius)… 등의 변화비율"

정리해 보면 다음과 같다.

- 부피의 변화율 $\dfrac{dV}{dt}$
- 면적의 변화율 $\dfrac{dA}{dt}$
- 길이의 변화율 $\dfrac{dL}{dt}$
- 반지름의 변화율 $\dfrac{dr}{dt}$

Shim's Tip

Related Rates 문제는 다음과 같이 해결한다.

① 구하고자 하는 목적이 무엇인지 파악한다.
(거의 문장 끝에 나온다. 길이의 변화율… 부피의 변화율…)

② 구하고자 하는 주제에 대해서 식을 세운다.
(예를 들어, 원의 면적이면 $A=\pi r^2$, 구의 부피이면 $V=\frac{4}{3}\pi r^3$ … 등등 ...)

③ 양변을 시간 t에 대해서 미분(Differentiation). 즉, 양변에 $\frac{d}{dt}$를 한다.

④ 문장 중에 필요한 수치는 다 준다. 즉, 걱정할 필요가 없다.…^^*

06 Related Rates

Problem 1

The radius of a circle is increasing at a constant rate of 0.03 inches per second.
In terms of the circumference P, what is the rate of change of the area of the circle in square inch per second?

ⓐ $0.03P$ ⓑ $(0.03)2\pi P$ ⓒ $\frac{0.03}{2\pi}P$ ⓓ $\frac{2\pi}{0.03}P$

Solution

① 목적, Circle의 면적(Area)을 A라고 하면 $\frac{dA}{dt}$

② 식 세우기, $A=\pi r^2$

③ 양변에 $\frac{d}{dt}$하기! (양변을 시간 t에 대해 미분(Derivative))

$$\frac{dA}{dt}=(2\pi r)\frac{dr}{dt}$$

④ "필요한 수치는 다 준다!. $\frac{dr}{dt}=0.03$

원 둘레(Circumference)길이는 $P=2\pi r$ 이므로 $\frac{dA}{dt}=0.03P$

정답 ⓐ

Problem 2

(1) A circle is increasing in area at rate of $12\pi in^2/\sec$.
When the radius of the circle is 4 inches, how fast does the radius of this circle increases?

(2) The radius of a circle is increasing at a constant rate of 0.5 meters per second.
What is the rate of increase in the area of the circle at the instant when the circumference of the circle is 40π meters?
ⓐ $0.2\pi m^2/\sec$ ⓑ $10\pi m^2/\sec$ ⓒ $20\pi m^2/\sec$ ⓓ $40\pi m^2/\sec$

Solution

(1) ① 구하고자 하는 목적 ⇒ How fast does the radius⋯ $= \frac{dr}{dt}$

② 원의 면적에 관련된 문제이므로 원의 면적에 대해서 식을 세운다. $A = \pi r^2$

③ 양변을 시간 t에 대해 미분(Differentiation) 한다. $\frac{dA}{dt} = \frac{dr}{dt}(2\pi r)$

$\Rightarrow \frac{d}{dt}A = \pi \cdot r^2 \frac{d}{dt} \Rightarrow \frac{dA}{dt}\frac{d}{dA}(A) = \frac{dr}{dt}\frac{d}{dr}(\pi \cdot r^2) \Rightarrow \frac{dA}{dt} = \frac{dr}{dt}(2\pi r)$

또는 A와 r^2을 미분(Differentiation)한 후 $\frac{dA}{dt}$, $\frac{dr}{dt}$을 한다.

④ 문장 중에 increasing in area at the rate of $12\pi in^2/\sec$ ⋯ $= \frac{dA}{dt} = 12\pi in^2/\sec$ 이고

$12\pi in^2/\sec = 2*\pi*4\frac{dr}{dt}$ 에서 $\frac{dr}{dt} = \frac{3}{2} in/\sec$

(2) ① 구하고자 하는 목적 ⇒ Circle의 면적(Area)을 A라고 하면, 구하고자 하는 것은 $\frac{dA}{dt}$

② 식 세우기, $A = \pi r^2$

③ 양변에 $\frac{d}{dt}$ 하기! $\frac{dA}{dt} = (2\pi r)\frac{dr}{dt}$

④ 필요한 수치는 문장 중에 모두 있다. $\frac{dr}{dt} = 0.5$이고 $2\pi r = 40\pi$에서 $r = 20$

그러므로, $\frac{dA}{dt} = 2\pi \cdot 20 \times 0.5 = 20\pi m^2/\sec$

정답 (1) $\frac{3}{2} in/\sec$ (2) ⓒ

06 Related Rates

Problem 3

(1) Sally who is 1.7meters tall walks directly away from a streetlight that is 8.5meters above the ground. If Sally is walking at a constant rate and her shadow is lengthening at the rate of 0.4 meters per second, at what rate, in meters per second, is Sally walking?

ⓐ 0.6 ⓑ 0.9 ⓒ 1.2 ⓓ 1.6

(2) A light on the ground 60 feet from a wall is shining a 5-foot tall girl walking away from the streetlight and towards the wall at the rate of $3ft/\sec$. How fast is her shadow on the wall becoming shorter when she is 50 feet from the wall ?

ⓐ $-9ft/\sec$ ⓑ $-6ft/\sec$ ⓒ $-3ft/\sec$ ⓓ $1ft/\sec$

Solution

(1) ① 목적을 파악하기 위해 주어진 상황을 그려본다.

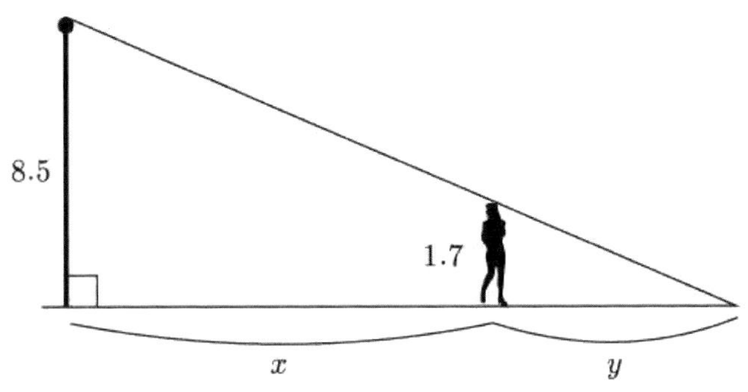

② 식을 세운다. $1.7:8.5=y:x+y$ 에서 $8.5y=1.7x+1.7y$ 이므로 $6.8y=1.7x$

③ 양변을 시간 t에 대해 미분(Differentiation)한다.

$$6.8\frac{dy}{dt}=1.7\frac{dx}{dt}$$

④ $\frac{dy}{dt}=0.4$이므로 $\frac{dx}{dt}=1.6m/\sec$

(2) ① 목적을 파악하기 위해 주어진 상황을 그려본다.

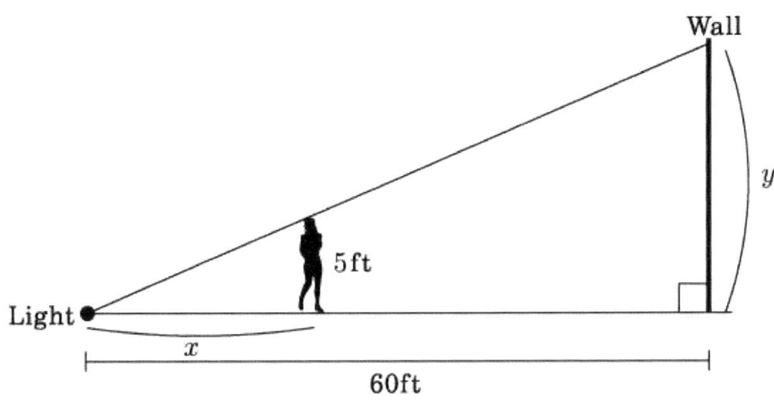

② 식을 세운다. $5:y=x:60$에서 $xy=300$. 즉, $y=300x^{-1}$

③ 양변을 시간 t에 대해 미분(Differentiation)한다.

$$\frac{dy}{dt}=-300x^{-2}\frac{dx}{dt}$$

④ $\frac{dx}{dt}=3$이고 $x=60-50=10$ 이므로 $\frac{dy}{dt}=-300\cdot 10^{-2}\cdot 3=-9ft/\sec$

정답 (1) ⓓ (2) ⓐ

06 Related Rates

Problem 4

(1) A balloon is being filled with air at the rate of $2in^3$/sec. The rate, in square inch per second, at which the surface area is increasing when the volume is $\frac{32}{3}\pi in^3$ is

ⓐ $0.5in^2$/sec　ⓑ $1in^2$/sec　ⓒ $1.5in^2$/sec　ⓓ $2in^2$/sec

(2)

3inches

In the rectangular prism above, the height is 3 inches. Its length increases at the rate of $0.5in$/sec , and its width increases at the rate of $1.5in$/sec. When the length is 4inches and the width is 8inches, the rate, in cubic inches per second, at which the volume of the rectangular prism is changing is

ⓐ $6in^3$/sec　ⓑ $18in^3$/sec　ⓒ $20in^3$/sec　ⓓ $30in^3$/sec

Solution

(1)

① "목적 파악" : Surface area를 A라고 하면 구하고자 하는 것은 $\frac{dA}{dt}$.

② "식 세우기": $A=4\pi r^2$

③ "양변을 시간 t에 대해 미분(Differentiation)"

$\frac{dA}{dt}=(8\pi r)\frac{dr}{dt}$

④ 필요한 수치는 문장 중에 모두 있다.

- $V=\frac{32}{3}\pi=\frac{4}{3}\pi r^3$ 에서 $r=2$.
- $\frac{dV}{dt}=2$ 에서 $V=\frac{4}{3}\pi r^3 \Rightarrow \frac{dV}{dt}=(4\pi r^2)\frac{dr}{dt}$ 에서 $r=2$일 때, $2=(16\pi)\frac{dr}{dt}$이므로 $\frac{dr}{dt}=\frac{1}{8\pi}$

그러므로, $\frac{dA}{dt}=(8\pi\cdot 2)\frac{1}{8\pi}=2\,in^2/\text{sec}$

(2)

① "목적 파악" : $\frac{dV}{dt}$

② "식 세우기": length를 x, width를 y라고 하면 $V=3xy$

③ "양변을 시간 t에 대해 미분(Differentiation)"

$\frac{dV}{dt}=(3y)\frac{dx}{dt}+(3x)\frac{dy}{dt}$

④ 필요한 수치는 문장 중에 모두 있다.

$x=4$, $y=8$, $\frac{dx}{dt}=0.5$, $\frac{dy}{dt}=1.5$이므로 $\frac{dV}{dt}=3\cdot 8\cdot(0.5)+3\cdot 4\cdot(1.5)=30\,in^3/\text{sec}$

정답 (1) ⓓ (2) ⓓ

06 Related Rates

Problem 5

A water tank is in the shape of an inverted cone. Water is leaking out from the bottom of the inverted cone so that water level is falling at the rate of $\frac{1}{4}m/\sec$.
If the tank has a height of 10meters and a radius of 3 meters, at what rate is the water leaking when the water is 3 meters in depth?

Solution

① 목적을 파악하기 위해 주어진 상황을 그려본다.

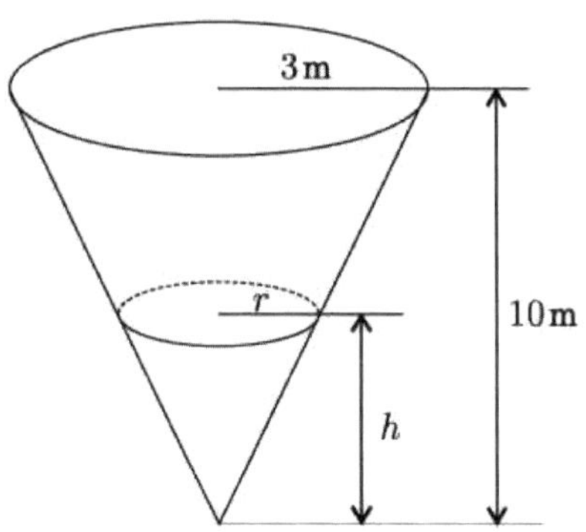

② "식 세우기" $V=\frac{1}{3}\pi r^2 h$

③ 양변을 시간 t에 대해 미분(Differentiation)한다."

$3:r=10:h$에서 $r=\frac{3}{10}h$ 에서 $V=\frac{1}{3}\pi\frac{9}{100}h^3$ 이므로

$V=\frac{3}{100}\pi h^3 \Rightarrow \frac{dV}{dt}=\frac{3}{100}\pi(3h^2)\frac{dh}{dt}$

④ 필요한 수치는 문장 중에 모두 있다.

$\frac{dh}{dt}=-\frac{1}{4}$, $h=3$이므로 $\frac{dV}{dt}=\frac{3}{100}\pi 3^3(-\frac{1}{4})=-\frac{81}{400}\pi m^3/\sec$

정답 $-\frac{81}{400}\pi m^3/\sec$

Problem 6

A student stands on the road 50meters north of the crossing and watches an westbound car traveling at 12 meters per second. At how many meters per second is the car moving away from the student 10 seconds after it passes through the intersection? (A road track and a road cross at right angles.)

Solution

① 목적을 파악하기 위해 주어진 상황을 그려본다.

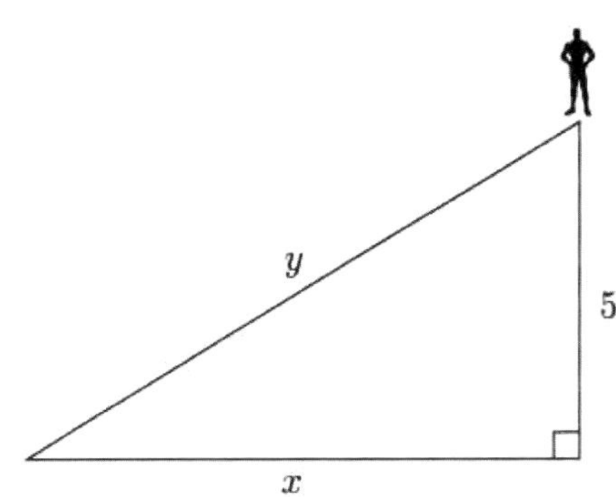

$\Rightarrow$ "구하고자 하는 목적 " $= \dfrac{dy}{dt}$

② 식을 세운다. $y^2 = x^2 + 50^2$

③ 양변을 시간 t에 대해 미분(Differentiation)한다.

$(2y)\dfrac{dy}{dt} = (2x)\dfrac{dx}{dt}$ 에서 $\dfrac{dy}{dt} = \dfrac{x}{y}\dfrac{dx}{dt}$

④ 필요한 수치는 문장 중에 모두 있다.

$t = 10$ 이므로, $x = 120$ 이고 $y^2 = 120^2 + 50^2$ 에서 $y = 130$, $\dfrac{dx}{dt} = 12$ 이므로

$\dfrac{dy}{dt} = \dfrac{120}{130}12 \approx 11.077m/\text{sec}$

정답 $11.077m/\text{sec}$

06 Related Rates

Problem 7

(1) The top of a 13 - foot ladder is sliding down a vertical wall at a constant rate 0.2 feet per second. When the top of the ladder is 5 feet from the ground, find the rate of change of the distance between the bottom of the ladder and the wall.

(2) A 50-meters long ladder is leaning against a wall and is sliding towards the floor. The very bottom of the ladder is sliding away from base of the wall at a rate of $10m/\text{sec}$. When the top of the ladder is vertically 30 meters away from the ground, find the rate of change of the distance between the top of the ladder and the bottom.

Solution

(1)

① 목적을 파악하기 위해 주어진 상황을 그려본다.

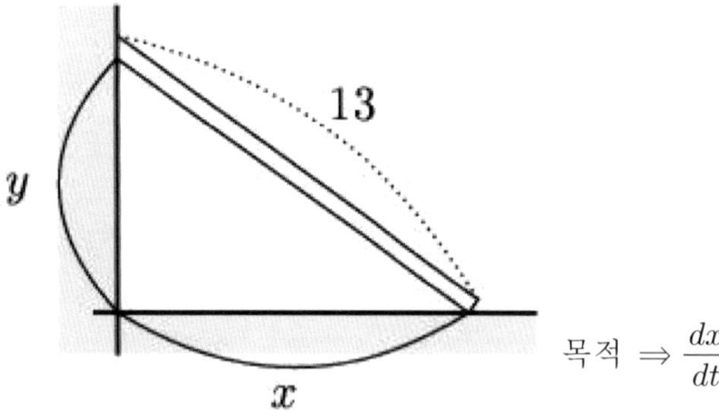

목적 $\Rightarrow \dfrac{dx}{dt}$

② 식을 세운다. $x^2 + y^2 = 13^2$

③ 양변을 시간 t에 대해 미분(Differentiation)한다.

$$(2x)\frac{dx}{dt} + (2y)\frac{dy}{dt} = 0$$

④ 필요한 수치는 문장 중에 모두 있다.

$\dfrac{dy}{dt} = -0.2$, $y = 5$일 때, $x^2 + y^2 = 13^2$ 에서 $x = 12$

그러므로 $(24)\dfrac{dx}{dt} + 10(-0.2) = 0$ 에서 $\dfrac{dx}{dt} = \dfrac{1}{12} ft/\text{sec}$

Solution

(2)

① 목적을 파악하기 위해 주어진 상황을 그려본다.

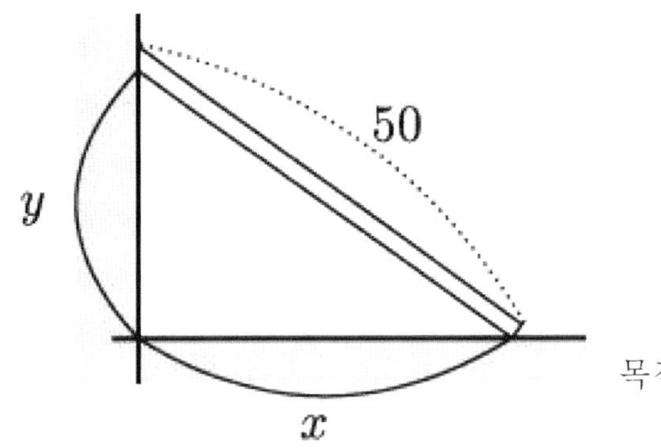

목적 $\Rightarrow \frac{dy}{dt}$

② 직각 삼각형 모양의 문제이므로 피타고라스 공식을 사용한다.

$x^2 + y^2 = 50^2$

③ 양변을 시간 t에 대해 미분(Differentiation)한다.

$(2x)\frac{dx}{dt} + (2y)\frac{dy}{dt} = 0$

④ 필요한 수치는 문장 중에 모두 있다.

$\frac{dx}{dt} = 10$이고 $y = 30$일 때 $x = 40$ 이므로 이를 $2x\frac{dx}{dt} + 2y\frac{dy}{dt} = 0$ 에 대입하면

$2 \cdot 40 \cdot 10 + 2 \cdot 30\frac{dy}{dt} = 0$ 에서 $\frac{dy}{dt} = -\frac{40}{3} m/\mathrm{sec}$

정답 (1) $\frac{1}{12} ft/\mathrm{sec}$ (2) $-\frac{40}{3} m/\mathrm{sec}$

06 Related Rates

Problem 8

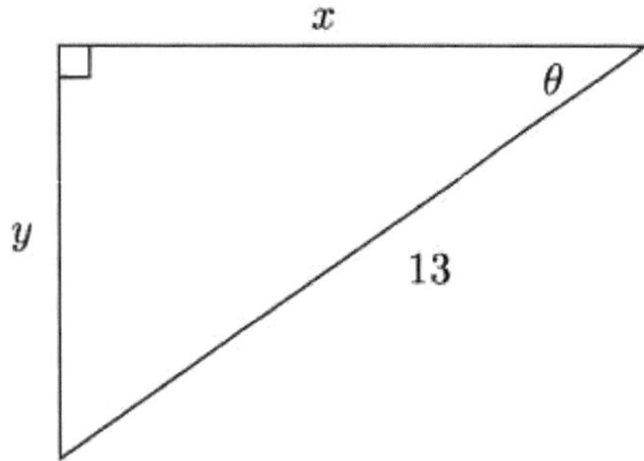

(1) In the triangle shown above, if θ increases at a constant rate of 2 radians per second, at what rate is y increasing in units per second when y equals 5 units? (Suppose that x remains constant throughout time.)

ⓐ 2　　ⓑ 4　　ⓒ 12　　ⓓ 24

(2) A hot air balloon is rising vertically at a rate of 30 meters per second.
A student on the ground is standing 100 meters away from the launching
point of the hot air balloon. At what rate does the angle between the ground and the hot air balloon increases when the hot air balloon is 50 meters away from the ground?
(Disregard the student's height.)

Solution

(1)

① 구하고자 하는 목적... $\frac{dy}{dt}$

② 식을 세운다. $\sin\theta = \frac{y}{13}$

③ 양변을 시간 t에 대해서 미분(Differentiation)한다! $\cos\theta\frac{d\theta}{dt} = \frac{1}{13}\frac{dy}{dt}$

④ 필요한 수치는 문장 중에 모두 있다. $\frac{d\theta}{dt} = 2$, $y = 5$일 때, $13^2 = x^2 + y^2$에서 $x = 12$이므로 $\cos\theta = \frac{12}{13}$. 그러므로 $\frac{12}{13}2 = \frac{1}{13}\frac{dy}{dt}$에서 $\frac{dy}{dt} = 24$

Solution

(2)

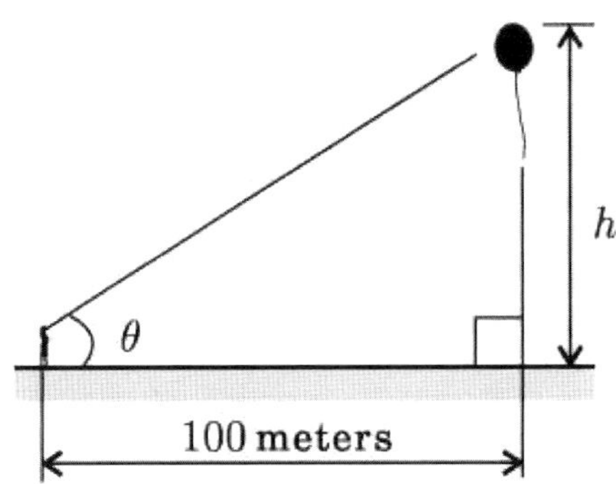

① 구하고자 하는 목적… ⇒ At what rate does the angle … $\frac{d\theta}{dt}$

② 각(Angle)에 관련된 문제이므로 삼각함수를 이용한다. $\tan\theta = \frac{h}{100}$

③ 양변을 시간 t에 대해서 미분(Differentiation) 한다.

$\sec^2\theta\frac{d\theta}{dt} = \frac{1}{100}\frac{dh}{dt}$, $\frac{dh}{dt} = 30m/\sec$이고 $\sec^2\theta$는

$1+\tan^2\theta = \sec^2\theta$ (일단 타면 시커멓다)로 구한다. $h=50$일 때, $\tan\theta = \frac{50}{100} = \frac{1}{2}$이고

$\sec^2\theta = 1+\frac{1}{4} = \frac{5}{4}$ 이다. 그러므로, $\frac{5}{4}\frac{d\theta}{dt} = \frac{1}{100}30$에서 $\frac{d\theta}{dt} = \frac{6}{25}rad/\sec$

정답 (1) ⓓ (2) $\frac{6}{25}rad/\sec$

10 EXERCISE

Explanation & Answer : ☞p.258

1. A circular pool is expanding at the rate of $5\pi m^2$/sec. At what rate does the radius of this pool expand when the radius is 10m?

2. A spherical balloon is expanding at a rate of $10\pi in^3$/sec. How fast does the surface area of the balloon expand when the radius of the balloon is 2 inches?

3. A water tank is in the shape of an inverted cone. This water tank is being filled up with water at the rate of $10\pi m^3/\sec$. If the tank has a height of 20 meters and a radius of 5 meters, at what rate does the water level rise when the water level is 4 meters?

4. John who is a 2 meters tall man walks directly away from a streetlight that is 6 meters above the ground. If John is walking at a constant rate and his shadow is lengthening at the rate of 0.5 meters per second, at what rate, in meters per second, is John walking?

Exercise

5. Air is being pumped into a spherical balloon at the rate of $25\pi in^3/\sec$. How fast does the radius increase when the radius of this balloon is 2 inches?

6. An observer, on the ground, is standing 100 meters away from a rocket's launching point. The rocket is rising vertically at a constant rate of $5m/\sec$.
How fast does the angle of elevation between the ground and the observer's line of sight of the rocket increase when the rocket is at an elevation of 100 meters?
(Disregard the observer's height.)

7.

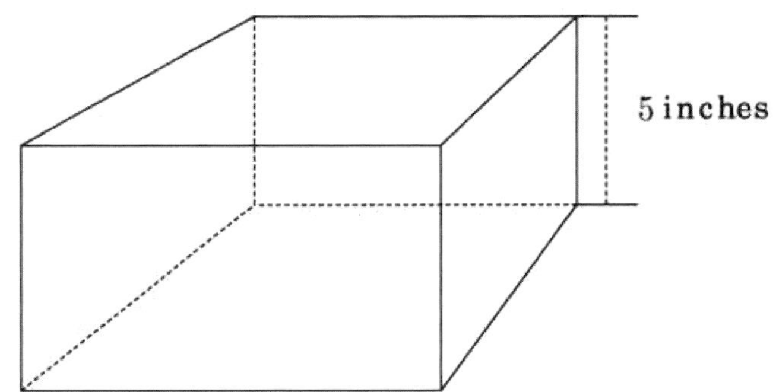

In a rectangular box above, the height is 5 inches. Its length increases at the rate of $2in/\sec$, and its width increase at the rate of $3in/\sec$. When the length is 7 inches and the width is 6 inches , the rate, in cubic inches per minute, at which the volume of the rectangular box is changing is

ⓐ 30 ⓑ 75 ⓒ 100 ⓓ 165

Explanations and Answers for Exercises

Exercise 10

1. $0.25cm/\sec$

… at the rate of $5\pi cm^2/\sec$ … $\frac{dA}{dt}=5\pi$

$A=\pi r^2$에서 양변을 t에 대해서 미분하면 $\frac{dA}{dt}=2\pi r\frac{dr}{dt}$, $r=10$ 이므로 $5\pi=20\pi\frac{dr}{dt}$

그러므로 $\frac{dr}{dt}=0.25cm/\sec$

2. $10\pi in^2/\sec$

… at the rate of $10\pi in^3/\sec$ … $\frac{dV}{dt}=10\pi$

$V=\frac{4}{3}\pi r^3$에서 양변을 t에 대해서 미분하면 $\frac{dV}{dt}=4\pi r^2\frac{dr}{dt}$, $r=2$이므로 $10\pi=16\pi\frac{dr}{dt}$에서 $\frac{dr}{dt}=\frac{10}{16}=\frac{5}{8}$, 면적 $A=4\pi r^2$에서 양변을 t에 대해서 미분하면 $\frac{dA}{dt}=8\pi r\frac{dr}{dt}$ 에서 $r=2$, $\frac{dr}{dt}=\frac{5}{8}$ 이므로 $\frac{dA}{dt}=8\pi\times 2\times\frac{5}{8}=10\pi in^2/\sec$

3. $10m/\sec$

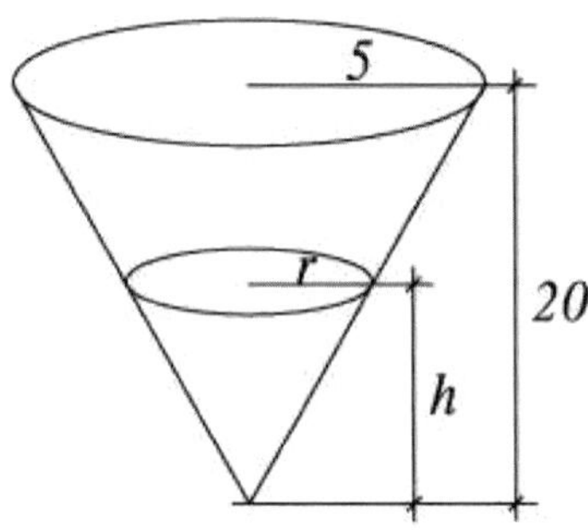

… at the rate of $10m^3/\sec$ … $\frac{dV}{dt}=10m^3/\sec$

$5:r=20:h$에서 $h=4r$이므로 $r=\frac{h}{4}$, $V=\frac{1}{3}\pi r^2h$, $r=\frac{h}{4}$이므로 $V=\frac{1}{3}\pi(\frac{h}{4})^2h$ 에서 $V=\frac{1}{48}\pi h^3$, $h=4$이므로 양변을 t에 대해서 미분하면 $\frac{dV}{dt}=\frac{1}{16}\pi h^2\frac{dh}{dt}$ 에서 $10\pi=(\frac{1}{16}\pi 16)\frac{dh}{dt}$ 이므로 $\frac{dh}{dt}=10m/\sec$

4. $1m/\sec$

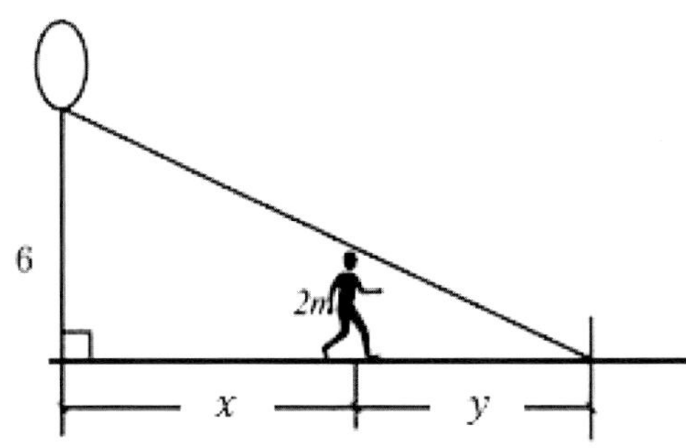

… 그림에서 $\frac{dx}{dt}$ 구하기.

$2:6=y:x+y$에서 $6y=2x+2y$ 이므로 $y=\frac{1}{2}x$. 양변을 시간 t에 대해서 미분(Differentiation)하면 $\frac{dy}{dt}=\frac{1}{2}\frac{dx}{dt}$. $\frac{dy}{dt}=0.5$ 이므로 $\frac{dx}{dt}=1$. 그러므로, $1m/\sec$

5. $\frac{25}{16}in/\sec$

… at the rate of $25\pi in^3/\sec$ … $\frac{dV}{dt}=25\pi in^3/\sec$

$V=\frac{4}{3}\pi r^3$에서 양변을 t에 대해서 미분(Differentiation)하면

$\frac{dV}{dt}=4\pi r^2\frac{dr}{dt}$, $r=2$이므로 $25\pi=4\pi 4\frac{dr}{dt}$ 에서 $\frac{dr}{dt}=\frac{25}{16}in/\sec$

6. 0.025 radians per second

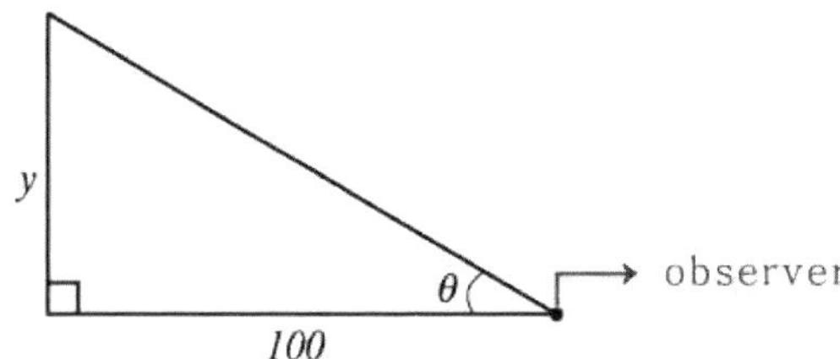

… at the constant rate … $=\frac{dy}{dt}=5m/\sec$, $y=100$일 때, $\frac{d\theta}{dt}$구하기.

$\tan\theta=\frac{y}{100}$이므로 양변을 t에 대해서 미분(Differentiation)하면 $\sec^2\theta\frac{d\theta}{dt}=\frac{1}{100}\frac{dy}{dt}$, $\frac{dy}{dt}=5$ 이고 $y=100$일 때 $\tan\theta=1$이므로 $1+\tan^2\theta=\sec^2\theta$ (일단 타면 시커멓다.)에서 $\sec^2\theta=2$.

$2\frac{d\theta}{dt}=\frac{1}{100}5$ 에서 $\frac{d\theta}{dt}=\frac{1}{40}=0.025$ radians per second

7. ⓓ

① 구하고자 하는 목적, $\frac{dV}{dt}$

② 식을 세운다. length를 x, width를 y라고 하면 $V=5xy$.

③ 양변을 시간 t에 대해 미분(Differentiation)한다.

$\frac{dV}{dt}=(5y)\frac{dx}{dt}+(5x)\frac{dy}{dt}$

④ 필요한 수치는 문장 중에 모두 있다.

$\frac{dx}{dt}=2$, $\frac{dy}{dt}=3$, $x=7$, $y=6$이므로 $\frac{dV}{dt}=30(2)+35(3)=165in^3/\text{sec}$

07. Applied Maximum and Minimum Problems

Shim's Tip

Applied Maximum and Minimum Problems

주어진 상황에서 Absolute Maximum Value 또는 Absolute Minimum Value를 구하는 단원이다.

다음과 같이 구해보자.

Applied Maximum and Minimum Problems

① 무엇을 구하는지 파악한다. 즉, 목적을 파악한다. (Area, Volume...)

② 식을 세우고 한 문자에 대해서 정리한다.

③ 범위를 설정한다.

- x, y는 길이 $\Rightarrow x > 0$, $y > 0$
- 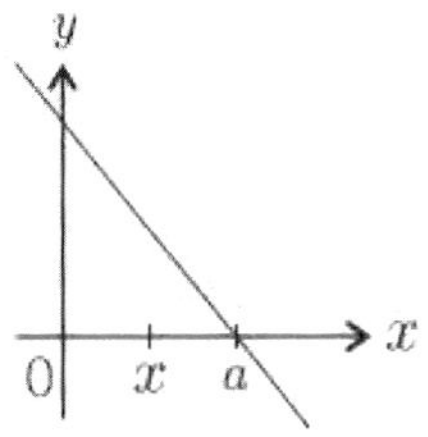

$\Rightarrow 0 < x < a$
- $\left.\begin{array}{l}\sin x = t \\ \cos x = t\end{array}\right\rangle \Rightarrow -1 \leq t \leq 1$

④ Graph를 이용하여 주어진 구간 내에서 Maximum Value or Minimum Value를 찾는다.

시작에 앞서서...

주어진 상황에서 Absolute Maximum 또는 Absolute Minimum을 구하는 단원이다,

Applied Maximum and Minimum Problems

Problem 1

If $f(x)=\sin^3 x+3\cos^2 x-2$, what is the difference between the maximum and the minimum value of f?

ⓐ 1 ⓑ 2 ⓒ 3 ⓓ 4

Solution

$\cos^2 x=1-\sin^2 x$ 이므로 $f(x)=\sin^3 x+3-3\sin^2 x-2$ 에서 $f(x)=\sin^3 x-3\sin^2 x+1$.

$\sin x=t$ 라고 하면 $-1\leq t\leq 1$. 그러므로, $f(t)=t^3-3t^2+1$ 이고 $-1\leq t\leq 1$

$f'(t)=3t^2-6t$ 에서 $f'(t)=0$일 때, $t=0, 2$

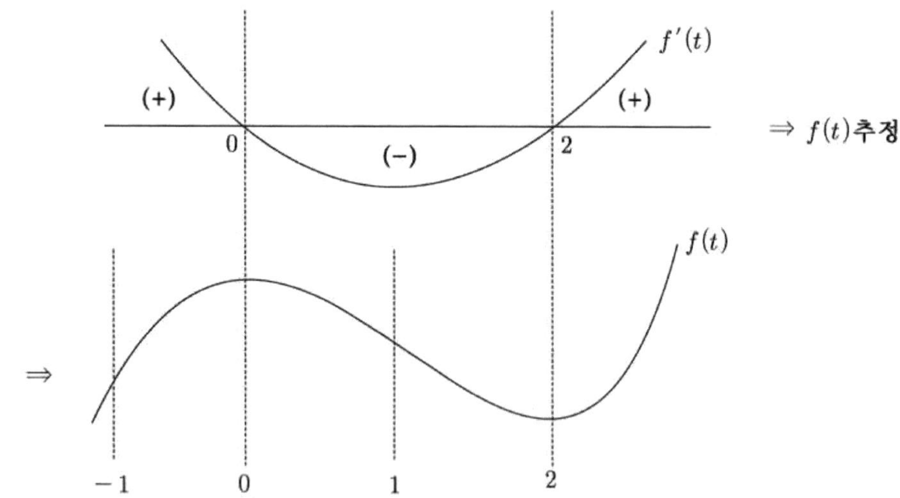

즉, Maximum Value는 $f(0)=1$, Minimum Value는 $f(1)=-1$, $f(-1)=-3$ 에서 -3

그러므로 $1-(-3)=4$

정답 ⓓ

Problem 2

The graph of $y = -2x+4$ encloses a region with the x−axis and y−axis in the first quadrant. A rectangle in the enclosed region has a vertex at the origin and the opposite vertex on the graph of $y = -2x+4$. Find the maximum area of the rectangle.

Solution

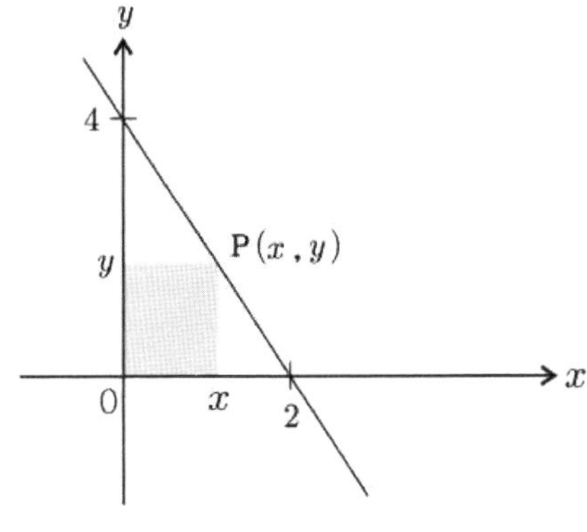

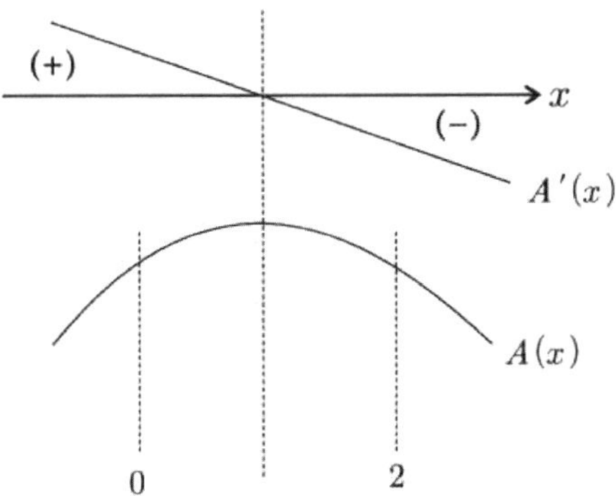

① 사각형의 넓이를 $A(x)$라고 하면 $A(x) = xy$

② $y = -2x+4$ 에서 $A(x) = x(-2x+4) = -2x^2+4x$

③ $0 < x < 2$

④ $A'(x) = -4x+4$ 에서 $A'(x)$는 $x = 1$에서 0 된다.

$A(x)$는 $x = 1$에서 Maximum Value를 갖는다. 그러므로 $A(1) = -2+4 = 2$

정답 2

Applied Maximum and Minimum Problems

Problem 3

A man wants to design an open box having a square base and a surface area of 64 square inches. What dimensions will produce a box with maximum volume?

Solution

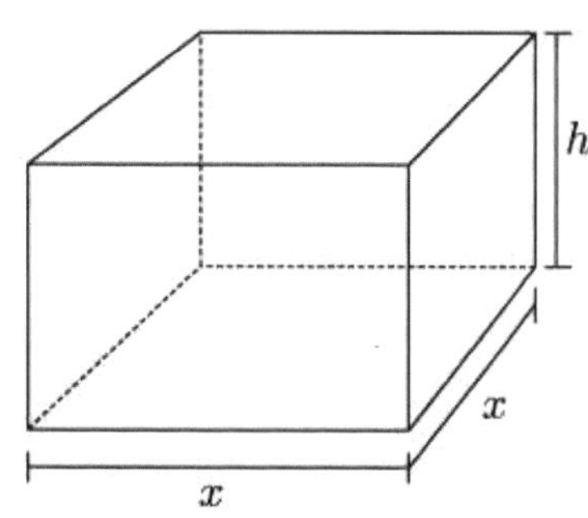

$\Rightarrow$ **Volume** $= x^2h$

Surface Area $= x^2 + 4xh = 64$

- $V = x^2h$ 에서 Surface area로부터 $h = \dfrac{64-x^2}{4x}$. 그러므로, $V = x^2\left(\dfrac{64-x^2}{4x}\right) = 16x - \dfrac{1}{4}x^3$
- x는 길이 이므로 반드시 $x > 0$
- Surface area는 반드시 Positive $x^2 + 4xh = 64$ 로부터 $h = \dfrac{64-x^2}{4x} > 0$
- $\dfrac{dV}{dx} = 16 - \dfrac{3}{4}x^2 = 0$ 에서 $x = \pm\dfrac{8}{\sqrt{3}}$

V의 graph를 대략적으로 그려보면...

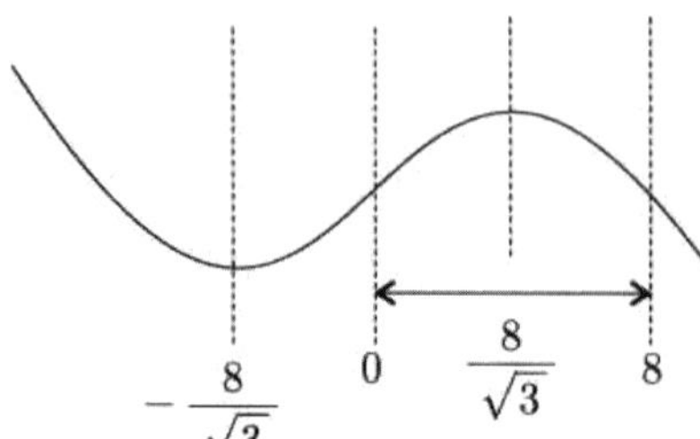

- $x = \dfrac{8}{\sqrt{3}}$ 에서 Volume은 Maximum Value를 갖는다.
- $x^2 + 4xh = 64$ 에서 $\dfrac{64}{3} + \dfrac{32}{\sqrt{3}}h = 64$ 에서 $h = \dfrac{4}{3}\sqrt{3}$

그러므로, $\dfrac{8}{3}\sqrt{3} \times \dfrac{8}{3}\sqrt{3} \times \dfrac{4}{3}\sqrt{3}$

정답 $\dfrac{8}{3}\sqrt{3} \times \dfrac{8}{3}\sqrt{3} \times \dfrac{4}{3}\sqrt{3}$ (all are in inches.)

Problem 4

Albert has 48 meters of wire fence with which he plans to build two identical rectangular adjacent fence. What are the dimensions of the enclosure that has the maximum area?

Solution

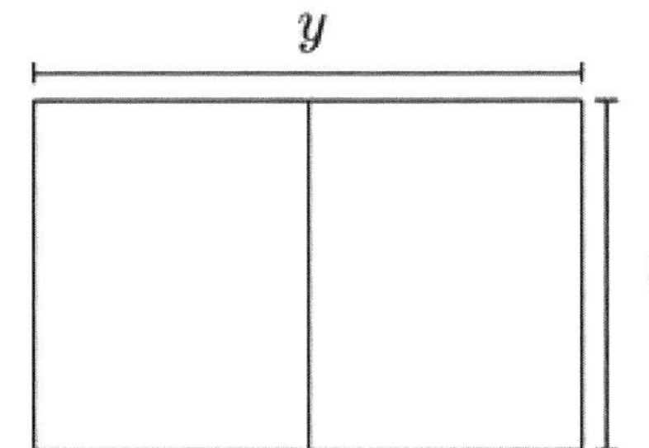

$\Rightarrow$
- $3x + 2y = 48$
- Total Area $= xy$

- Total area $= xy$에서 $3x + 2y = 48$ 으로부터 $y = 24 - \frac{3}{2}x$ 이므로 total area는 $x(24 - \frac{3}{2}x)$
- Total area $= 24x - \frac{3}{2}x^2$
- $x > 0$이고 $y > 0$이므로 $24 - \frac{3}{2}x > 0$ 이고 $0 < x < 16$
- Total Area는 A라고 하면, $A = 24x - \frac{3}{2}x^2$ 에서 $\frac{dA}{dx} = 24 - 3x = 0$ 에서 $x = 8$

Total area $A = 24x - \frac{3}{2}x^2$의 Graph를 대략적으로 그려보면,

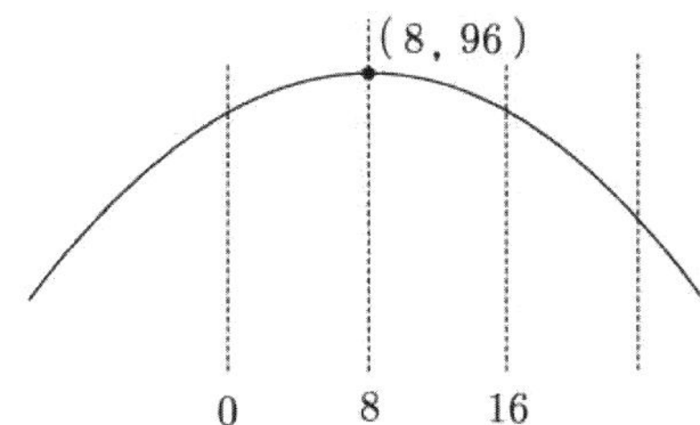

즉, $x = 8$에서 Total Area는 Maximum Value를 갖는다.
그러므로 $x = 8$이고 $3*8 + 2y = 3*8 + 2*12 = 48$
에서 $y = 12$

정답 Width : 8 (meters), Length : 12 (meters)

Applied Maximum and Minimum Problems

Problem 5

If the altitude of the cone is 9 and the radius of the base is 3, find the greatest volume of the right circular cylinder that can be inscribed in a cone.

Solution

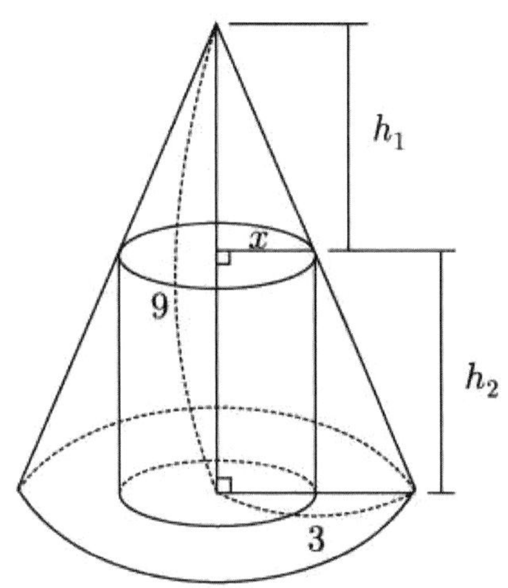

$\Rightarrow$

- $x:3=h_1:9$ 에서 $h_1=3x$
- Right Cylinder의 높이를 h_2라고 하면 $h_2=9-3x$
- Right Cylinder의 Volume$=\pi x^2 h_2$ 에서 $V=\pi x^2(9-3x)$

- $V=9\pi x^2-3\pi x^3$ 이고 $0<x<3$
- $\dfrac{dV}{dx}=18\pi x-9\pi x^2=0$ 에서 $9\pi x(2-x)=0$ 에서 $x=0,2$
- Volume$=9\pi x^2-3\pi x^3$ 의 Graph를 추정해 보면,

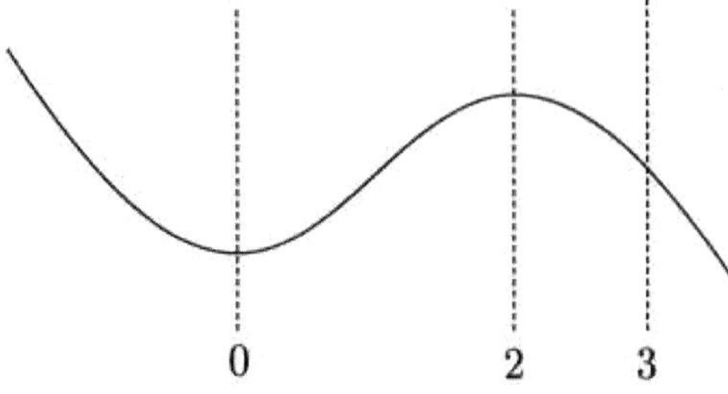

즉, $x=2$에서 Right Cylinder의 Volume이 Maximum이고 $V(2)=12\pi$

정답 12π

11 EXERCISE

Explanation & Answer : ☞p.269

1. If $f(x)=\sin x cos^2 x$, what is the difference between the maximum and the minimum value of f?

ⓐ $\frac{2}{9}$　ⓑ $\frac{2\sqrt{3}}{9}$　ⓒ $\frac{4\sqrt{3}}{9}$　ⓓ $\frac{4}{9}$

2. A rectangle with its base on the positive x-axis is within the parabola $y=12-x^2$ and located in first quadrant. What is the largest possible area of the rectangle?

3. Joseph has 384 meters of wire fence with which he plans to build two identical adjacent rectangular fence. What is the width and length of the fence when the fence has the largest area?

Exercise

4. A rectangular box is to be made from a piece of plank 14 inches long and 7 inches wide by cutting out identical squares from the four corners and turning up the sides. Find the minimum volume of the box.

5. If the altitude of the cone is 12 and the radius of the base is 4, find the greatest volume of the right circular cylinder that can be inscribed in a cone.

Exercise 11

1. ⓒ

$\cos^2 x = 1 - \sin^2 x$ 이고 $\sin x = t$ 라고 하면 $-1 \leq t \leq 1$.

즉, $f(t) = t(1-t^2) = t - t^3$, $f'(t) = 1 - 3t^2 = 0$ 에서 $t = \pm\frac{1}{\sqrt{3}}$

$f(t)$의 Graph를 추정해 보면

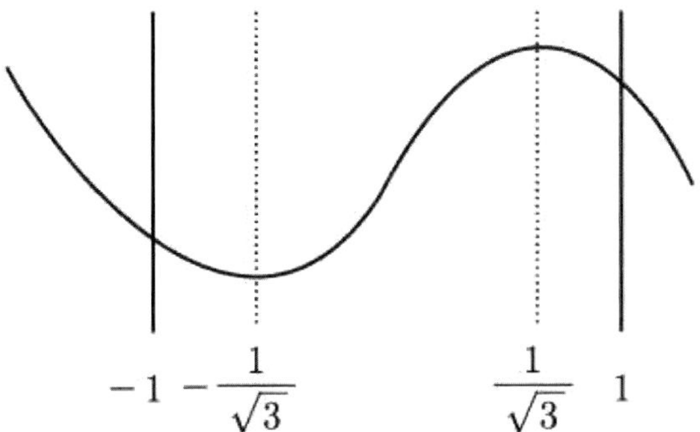

- Maximum Value $f(-1) = 0$와 $f(\frac{1}{\sqrt{3}}) = \frac{2\sqrt{3}}{9}$ 이므로 $\frac{2\sqrt{3}}{9}$
- Minimum Value $f(1) = 0$와 $f(-\frac{1}{\sqrt{3}}) = -\frac{2\sqrt{3}}{9}$ 이므로 $-\frac{2\sqrt{3}}{9}$

그러므로, $\frac{2\sqrt{3}}{9} - (-\frac{2\sqrt{3}}{9}) = \frac{4\sqrt{3}}{9}$

2. 16

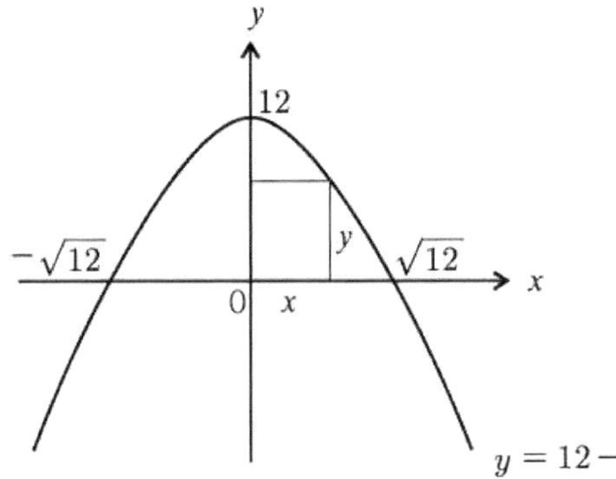

- Area$= xy$ 이고 $0 < x < \sqrt{12}$
- Area를 $A(x)$라고 하면 $A(x) = x(12 - x^2) = 12x - x^3$

$\frac{dA}{dx} = 12 - 3x^2 = 0$ 에서 $x = \pm 2$

$A = 12x - x^3$ 의 graph를 추정해보면 ..

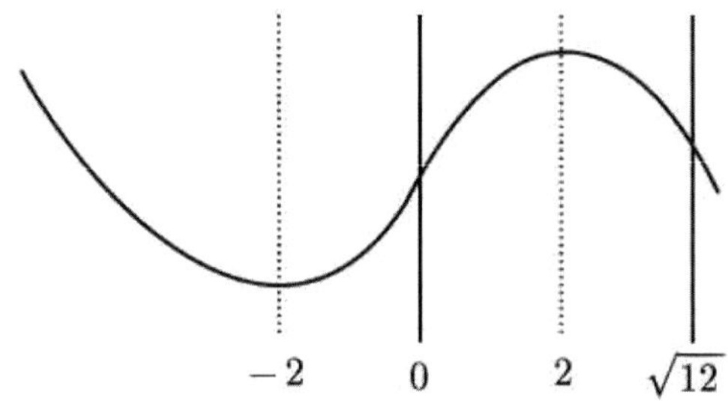

즉, $x = 2$에서 Maximum Area이다. $A(2) = 24 - 8 = 16$

3. 64, 96

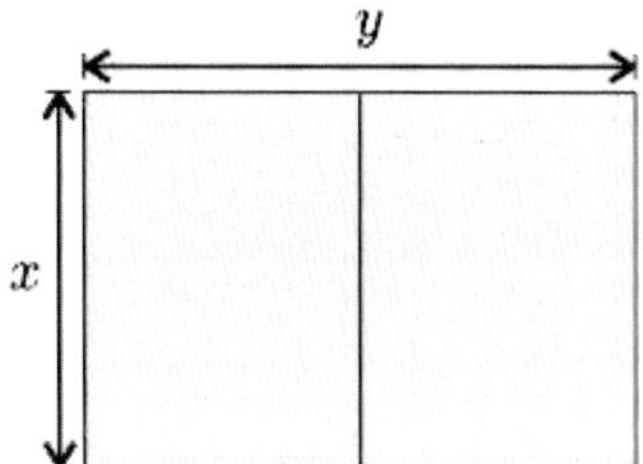

- $3x + 2y = 384$
- Area를 A라고 하면 $A = xy$
- $A(x) = x(192 - \frac{3}{2}x) = 192x - \frac{3}{2}x^2$
- $\frac{dA}{dx} = 192 - 3x = 0$ 에서 $x = 64$
- $y > 0$이므로 $192 - \frac{3}{2}x > 0$ 에서 $x < 128$ 이고 $x > 0$ 이므로 $0 < x < 128$
- $A = 192x - \frac{3}{2}x^2$ 의 Graph를 추정해보면..

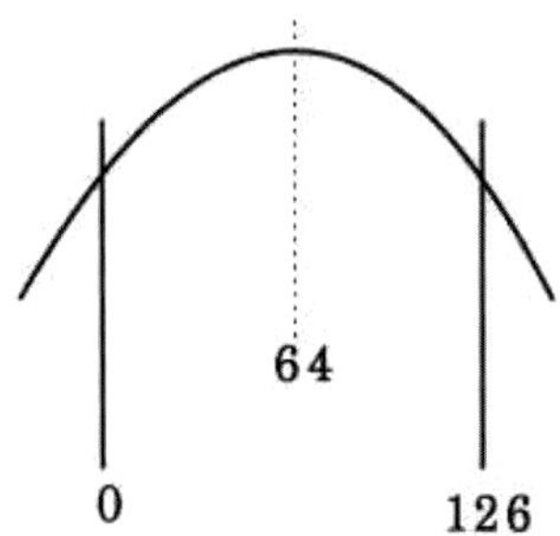

즉, $x = 64$에서 Maximum Area를 갖고, 이때의 $y = 96$이다.

4. 66.01

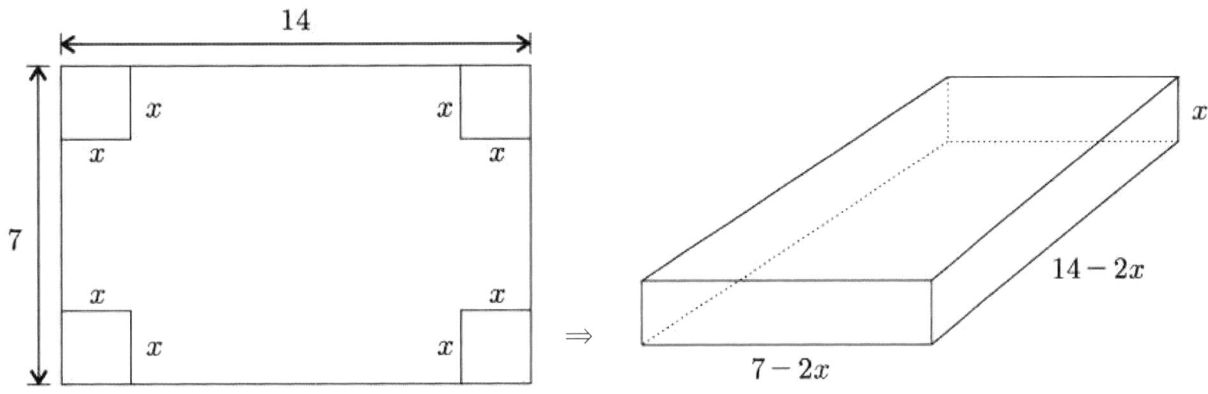

• Volume $=x(7-2x)(14-2x)$ 에서 Volume을 $V(x)$라고 하면, $V(x)=98x-42x^2+4x^3$ 이고 $7-2x>0$, $14-2x>0$, $x>0$ 이므로 x의 공통 범위는 $0<x<3.5$

$V'(x)=98-84x+12x^2=0$ 에서 $x\approx 1.479, 5.521$

$V(x)=98x-42x^2+4x^3$ 의 Graph를 추정해보면

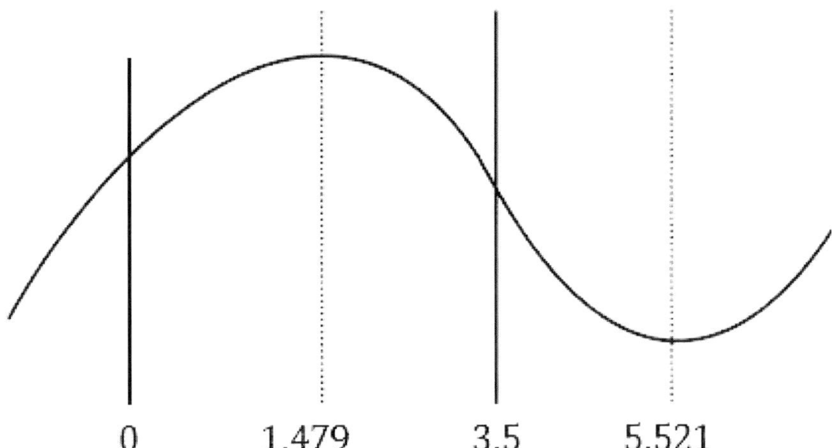

즉, $x=1.479$ 에서 Volume은 Minimum이다. $V(1.479)\approx 66.010$.

5. $\dfrac{256}{9}\pi$

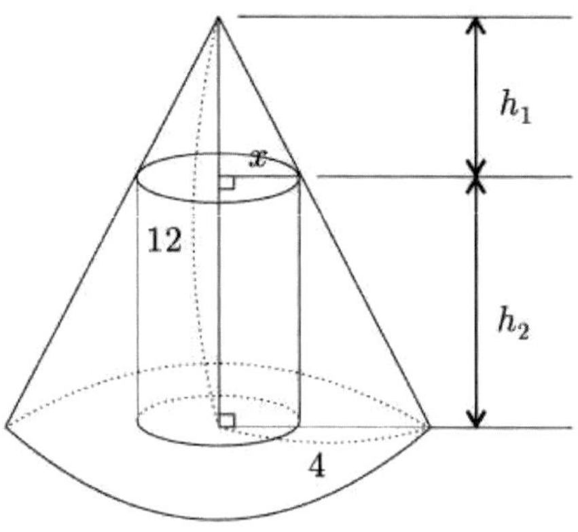

- $x : 4 = h_1 : 12$ 에서 $h_1 = 3x_1$
- Right Cylinder의 높이를 h_2라고 하면 $h_2 = 12 - 3x$
- Right Cylinder의 volume= $\pi x^2 h_2$ 에서 $V(x) = \pi x^2(12 - 3x)$
- $V(x) = 12\pi x^2 - 3\pi x^3$ 이고 $\dfrac{dV}{dx} = 24\pi x - 9\pi x^2 = 0$ 에서 $x = 0, \dfrac{8}{3}$. 그리고, $0 < x < 4$.

  $0 < x < 4$ 에서 $V(x) = 12\pi x^2 - 3\pi x^3$ 의 Graph를 추정해보면

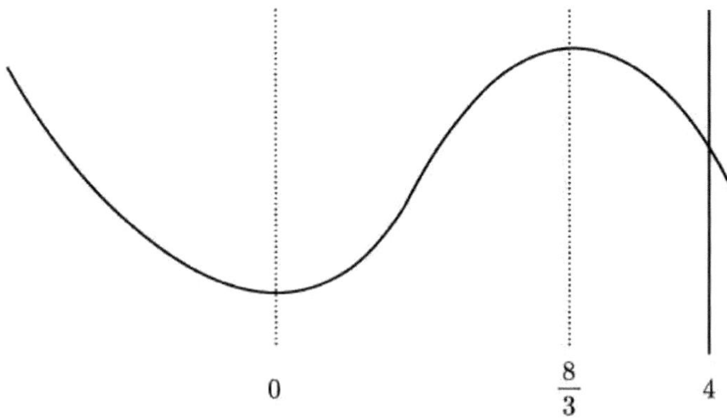

즉, $x = \dfrac{8}{3}$에서 Right Cylinder는 Maximum Volume을 갖는다.

$V(\dfrac{8}{3}) = 12\pi(\dfrac{8}{3})^2 - 3\pi(\dfrac{8}{3})^3 = \dfrac{256}{9}\pi$

08. Approximation

시작에 앞서서...

5월 AP 시험에는 가끔 나오는 내용이지만 대부분의 학교에서는 수업을 하는 내용이니 반드시 알아두어야 한다.

Approximation

1. Differentials and Approximations

앞에서 배운 The Definition of the derivative 은 다음과 같다.

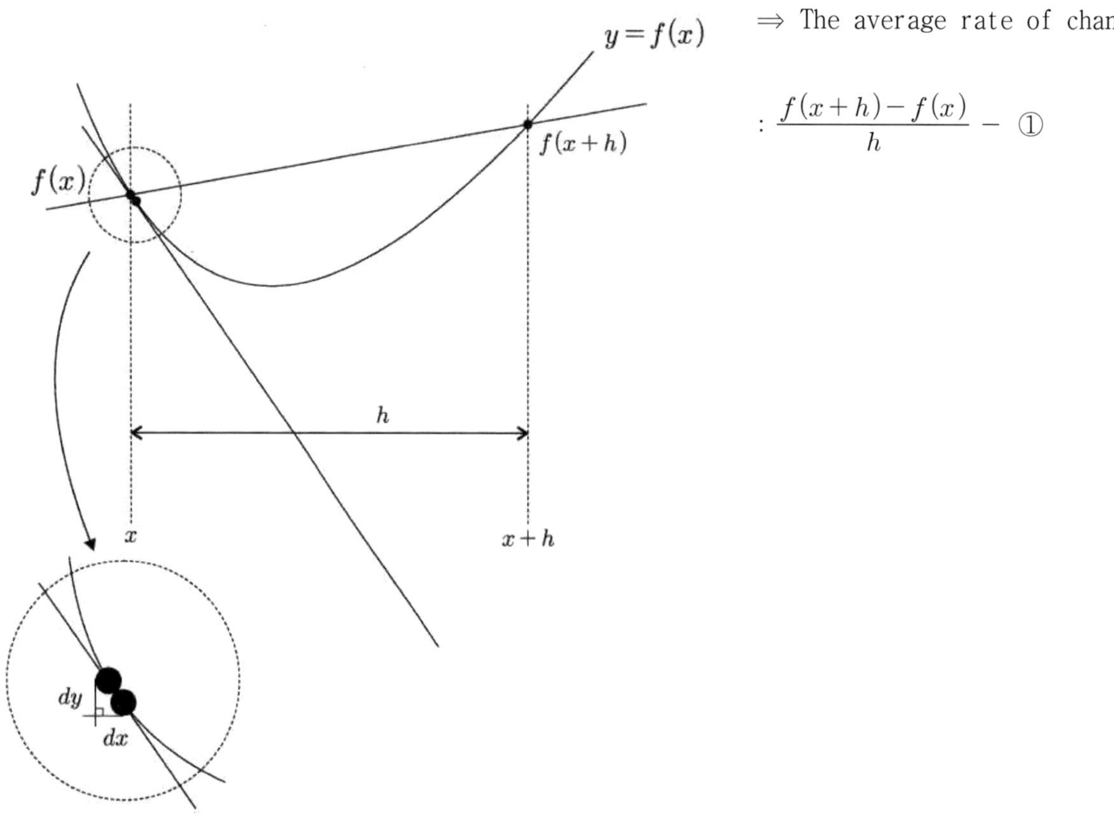

⇒ The average rate of change

: $\dfrac{f(x+h)-f(x)}{h}$ – ①

⇒ The instantaneous rate of change

$\lim\limits_{h\to 0}\dfrac{f(x+h)-f(x)}{h}=f'(x)=\dfrac{dy}{dx}$ – ②

위의 ②가 바로 The Definition of the derivative 였다.

$\lim\limits_{h\to 0}\dfrac{f(x+h)-f(x)}{h}=f'(x)$ 에서 $\lim\limits_{h\to 0}h$는 아주 미세한 x값의 변화. …즉, dx이다.

위의 The Definition of the derivative 를 다음과 같이 써보자.

$f(x+h)-f(x)=f'(x)\boxed{\lim_{h\to 0} h}$
$=dx$

y값의 변화($\triangle y$)　아주 미세한 y값의 변화(dy) (※ $f'(x)dx=dy \Rightarrow f'(x)=\frac{dy}{dx}$)

위로부터 다음과 같은 결과를 얻을 수 있다.

반드시 알아두자!

$$f(x+dx)\approx f(x)+dy=f(x)+f'(x)dx$$

다음의 예제를 보자.

Using differentiable :

(1) Approximate : $\sqrt{4.2}$　　(2) Approximate : $\sqrt{8.2}$

Solution

(1) $f(4+0.2)\approx f(4)+dy$ 에서 $f(x)=\sqrt{x}$ 라고 하면 $f'(x)=\frac{dy}{dx}=\frac{1}{2\sqrt{x}}$ 에서

$dy=\frac{1}{2\sqrt{x}}dx$, $x=4$일 때, $dx=0.2$ 이므로 $dy=\frac{1}{2\sqrt{4}}(0.2)=\frac{0.2}{4}=0.05$

그러므로, $\sqrt{4.2}\approx\sqrt{4}+0.05=2.05$

(2) $f(9-0.8)\approx f(9)+dy$ 에서

$dy=\frac{1}{2\sqrt{x}}dx$ 이므로 $X=9$ 일 때, $dx=-0.8$ 이므로 $dy=\frac{1}{2\sqrt{9}}(-0.8)=\frac{-0.8}{6}\approx-0.133$

그러므로, $\sqrt{8.2}\approx\sqrt{9}-0.133=2.867$

정답　(1) 2.05　　(2) 2.867

03 Approximation

(EX 2) The side of a cube is measured to be 6in with an error of ± 0.2 inches. Estimate the error in the volume of the cube.

Solution

Cube의 Volume은 $6^3 = 216$

Cube의 한 변의 길이를 x라고 하면, $V = x^3$ 에서 $\frac{dV}{dx} = 3x^2 \Rightarrow dV = 3x^2 dx$, $x = 6$ 일 때,

$dx = 0.2$이므로 $\Delta V \approx dV = 3(6)^2(0.2) = 21.6$

그러므로, Cube의 Volume$= 216 \pm 21.6$ cubic inches.

※ 여기에서 21.6을 "Absolute Error" 라고 한다.

$\frac{\Delta V}{V} \approx \frac{dV}{V} \approx \frac{21.6}{216} = 0.1$ 에서 0.1을 "Relative Error" 이라고 한다.

그러므로, Relative Error는 0.1.

정답 Absolute Error : 21.6 Relative Error : 0.1

2. Newton's Method

어느 Function $y=f(x)$의 실근(Real Root)을 Tangent Line의 x절편($x-$intercept)으로 찾는 방법이다.

다음을 보자.
$y=f(x)$는 주어진 구간 내에서 반드시 미분가능(Differentiable)해야 하며 Intermediate Value Theorem(IVT)이 가능해야 한다. 즉, 주어진 구간 내에서 적어도 한 개(At least one)의 근(Root)을 가져야한다.

다음을 보자.

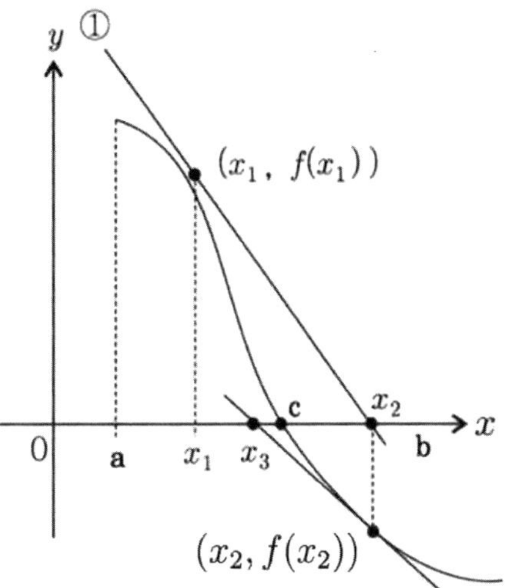

① 의 The equation of the tangent line은 $y-f(x_1)=f'(x_1)(x-x_1)$, $x-$intercept를 찾기 위해 y 대신 0을 대입하면 $x=x_1-\dfrac{f(x_1)}{f'(x_1)}$. ①은 x_2를 지나므로 x대신 x_2를 대입하면 $x_2=x_1-\dfrac{f(x_1)}{f'(x_1)}$

② 의 The equation of the tangent line은 $y-f(x_2)=f'(x_2)(x-x_2)$ 에서 y대신 0을 대입하면 $x-$intercept가 나온다.

$x=x_2-\dfrac{f(x_2)}{f'(x_2)}$. ②는 x_3를 지나므로 x대신 x_3를 대입하면 $x_3=x_2-\dfrac{f(x_2)}{f'(x_2)}$.

앞의 과정에서 다음과 같은 결과를 얻을 수 있다.

Newton's Method $x_{n+1}=x_n-\dfrac{f(x_n)}{f'(x_n)}$

03 Approximation

다음의 예제를 보자.

EX 3 Find 2 iterations of Newton' s method to approximate the zero of the following : $y=x^5+x-1$, initial guess : 0

Solution

① $n=1$, $x_1=0$이고 $x_2=x_1-\dfrac{f(x_1)}{f'(x_1)}$에서 $x_2=0-\dfrac{-1}{1}=1$

② $n=2$, $x_3=x_2-\dfrac{f(x_2)}{f'(x_2)}$에서 $x_3=1-\dfrac{1}{6}=\dfrac{5}{6}$

정답 $x_2=1$ $x_3=\dfrac{5}{6}$

Problem 1

Use differentiable to approximate the given number.

(1) $\sqrt{35.7}$ (2) $\sqrt[3]{63.91}$

Solution

(1) $f(36-0.3) \approx f(36)+dy$ 에서 $f(x)=\sqrt{x}$ 라고 하면 $\dfrac{dy}{dx}=\dfrac{1}{2\sqrt{x}}$ 이므로 $dy=\dfrac{1}{2\sqrt{x}}dx$

$x=36$일 때, $dx=-0.3$ 이므로 $dy=\dfrac{1}{2\sqrt{36}}(-0.3)=\dfrac{-0.3}{12}=-0.025$

그러므로, $\sqrt{35.7}=\sqrt{36}-0.025=5.975$

(2) $f(64-0.09) \approx f(64)+dy$ 에서 $f(x)=\sqrt[3]{x}=x^{\frac{1}{3}}$ 에서 $\dfrac{dy}{dx}=\dfrac{1}{3}x^{-\frac{2}{3}}$ 이므로 $dy=\dfrac{1}{3}x^{-\frac{2}{3}}dx$.

$x=64$일 때, $dx=-0.09$ 이므로, $dy=\dfrac{1}{3}(64)^{-\frac{2}{3}}(-0.09)=-\dfrac{0.09}{48}\approx-0.001875$

그러므로, $\sqrt[3]{63.91}\approx\sqrt[3]{64}-0.001875=3.998125$

그러므로 3.998125

정답 (1) 5.975 (2) 3.998125

Approximation

Problem 2

Use differentials to approximate the increase in the area of a sphere when its radius increases from 3 inches to 3.02 inches.

Solution

Sphere의 표면적 $A = 4\pi r^2$ 이고 $\dfrac{dA}{dr} = 8\pi r$ 에서 $dA = 8\pi r dr$,

$r = 3$일 때, $dr = 0.02$이므로, $\Delta A \approx dA = 8\pi(3)(0.02) = 0.48\pi$ square inches

정답 0.48π square inches

Problem 3

(1) If Newton's method is used to approximate the real of $x^3-2x=0$, then the first approximation $x_1=1$ would lead to the third approximation of x_3 which is

ⓐ 1　　ⓑ $\frac{8}{5}$　　ⓒ 2　　ⓓ 3

(2) Calculate two iterations of Newton's method to approximate a zero of $f(x)=x^2+2x-1$. Use $x_1=1$ as the initial guess.

Solution

(1) ① $n=1$일 때, $x_2=x_1-\frac{f(x_1)}{f'(x_1)}=1-\frac{-1}{1}=2$

② $n=2$일 때, $x_3=x_2-\frac{f(x_2)}{f'(x_2)}=2-\frac{4}{10}=\frac{8}{5}$

(2) ① $n=1$일 때, $x_2=x_1-\frac{f(x_1)}{f'(x_1)}=1-\frac{2}{4}=\frac{1}{2}$

② $n=2$일 때, $x_3=x_2-\frac{f(x_2)}{f'(x_2)}=\frac{1}{2}-\frac{\frac{1}{4}}{3}=\frac{5}{12}$

정답　(1) ⓑ　(2) $\frac{5}{12}$

12 EXERCISE

Explanation & Answer : ☞p.283

1. Use differentials to approximate the given number.

   (1) $\sqrt{100.03}$ (2) $\sqrt[3]{8.2}$

2. The side of a cube is measured to be 3 in with an error of ± 0.03 inches. Estimate the error in the volume of the cube.

3. Calculate two iterations of Newton's method to approximate a zero of $f(x) = x^2 - x + 1$. Use $x_1 = 0$ as the initial guess.

Exercise 12

1. (1) 10.0015 (2) 2.0167

(1) $f(100.03) \approx f(100) + dy$ 에서 $f(x) = \sqrt{x}$ 라고 하면, $\dfrac{dy}{dx} = \dfrac{1}{2\sqrt{x}}$ 이므로 $dy = \dfrac{1}{2\sqrt{x}}dx$ $x = 100$ 일 때, $dx = 0.03$ 이므로 $dy = \dfrac{0.03}{2*10} = \dfrac{0.03}{20} = 0.0015$

그러므로, $\sqrt{100.03} \approx \sqrt{100} + 0.0015 = 10.0015$

(2) $f(8.2) \approx f(8) + dy$ 에서 $f(x) = \sqrt[3]{x}$ 라고 하면, $\dfrac{dy}{dx} = \dfrac{1}{3}x^{-\frac{2}{3}}$ 이므로 $dy = \dfrac{1}{3}x^{-\frac{2}{3}}dx$

$x = 8$일 때, $dx = 0.2$ 이므로 $dy = \dfrac{1}{3}(\dfrac{1}{4})(0.2) = 0.0167$

그러므로, $\sqrt[3]{8.2} \approx \sqrt[3]{8} + 0.0167 = 2.0167$

2. (풀이 참고)

Cube의 Volume은 $3^3 = 27$

Cube 한 변의 길이를 x라고 하면, $V = x^3$ 에서 $\dfrac{dV}{dx} = 3x^2 \Rightarrow dV = 3x^2dx$

$x = 3$일 때, $dx = 0.03$ 이므로 $\Delta V \approx dU = 3(3)^2(0.03) = 0.81$

그러므로, cube의 Volume$= 27 \pm 0.81$ cubic inches

Absolute Error $= 0.81$

Relative Error $= \dfrac{\Delta V}{V} \approx \dfrac{dV}{V} \approx \dfrac{0.81}{27} \approx 0.03$

3. 0

① $n = 1$일 때, $x_2 = x_1 - \dfrac{f(x_1)}{f'(x_1)} = -\dfrac{1}{-1} = 1$

② $n = 2$일 때, $x_3 = x_2 - \dfrac{f(x_2)}{f'(x_2)} = 1 - \dfrac{1}{1} = 0$

읽을거리

심선생의 주절주절 잔소리 5

필자가 AP Calculus 책을 처음 출판한 것이 2009년이었다. 당시에 한국인이 쓴 AP Calculus 책은 필자의 것이 처음이기도 하였다. 솔직히 너무 힘든 작업이었는데...그 당시 모델로 삼고 싶은 교재가 없었기 때문이기도 하였다. 수입된 교재들은 모두 학생들을 가르치면서 제작된 책이 아니라는 생각이 들었기 때문이었다.

다행히 많은 학생들을 만날 수 있어서 학생들의 성향도 파악할 수 있었고 학생들의 질문들을 통해 교재를 업그레이드 시켜 나갈 수 있었다.

그렇게 벌써 10년 이상의 세월이 흘러 지금의 교재가 만들어지게 되었다. 수업 중간중간 쉬는 시간에 학생들의 피드백과 수업중에 떠오른 아이디어를 메모지에 적어서 책과 프린트물에 붙여놓고 집에 와서는 노트에 그 내용들을 기록해두었었다. 그렇게 매번 조금씩 업그레이드를 시켜 나갔다.

학생들의 질문과 요구사항은 필자에게 정말 큰 도움이 되었다.
제자들에게 다시 한번 감사하다는 말을 꼭 하고 싶다.

Supplement

CONICS

대부분의 학생들이 Precalculus과정에서 Function, Trigonometric Function은 공부를 많이 한 반면에 Conics는 공부를 많이 하지 않아서 어려움을 겪는 경우가 많다. 학생들의 요구에 따라 Conics에서 Circle을 뺀 Parabola, Ellipse, Hyperbola에 대한 설명을 실었다. 많은 도움이 되기를 바라면서...^.^m

Supplement

1. Parabola

막대자, 실, 압정, 펜으로 다음과 같이 그려보자.

①

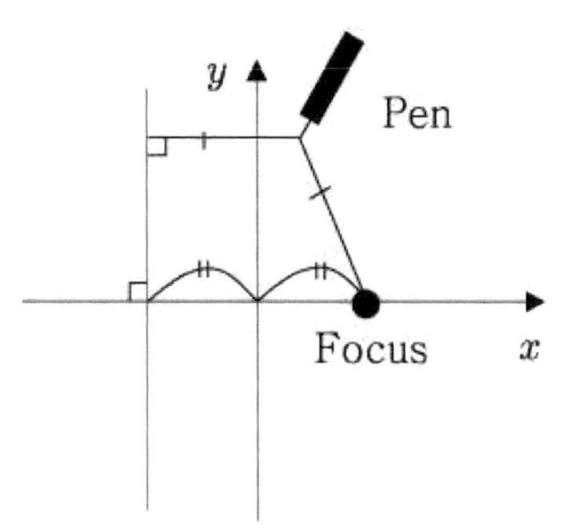

압정을 고정하고 싶은 위치에 고정하고 압정이 원점과 떨어진 거리만큼 막대자를 X축과 직각이 되게 설치하고 실로 묶는다.

⇒

②

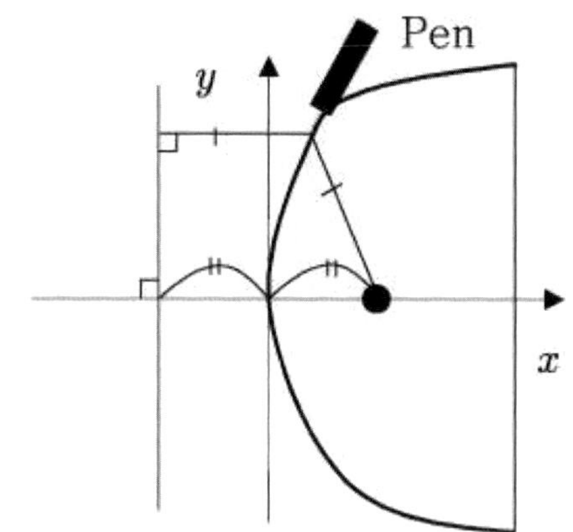

압정과 펜 사이 거리, 막대자와 펜 사이 거리를 같게 유지시키며 그리면 Parabola가 된다. 주의할 점은 실과 막대자는 항상 수직이라는 점이다.

즉, Parabola는 평면 위 한 정점과 이 점을 지나지 않는 한 정직선에 이르는 거리가 같은 점들의 집합.

③

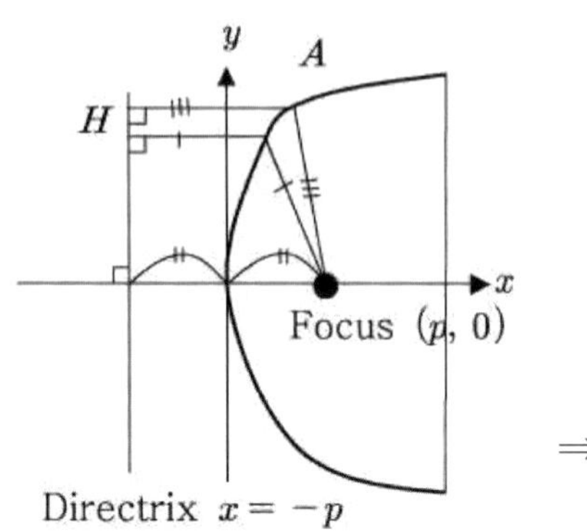

⇒

다음을 반드시 암기하자!

* Focus $(p, 0)$
* Directrix: $x=-p$
* Vertex $(0, 0)$
* $y^2=4px \Rightarrow (p: Focus$ 좌표)
  $Focus$가 X축 위!!

④

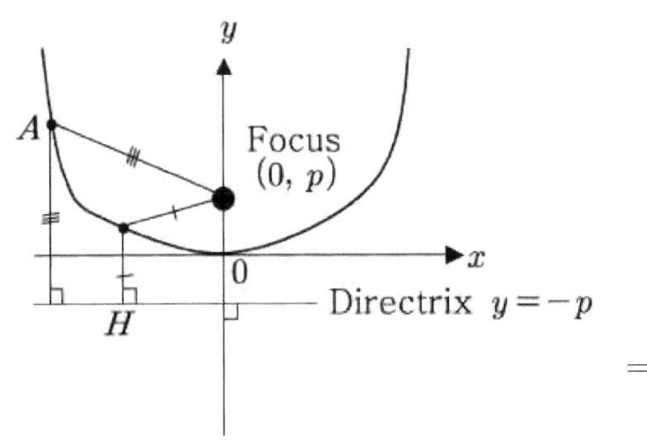

⇒

다음을 반드시 암기하자!

* Focus $(0, p)$
* Directrix: $y = -p$
* Vertex $(0, 0)$
* $x^2 = 4py \Rightarrow$ (p : *Focus* 좌표)
  *Focus*가 *Y*축 위!!

위에 설명한 내용이 Parabola의 기본 형태이다.
이동이란 것은… 한 번에 그리려 하지 말고 기본 형태에서 이동시키자.
다음의 예를 통해서 알아보도록 하자.

EX 1 Find the vertex, focus, and directrix

(1) $(y-1)^2 = 8(x+2)$

(2) $(x-3)^2 = 2(y+1)$

Solution

(1) 우리가 앞에서 공부한 기본 형태는 $y^2 = 4px$이므로 $y^2 = 8x$라고 보면

$y^2 = 4 \cdot 2 \cdot x \begin{cases} p = 2 \\ Focus\text{가 } X\text{축 위!} \end{cases}$

즉, Focus는$(2, 0)$, directrix는 $x = -2$, vertex는 $(0, 0)$가 된다.

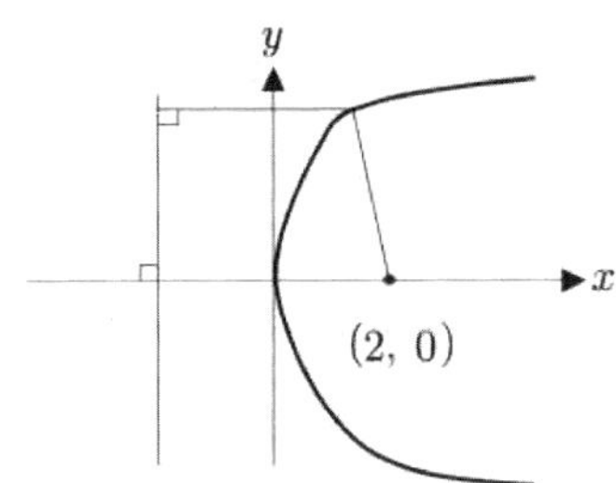

Directrix $x = -2$

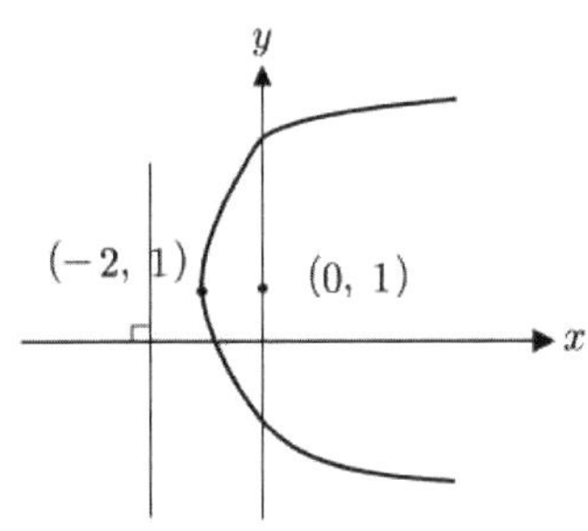

Directrix $x = -4$

$(y-1)^2 = 8(x+2)$는 $y^2 = 8x$를
x축으로 -2만큼, y축으로
1만큼 이동 시킨 것이다.

즉, Focus $(2, 0) \rightarrow (0, 1)$,
Directrix : $x = -2 \rightarrow x = -4$
Vertex$(0, 0) \rightarrow (-2, 1)$

Solution

(2) 기본 형태 $x^2=4py$ 에서 $x^2=2y$ 라고 보면 $x^2=4py$ 에서 $x^2=4\cdot\frac{1}{2}\cdot y$

Focus가 y축 위!, 즉 Focus는 $(0,\frac{1}{2})$, directrix는 $y=-\frac{1}{2}$, vertex는 $(0,0)$이다.

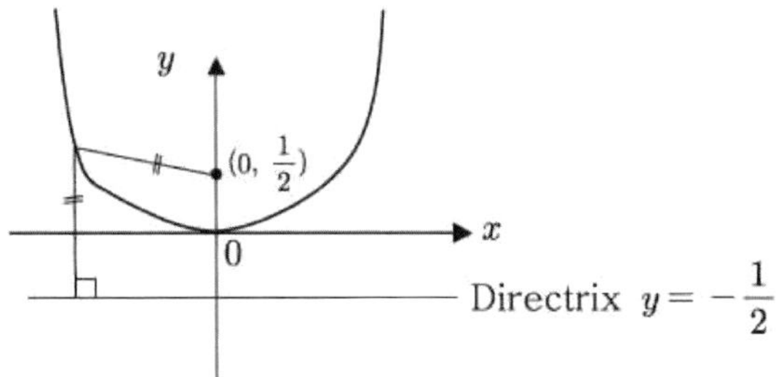

☞ $(x-3)^2=2(y+1)$는 $x^2=2y$를 x축으로 3만큼, y축으로 -1만큼 이동 시킨 것이다.

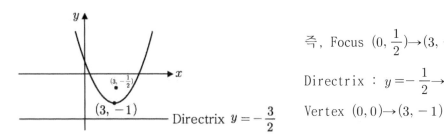

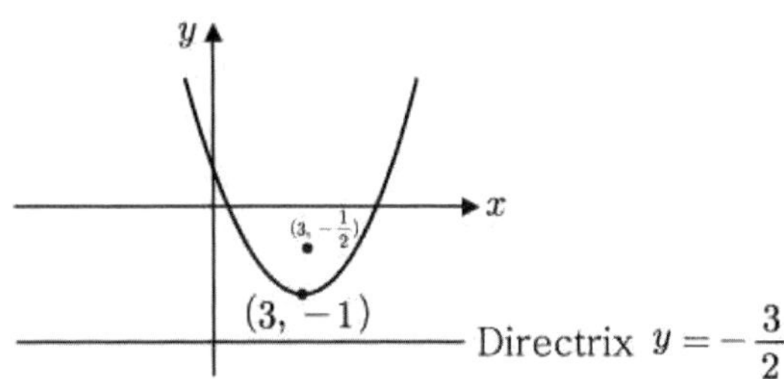

즉, Focus $(0,\frac{1}{2})\rightarrow(3,-\frac{1}{2})$

Directrix : $y=-\frac{1}{2}\rightarrow y=-\frac{3}{2}$

Vertex $(0,0)\rightarrow(3,-1)$

2. Ellipse

압정 2개, 실, 펜으로 다음과 같이 그려보자

①

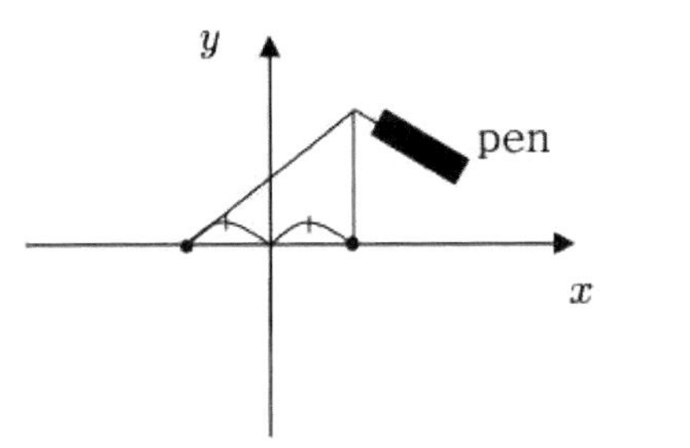

x축 위나 y축 위에 원점에서 같은 거리의 두 곳에 압정을 고정시키고 실을 묶는다.

⇒

②

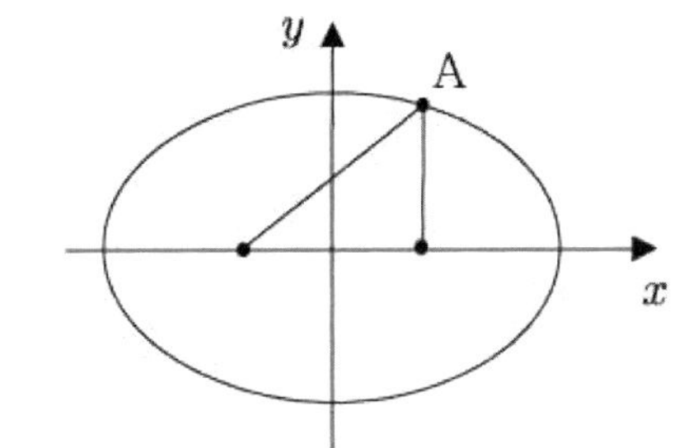

실을 팽팽하게 유지하면서 펜을 돌리면 타원이 된다.

③

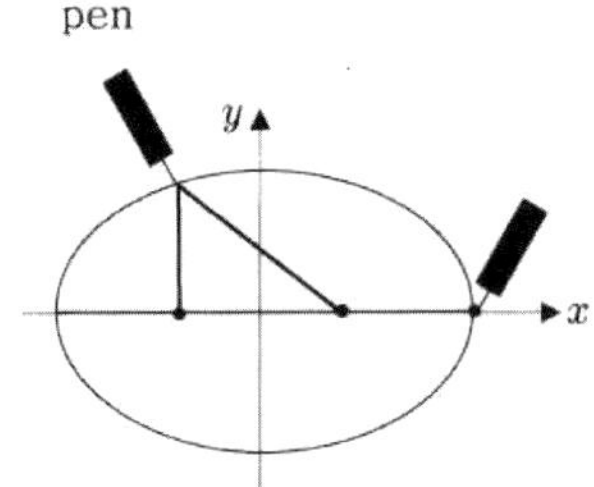

그림과 같이 실 길이의 합은 언제나 같으며 그 길이는 타원의 장축(major axis)과 같다. 즉, 타원(Ellipse)은 서로 다른 두 점으로부터 거리의 합이 일정

④

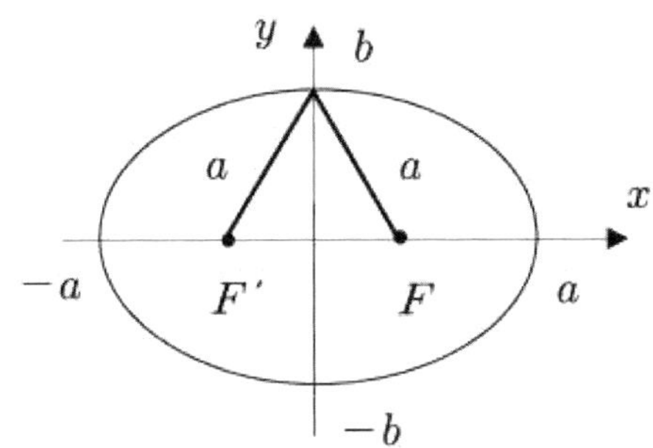

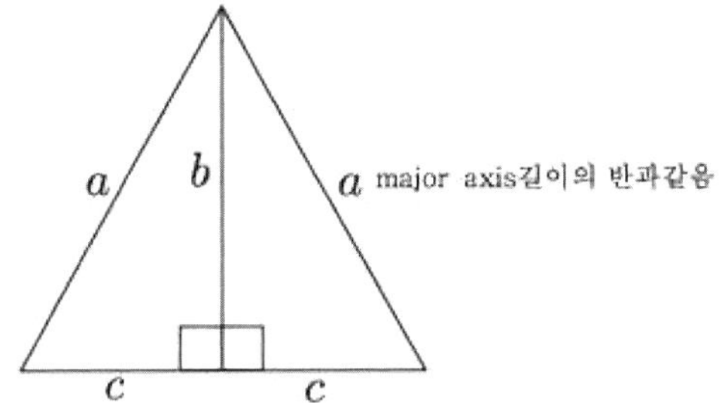

다음을 반드시 암기하자!

* $\dfrac{x^2}{a^2}+\dfrac{y^2}{b^2}=1$

*Length of major axis : $2a$

*Length of minor axis : $2b$

*Focus : 피타고라스 정리에 의해

$a^2=b^2+c^2$에서 $c=\pm\sqrt{a^2-b^2}$

즉, $F(\pm\sqrt{a^2-b^2},0)$

*Center $(0,0)$

Supplement

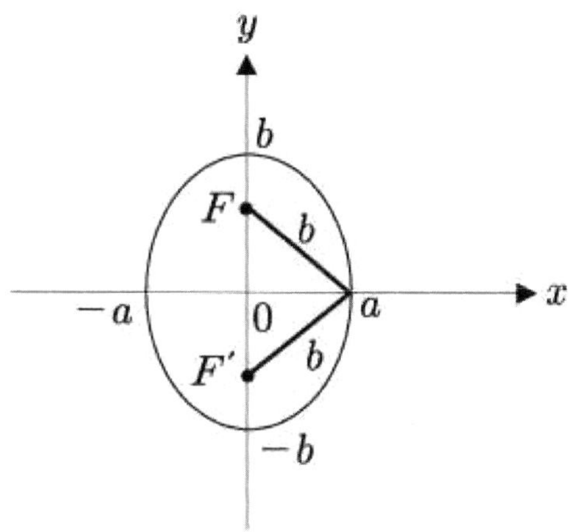

다음을 반드시 암기하자!

* $\frac{x^2}{a^2}+\frac{y^2}{b^2}=1$
* Length of major axis : $2b$ Length of minor axis : $2a$
* Focus :

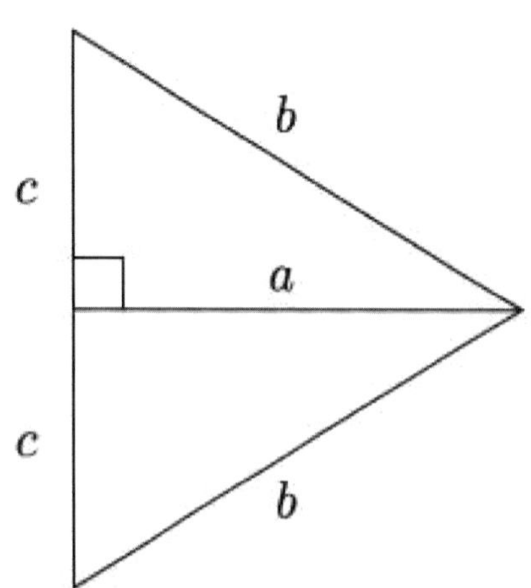

피타고라스의 정리에 의해

$b^2=a^2+c^2$에서 $c=\pm\sqrt{b^2-a^2}$ 즉, $F(0,\pm\sqrt{b^2-a^2})$

* Center $(0,0)$

위에서 설명한 내용이 Ellipse의 기본 형태이다. **Ellipse도 Parabola와 마찬가지로 한 번에 그리려 하지 말고 기본 형태에서 이동**시키자.

Supplement

다음의 예를 통해서 알아보도록 하자.

EX 1 Find the center, focus and length of the major and minor axis.

(1) $\dfrac{(x-2)^2}{25}+\dfrac{(y+1)^2}{16}=1$ (2) $25x^2+50x+9y^2-18y-191=0$

Solution

(1) 기본 형태 $\dfrac{x^2}{5^2}+\dfrac{y^2}{4^2}=1$ $\left(\dfrac{x^2}{a^2}+\dfrac{y^2}{b^2}=1\right)$을 그려보면 $a=5$, $b=4$이므로

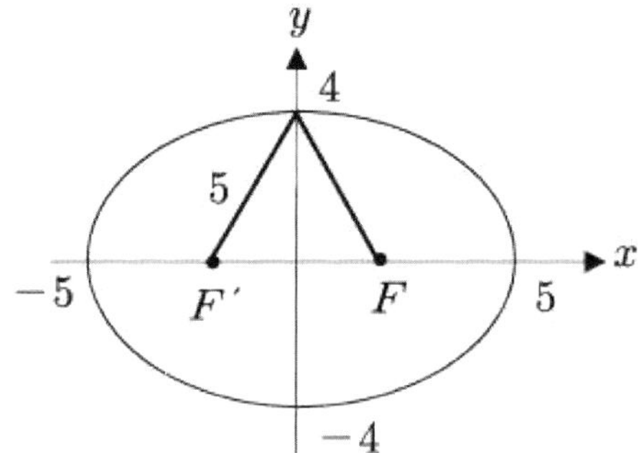

* Center $(0, 0)$
* Focus :

5 4 5 3 3 에서 $(\pm 3, 0)$

* Length of major axis : 10
* Length of minor axis : 8

$\dfrac{(x-2)^2}{5^2}+\dfrac{(y+1)^2}{4^2}=1$은 $\dfrac{x^2}{5^2}+\dfrac{y^2}{4^2}=1$을 x축으로 2, y축으로 -1만큼 이동시킨 것이다.

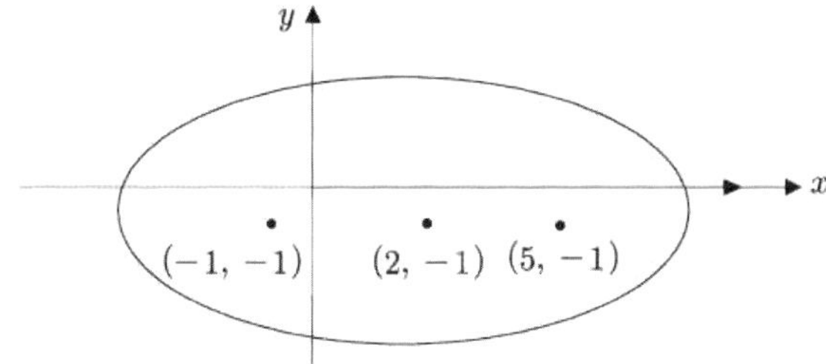

* Center $(0, 0) \to (2, -1)$
* Focus

$(-3, 0), (3, 0) \to (-1, -1), (5, -1)$

* Length of major axis(변화 없음):10
* Length of minor axis(변화 없음):8

Supplement

Solution

(2) 주어진 식을 $\frac{(x-p)^2}{a^2}+\frac{(y-q)^2}{b^2}=1$ 의 꼴로 바꾸면

$\frac{(x+1)^2}{3^2}+\frac{(y-1)^2}{5^2}=1$ 이 되며 기본 형태인 $\frac{x^2}{3^2}+\frac{y^2}{5^2}=1$ 을 그려보면

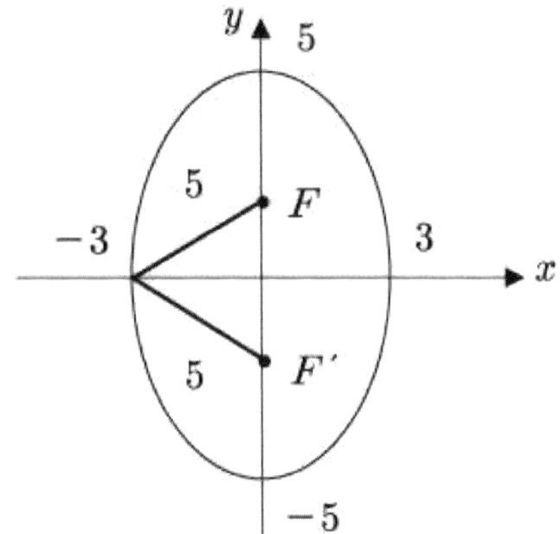

⇒

* Center (0,0)

* Focus :

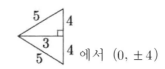

5, 4, 3, 4, 5 에서 $(0, \pm 4)$

* Length of major axis : 10

* Length of minor axis : 6

☞ $\frac{(x+1)^2}{3^2}+\frac{(y-1)^2}{5^2}=1$ 은 $\frac{x^2}{3^2}+\frac{y^2}{5^2}=1$ 을 x축으로 -1만큼, y축으로 1만큼 이동시킨 것이다.

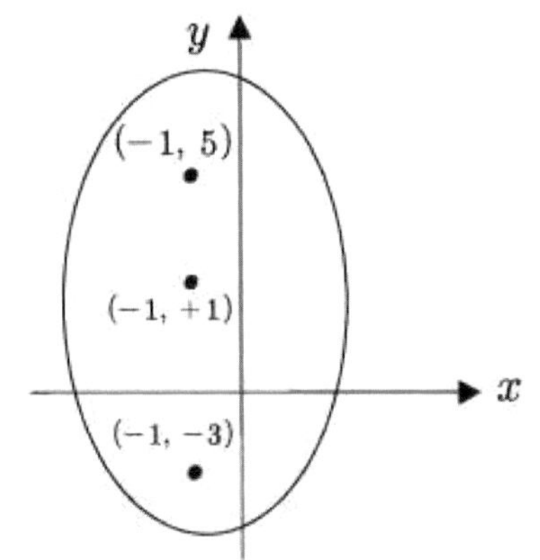

⇒

* Center $(0,0) \rightarrow (-1,1)$

* Focus

$(0,-4), (0,4) \rightarrow (-1,-3), (-1,5)$

* Length of major axis (변화 없음): 10

* Length of minor axis (변화 없음): 6

3. Hyperbola

압정 2개, 실, 펜으로 다음과 같이 그려보자.

①

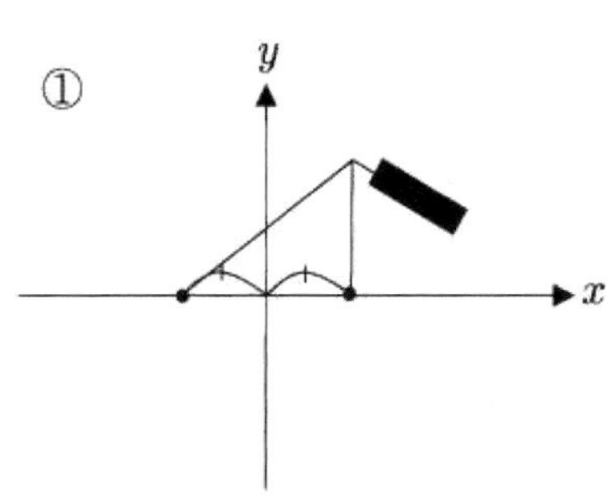

x축 위나 y축 위에 원점에서 같은 거리의 두 곳에 압정을 고정시키고 실을 묶는다.

②

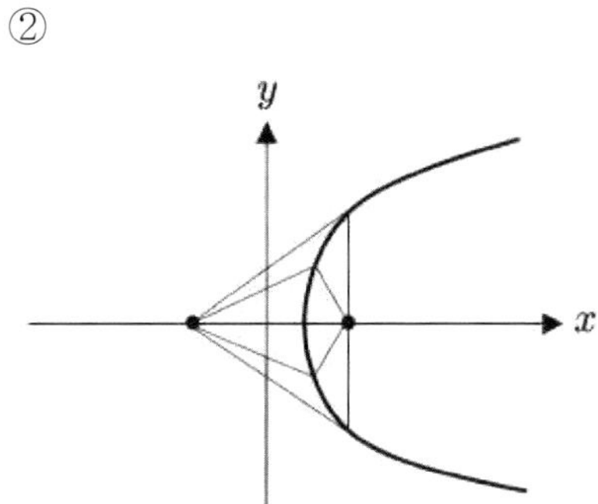

실 길이의 차이를 일정하게 유지 시키면서 점을 찍고 점들을 연결한다.

③

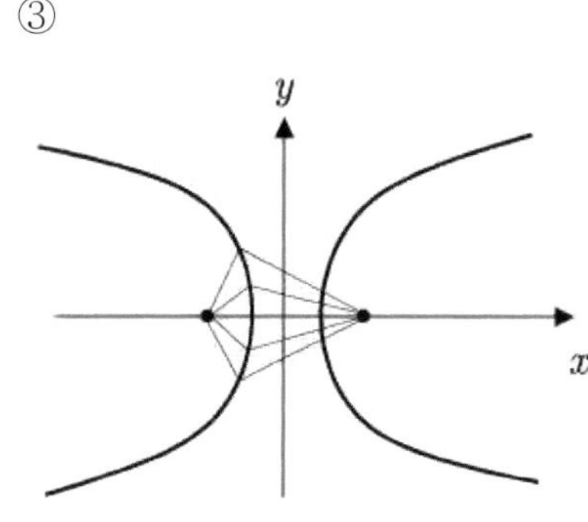

반대편도 마찬가지로 실 길이의 차이를 일정하게 유지시키면서 점을 찍고 점들을 연결한다.

④

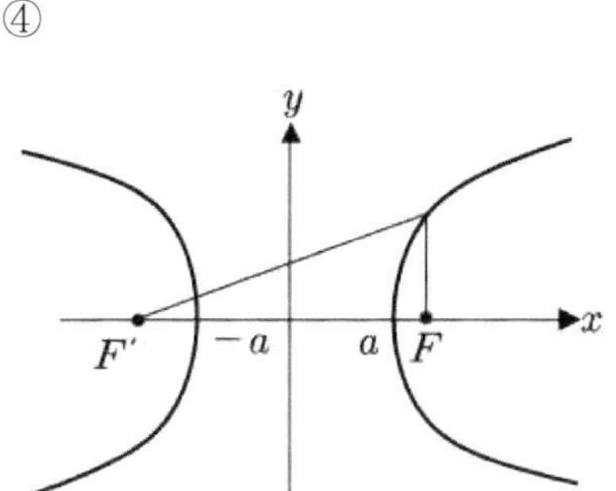

그림과 같이 실 길이의 차이는 언제나 같으며 그 길이는 $2a$이다. 즉, **쌍곡선(Hyperbola)은 서로 다른 두 점으로부터 거리의 차가 항상 일정**하다.

⑤

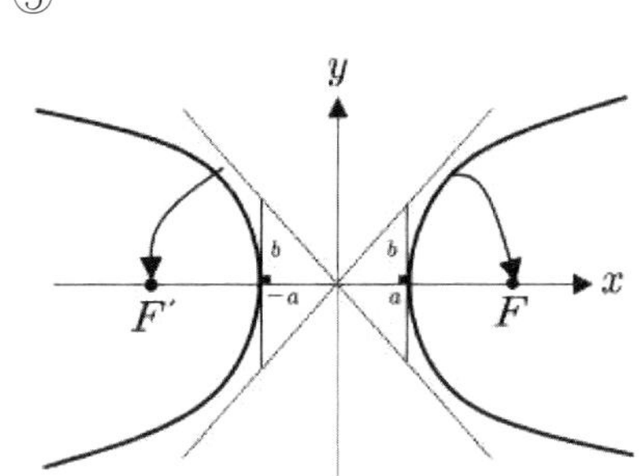

쌍곡선은 다른 것들과 달리 점근선 (Asymptote)이 존재한다.

Supplement

다음을 꼭 알아두자.

* $\frac{x^2}{a^2}-\frac{y^2}{b^2}=1$ (Focus가 x축 위에 있을 때, 우변 1)
* Vertex $(\pm a, 0)$
* Focus:

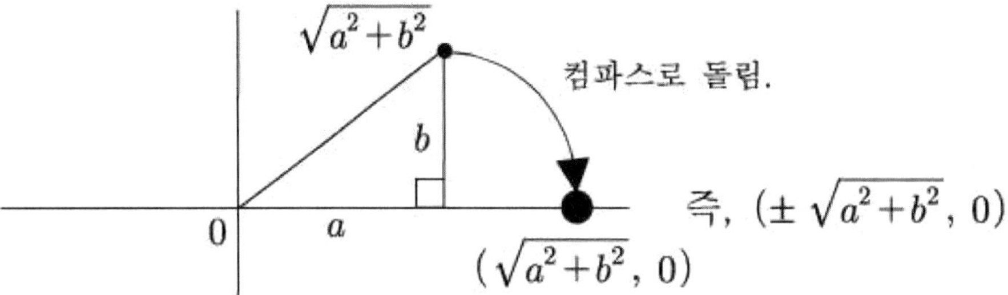

* The equation of the asymptote:

$\frac{x^2}{a^2}-\frac{y^2}{b^2}=1$ 에서 1 대신 0대입 !

$\frac{x^2}{a^2}-\frac{y^2}{b^2}=0$에서 y 대해서 정리하면 $y=\pm\frac{b}{a}x$

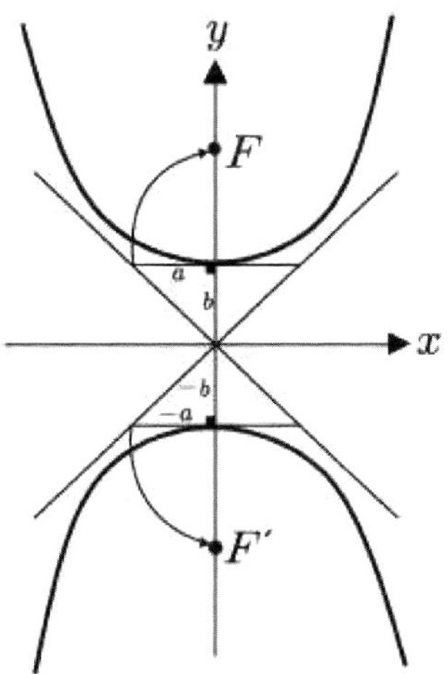

다음을 꼭 알아두자.

* $\frac{x^2}{a^2}-\frac{y^2}{b^2}=-1$ (Focus가 y축 위에 있을 때, 우변 -1)
* Vertex $(0, \pm b)$
* Focus:

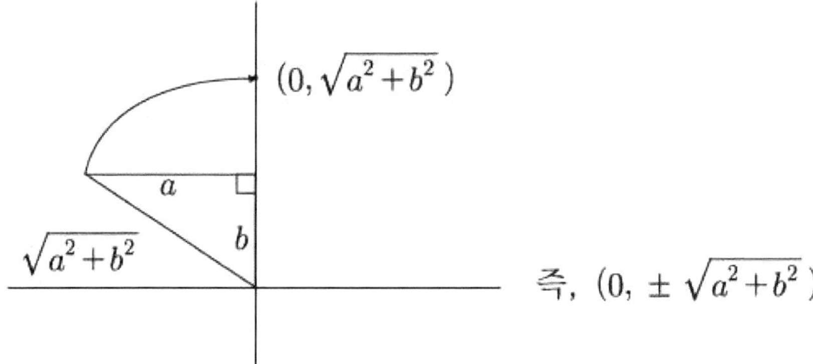

* The equation of the asymptote: $\frac{x^2}{a^2}-\frac{y^2}{b^2}=-1$ 에서 -1 대신 0대입 $y=\pm\frac{b}{a}x$

위에 설명한 내용이 Hyperbola의 기본 형태이고, Hyperbola도 마찬가지로 **한 번에 그리려 하지 말고 기본 형태에서** 이동시키자.

읽을거리

심선생의 주절주절 잔소리 6

미국 대학에 진학하는데 있어서 수학도 중요하겠지만 더 중요한 것은 영어이다. 한국에서는 수학이 중요하다보니 중학교때 고교과정의 상당한 부분을 선행해서 가지만 만약 미국대학을 목표로 하여 미국에 있는 고교에 진학을 한다면 수학도 해야겠지만 영어를 더 많이 공부해서 가야한다.

한국에서는 수학을 잘하는 학생들이 대접을 받지만 미국의 대부분 고등학교들은 영어 글쓰기 능력이 뛰어난 학생들이 대접을 받는다.

한국의 고등학교를 생각하여 많은 학생들이 한국교과로 수학을 선행하여 미국고교에 진학을 하는데 사실 이렇게 해서 가봐야 큰 대접을 못 받는다. 영어를 공부한다고 하여 SAT만 공부해서 가는 학생들도 큰 문제가 있다. SAT는 영어 공부를 하면서 부드럽게 넘어가는 시험이어야 한다. 그런 만큼 영어 과목을 선행을 할 때는 SAT가 아니라 학교에서 배울 문학 등등의 글쓰기 수업이다. 어릴 때 SAT기초반 수업을 듣고 커서는 SAT정규반을 11학년이 되어서는 SAT실전반을 공부하게 되면 정말 SAT 인생살이 밖에 안되게 되는 법이다. 영어 공부를 SAT에만 국한 시키면 안되는 것이다.

어려서부터 영어 공부를 그렇게 안해서 자포자기하는 학생들도 봐 왔지만 열심히 배워서 1년안에 학교 글쓰기 탑으로 올라가는 학생들도 많이 봐왔다. 그러니 영어의 경우 포기하지 말고 꾸준히 공부하여야 한다. 학교에서 성적을 잘 받기 위해 공부를 하다보면 SAT도 빨리 끝나는 경우들이 많았으며 미국내에서 실시되는 수많은 글쓰기대회에 출품을 해 본 학생들이 학교성적 SAT성적 모두 좋았다. 그렇게 공부했던 학생들이 명문대에 진학하는 광경을 수없이 봐 오기도 하였다.

심선생 Math Series

AP Calculus AB&BC 심화편

Questions & Answers

Questions & Answers

Calculus AB와 BC에는 어떤 차이가 있나요?

AB와 BC의 큰 차이가 있다면 Series단원입니다. 이 단원은 BC에만 있는 단원입니다.
그 외에는 거의 80%정도 내용이 같지만 BC과정은 중간 중간에 소단원들이 더 추가되어 있습니다. AB과정을 알아야 BC과정을 알 수 있습니다. BC과정이 더 어렵다기 보다는 내용이 좀 더 추가되어 있다고 생각하시면 됩니다.
수학이 약하다고 해서 BC과정을 포기하려는 학생들이 있는데 전혀 그럴 필요가 없습니다.
자신감을 가지고 도전하시기 바랍니다.

다음 학기 에 AP Calculus AB Class입니다 그런데 선행을 BC과정까지 하고 가야 하나요?

BC과정까지 하시고 가야 합니다.
마지막 단원인 Series는 안하더라도 그 외 단원들만큼은 철저하게 준비해 가야 합니다.
거의 대부분의 미국 고등학교의 수학선생님들은 AB Class에서 AB와 BC단원을 구별하지 않고 그냥 수업을 하시는 것 같습니다. 어느 선생님들은 BC과정에 있는 단원인데도 AB Class에서 여러 번 시험을 보는 것도 보았습니다. 조금 시간이 더 걸리더라도 BC 과정까지 마치고 가야 합니다.

Calculus를 더 잘하려면 TI-84보다 TI-89를 사용해야 하나요?

필자는 개인적으로 TI-84를 더 선호합니다. 하지만 TI-89도 좋은 계산기입니다. 오히려 TI-84보다는 TI-89가 기능면에서는 훨씬 좋습니다. 하지만 너무 계산기에 의존해서는 안 됩니다.
SAT 시험이든 AP시험이든 TI-89를 허용해놓고 실제 시험에서는 기본적인 개념과 풀이를 모르고서는 풀 수 없게끔 .. 즉, TI-89의 장점을 이용하지 못하게 출제를 하고 있습니다. MATH LEVEL 2의 경우도 그러합니다. 이는 시험을 한번이라도 봤던 학생이라면 누구나 알 수 있는 사실입니다.
계산기의 테크닉 보다는 수학실력을 쌓으세요. 실력을 쌓은 다음 계산기의 기능을 이용할 줄 알아야 합니다. 그렇지 않을 경우 실제 AP시험을 앞두고 후회할 수 있습니다.
TI-89로 Calculus를 시작하셔도 좋습니다.
단지 제가 여기서 말씀드리고 싶은 것은 계산기에만 의존했다가는 낭패를 볼 수 있다는 것입니다.
계산기의 테크닉 보다는 실력을 쌓으세요~

Questions & Answers

평소에 공부했던 것에 비해 성적이 잘 안 나오는 편입니다
수학 시험지만 보면 앞이 캄캄해지는데 이를 극복할 수 있는 방법이 있을까요? 또 AP 시험을 앞두고 봐야 할 것이 있다면 추천 부탁드립니다.

수학시험지만 보면 앞이 캄캄해지는 현상... 기초가 조금이라도 부족한 학생들이 공통적으로 겪는 어려움인 것 같습니다. 실제로 많은 유학생들이 이런 어려움을 겪고 있습니다. 기초가 부족하니 남보다 많이 봐야한다고 해서 이 책 저책 사서 공부하다보면 오히려 더 불안해질 수 있습니다. AP Calculus AB 혹은 BC 시험은 다소 기초가 부족하더라도 충분히 만점(5점)을 받을 수 있는 과목입니다. 이 책 저책 산만하게 보지마시고 봤던 책을 반복해서 여러 번 보세요. 반복을 많이 한 학생 일수륵 앞이 캄캄해지는 현상이 줄어들 것입니다. 실제 시험을 앞두고 Free Response 최근 3년 정도의 분량과 약간 오래된 문제 2년 정도의 분량을 여러 번 반복해서 풀어보세요. Multiple Choice의 경우에는 College board에서 공개한 문제들을 풀어보시면 좋습니다.

필자에게 수업을 들었던 학생들의 경우에는 필자가 제공하는 기출예상문제집을 중점적으로 풀어보시면 됩니다. 자 힘내시고.. 화이팅-!!

Precalculus가 많이 부족한데 Calculus를 잘 할 수 있을까요?

Precalculus에 나오는 여러 가지 공식이나 내용을 알아야 Calculus를 할 수 있는 것은 사실이지만 그렇다고 Precalculus부터 다시 볼 필요는 없습니다. Calculus를 하면서 그때그때 부족한 부분을 병행하시면 됩니다. 그렇게 해도 충분히 따라가실 수 있습니다. 대부분의 유학생들이 Precalculus를 많이 잊어버린 상태에서 Calculus를 공부하는 것이 현실입니다.

유학생들이 Calculus를 공부하면서 가장 문제되는 단원이 Trigonometric Function, Function, Conics 입니다. 특히 Integration단원에서 면적 부피 등을 구할 때 Conics, Function의 여러 그래프를 그려야 할 때가 많습니다. Trigonometric Function에서 $\sin x$, $\tan x$, $\cos x$ 등의 기본적인 그래프와 Power-reduce, Double-angle공식 등은 자주 쓰이므로 반드시 알아두어야 합니다.

Questions & Answers

실제 AP시험의 시험이 총 4시간 정도 걸린다고 하는데 그 만큼 시간이 넉넉한 시험인가요? 선생님의 시간분배에 대해서 알려주세요.

필자의 경우 Multiple Choice의 PART A에서는 시간이 많이 남습니다.
30문제에 60분 동안 시험을 보구요. 이 파트에서는 계산기 사용이 안 됩니다.
PART B는 15문제에 45분 시험을 보며 이 부분 역시 시간은 넉넉합니다.
저의 생각으로는 Multiple Choice는 시간을 여유 있게 주는 것 같습니다.
학생들마다 차이가 있겠지만 시간이 모자라서 시험을 못 보는 일은 없는 것 같습니다.
급한 마음을 안 가지셔도 됩니다. 최대한 집중해서 여유 있게 문제를 푸세요.
먼저 눈에 확 들어오는 문제부터 차근히 푸신다음에 다른 문제들을 차근히 풀어나갑시다...^^
Free Response의 경우에는 모두 작성 하는데 시간이 딱 맞는다는 느낌이 듭니다.
상세히 적으면 시간이 모자를 것 같습니다. 그러므로 자신 있는 문제부터 쓰고 넘겨야 합니다.
예를 들어 2번의 (a)번을 모른다고 하여서 (b)번을 못 푸는 것이 아닙니다. 가끔 연결되는 문제도 있기는 하지만 그런 경우는 극히 일부이므로 자신 있는 문제부터 풀어나가세요. 어느 문제는 한 문제 답을 쓰는데 다른 문제 2문제 쓰는 시간보다 더 걸리는 문제들도 있습니다. 너무 완벽하게 다 쓴다는 마음보다는 내가 알고 있는 문제는 시간 내에 최대한 다 쓴다는 마음가짐이 필요합니다.

AP과정이 바뀌었다고 하는데 크게 바뀌었나요?

크게 바뀐 부분은 없습니다. 크게 바뀐 부분이라면 BC과정에 있던 **L'Hopital's Rule**가 AB과정에 포함되게 되었고 BC는 Series파트에 **Absolute and Conditional Convergence 와 Alternating Series with Error Bound**가 새롭게 추가가 되었지만 내용상 그리 어려운 내용들이 아닙니다.

AP Calculus AB & BC 심화편 vol.1 (개정판)

초판인쇄 2020년 6월 5일
초판발행 2020년 6월 5일

지은이 심현성
펴낸이 채종준
펴낸곳 한국학술정보㈜
주소 경기도 파주시 회동길 230(문발동)
전화 031) 908-3181(대표)
팩스 031) 908-3189
홈페이지 http://ebook.kstudy.com
전자우편 출판사업부 publish@kstudy.com
등록 제일산-115호(2000. 6. 19)

ISBN 978-89-268-9980-9 13410

심현성(Albert Shim)선생 저서안내

이담북스 심현성(Albert Shim)선생 저서 목록

AP Calculus AB&BC 심화편 Vol.1

AP Calculus AB&BC 심화편 Vol.2

AP Calculus AB&BC 핵심편

AP Calculus AB 실전편

AP Calculus BC 실전편

Math Level 2 18 Practice Tests

Math Level 2 필수 Concept완성을 위한 핵심 110제